北京华信恒远信息技术研究院 策划

高等学校自动识别技术系列教材

自动识别技术产品与应用

张铎 / 编著

武汉大学出版社

图书在版编目(CIP)数据

自动识别技术产品与应用/张铎编著. —武汉：武汉大学出版社,2009.9
高等学校自动识别技术系列教材
ISBN 978-7-307-07310-4

Ⅰ.自… Ⅱ.张… Ⅲ.自动识别—高等学校—教材 Ⅳ.TP391.4

中国版本图书馆 CIP 数据核字(2009)第 162597 号

责任编辑：任仕元 史 文 责任校对：黄添生 版式设计：詹锦玲

出版发行：武汉大学出版社 （430072 武昌 珞珈山）
（电子邮件：cbs22@whu.edu.cn 网址：www.wdp.com.cn）
印刷：武汉中远印务有限公司
开本：720×1000 1/16 印张：24.25 字数：421 千字 插页：1 插表：2
版次：2009 年 9 月第 1 版 2009 年 9 月第 1 次印刷
ISBN 978-7-307-07310-4/TP·342 定价：38.00 元

版权所有，不得翻印；凡购我社的图书，如有缺页、倒页、脱页等质量问题，请与当地图书销售部门联系调换。

内容提要

本书作为高等学校自动识别技术系列教材之一，对自动识别技术产品的工作原理、技术特点、产品性能、产品应用、系统集成等进行了全面的阐述。全书共分9章。第1章至第3章对条码识读产品、条码生成打印产品，以及条码检测产品作了较为详细的介绍；第4章专门介绍射频识别技术产品，包括标签/芯片、读写设备、制作设备以及软件/中间件等；第5章主要介绍了包括磁卡、IC卡、智能卡、光学字符识别在内的多种自动识别技术；第6章至第9章对生物特征识别技术产品中的指纹识别技术产品、面像识别技术产品、虹膜识别技术产品作了重点的介绍，并对国内外最新的生物特征识别技术产品作了全面的介绍。通过本书，读者可以从技术与应用的角度，全面系统地了解自动识别技术。

本书可作为高等学校自动识别技术专业及相关专业的教材，也适合于从事自动识别技术研究与应用及物流信息系统规划等工作人员使用，同时可供自动识别技术相关企业和部门的读者参考。

丛书序言

今天，随着国民经济和科学技术的快速发展，条码已经成为全球通用的商务语言，无线射频技术正在应用于铁路、物流、邮政、公共安全、资产管理、物品追踪与定位等多个领域，以指纹识别技术为代表的生物识别技术开始在金融、公共安全等领域得到逐步推广，这一切都预示着自动识别技术的应用将大大促进我国各领域信息化水平的进一步提高。

20世纪80年代末期，条码技术开始在我国得到普及和推广。作为一种数据采集的标准化手段，通过对供应链中的制造商、批发商、分销商、零售商的信息进行统一编码和标识，为实现全球贸易及电子商务、现代物流、产品质量追溯等起到了重要作用。随着2003年中国"条码推进工程计划纲要"的提出和实施，条码技术已经开始涉及国民经济的各个领域。

二十多年后的今天，以条码技术、射频识别技术、生物特征识别技术为主要代表的自动识别技术，在与计算机技术、通信技术、光电技术、互联网技术等高新技术集成的基础上，已经发展成为21世纪提高我国信息化建设水平，促进国际贸易流通，推进国民经济效益增长，改变人们生活品质，提高人们工作效率，获得舒适便利服务的有利工具和手段。

为推动中国自动识别技术产业的持续性发展，培养和造就服务于自动识别产业和相关产业的专业人才，中国自动识别技术协会作为国家级的行业组织，经过充分的市场调研和反复的需求论证，从2006年夏季开始，在国内部分高等院校推动自动识别技术专业方向的学历教育。这是国内首次将自动识别技术教育以专业教育的形式引入高等学历教育领域的尝试和突破。

  为配合自动识别专业人才的培养教育，中国自动识别技术协会组织有关专家、学者、高级工程技术人员，共同设计了国内第一套自动识别技术教育大纲，并组织撰写了与之配套的自动识别技术高等学历教育教材，以满足教学需要。

  全套教材将涉及自动识别技术导论、条码技术、射频识别技术、生物识别技术、电子数据交换技术与规范、图像处理与识别技术、密码原理、自动识别产品设计等内容，从2007年5月起陆续分册出版发行。

  技术的发展没有止境，知识的进步没有边际。在我们试图总结自动识别产业专家学者和技术人员的知识和经验时，我们也意识到这套教材只是我们的初次探索，是推动中国自动识别产业人才战略的第一步。我们希望这套教材能够为广大学子奠定行业知识的基础，真心祝愿学子们成为自动识别产业坚实的后备力量。

  最后，真诚欢迎国内外各界人士和自动识别产业业界的朋友对全套教材提出批评和指正。

2007年1月

前 言

自动识别，作为电子信息技术领域的重要产业之一，随着经济全球化和信息技术的日新月异，已在全球范围内迅速蓬勃发展。我国经济的持续高速增长和电子信息技术应用的普及，为自动识别技术在国民经济的各个领域、行业和各个地区的广泛应用创造了前所未有的市场空间，促进了产业规模的不断扩大。

自动识别技术产业，包含识别载体（条码、射频、生物特征识别等）、数据采集器产品、应用服务系统、中间软件、配套设备及其耗材等。15年前，以条码技术为代表的自动识别技术，开始进入中国，主要应用于零售业和仓储物流。15年来，随着自动识别在载体技术、采集设备制造技术、软件服务系统技术、配套技术的引进及快速发展，大大推动了中国自动识别产业的进步和市场的发展。部分企业对国外产品进行了剖析和研究，消化掌握了一些核心技术，出现了具有国际化研发水平和完全自主核心（包含条码、射频、指纹、虹膜）技术的设备制造企业，创建了一批自主品牌产品。目前，国内自主研发的技术和设备，正在逐步地取代进口技术和装备。国产的采集设备、读写器、打印机、标签等已经开始向欧美、东南亚、非洲、中南美洲等地出口。

自动识别技术应用的不断拓展，造就了一大批高水平的软件服务集成商队伍，构建了各种不同的、各类技术融合的、适用于各行各业信息化管理的业态应用模式（例如资产管理、销售管理、信息跟踪、公文流转、电子支付、仓储物流、生产流水线跟踪管理等），应用于国民经济的农业、工业、交通运输、商业、财政、国防、金融等各个领域和各级政府的信息化管理中。自主创新的二维码已经开始在一些全国性的重大行业中应用，大量应用于城市交通、身份识别、供应链管理的射频识别技术及生物特征识别技术产品的研发和解决方案的创新，为国家信息化水平的提高及信息安全提供了有力保障。

信息社会的变革，使自动识别产业有了飞跃性的发展，初步形成了一个综合性的基础产业。未来，中国的自动识别技术产业，将朝着集群化、规模化和国际化的方向快速发展。

为了适应我国自动识别技术高速发展的需要，尽快培养一大批专业技术人员，中国自动识别技术协会特邀有关专家学者编写了本书。

本书作为自动识别技术系列教材之一，对自动识别技术进行了全面的阐述，力图使读者能对自动识别技术的发展有整体的和全面的了解，作为高等院校自动识别技术的专业教材，在编写中力求保证其系统性和先进性。全书共分12章。第1章至第3章主要介绍条码识别技术产品的概念、理论、工作原理、技术特点、产品展示与各项技术性能指标、产品应用及其案例分析，特别是对条码适度产品、条码生成打印产品以及条码检测产品作了较为详细的介绍；第4章专门介绍射频识别技术产品，包括标签/芯片、读写设备、制作设备以及软件/中间件等；第5章主要介绍了包括磁卡、IC卡、智能卡、光学字符识别在内的多种自动识别技术；第6章至第9章对生物特征识别技术产品中的指纹识别技术、面像识别技术、虹膜识别技术产品作了重点的介绍，并对国内外十余种最新的生物特征识别技术产品作了全面的介绍。通过本书，读者可以从技术与应用的角度，全面系统地了解自动识别技术。

本书是高等院校自动识别技术系列教材之一，可作为自动识别技术专业及相关专业的教材，也适合于从事自动识别技术研究与应用及物流信息系统规划等工作人员使用，同时可供自动识别技术相关企业和部门的读者参考。

本书由北京华信恒远信息技术研究院策划，并由北京华信恒远信息技术研究院院长、北京交通大学经济管理学院物流标准化研究所所长、21世纪中国电子商务网校校长张铎主编,参加编写的有:21世纪中国电子商务网校寇贺双、刘娟,北京华信恒远信息技术研究院邵慧欣、刘平,北京交通大学经济管理学院汪凡、周建勤等。在本书编写过程中,得到了中国自动识别技术协会谢颖秘书长的具体指导。

  由于时间、水平所限,书中难免有不足之处,敬请批评指正。

编 者
2009年8月

目 录

第1章　条码识读产品 …………………………………………………… 1
1.1　条码识读原理、组成与选择原则 …………………………………… 1
1.1.1　原理与组成 ……………………………………………………… 1
1.1.2　条码识读器的选择原则 ………………………………………… 4
1.2　条码识读器 …………………………………………………………… 5
1.2.1　按扫描方式分类 ………………………………………………… 5
1.2.2　按操作方式分类 ………………………………………………… 10
1.2.3　按识读码制分类 ………………………………………………… 17
1.2.4　按扫描方向分类 ………………………………………………… 36
1.3　条码数据采集器 ……………………………………………………… 42
1.3.1　主要技术指标 …………………………………………………… 42
1.3.2　便携式数据采集器 ……………………………………………… 45
1.3.3　无线数据采集器 ………………………………………………… 51
1.3.4　数据采集器的使用 ……………………………………………… 65

第2章　条码印制产品 …………………………………………………… 70
2.1　条码印制技术 ………………………………………………………… 70
2.1.1　从编码到条码 …………………………………………………… 70
2.1.2　条码印制方式 …………………………………………………… 72
2.1.3　条码印制载体 …………………………………………………… 75
2.1.4　条码印制技术 …………………………………………………… 76
2.2　条码印制设备 ………………………………………………………… 77
2.2.1　预印刷条码设备 ………………………………………………… 77
2.2.2　现场印制设备 …………………………………………………… 80
2.2.3　金属条码印制设备 ……………………………………………… 106

2.2.4 其他条码印制设备 ………………………………………… 114
2.2.5 条码印制载体与耗材 ……………………………………… 115
2.2.6 打印软件 …………………………………………………… 125

第3章 条码检测产品 …………………………………………… 129
3.1 条码检测技术 …………………………………………………… 129
3.1.1 条码检测原理 ……………………………………………… 129
3.1.2 条码检测方式 ……………………………………………… 131
3.1.3 条码检测标准 ……………………………………………… 149
3.2 条码检测设备 …………………………………………………… 151
3.2.1 通用设备 …………………………………………………… 151
3.2.2 专用设备 …………………………………………………… 152
3.2.3 检测设备使用 ……………………………………………… 159

第4章 射频识别技术产品 ……………………………………… 162
4.1 射频识别技术 …………………………………………………… 162
4.1.1 射频识别工作原理 ………………………………………… 162
4.1.2 射频识别技术分类 ………………………………………… 164
4.2 射频识别标签/芯片 …………………………………………… 166
4.2.1 射频识别标签原理 ………………………………………… 166
4.2.2 射频识别标签分类 ………………………………………… 174
4.2.3 射频识别标签产品示例 …………………………………… 178
4.3 射频识别读写产品 ……………………………………………… 185
4.3.1 射频识别读写产品原理 …………………………………… 185
4.3.2 射频识别读写产品示例 …………………………………… 188
4.4 射频识别制作产品 ……………………………………………… 220
4.4.1 电子标签贴标机 …………………………………………… 220
4.4.2 电子标签打印机 …………………………………………… 225
4.4.3 电子标签生产和封装设备 ………………………………… 230
4.5 射频识别软件产品 ……………………………………………… 235
4.5.1 中间件原理 ………………………………………………… 235
4.5.2 打印中间件 ………………………………………………… 241
4.5.3 RFID 中间件 ……………………………………………… 241

第 5 章　其他识别技术产品 …… 244
5.1　光学字符识别产品 …… 244
5.1.1　基本原理 …… 244
5.1.2　典型产品 …… 246
5.2　磁识别产品 …… 248
5.2.1　基本原理 …… 248
5.2.2　典型产品 …… 250
5.3　IC 卡产品 …… 253
5.3.1　基本原理 …… 253
5.3.2　典型产品 …… 258
5.4　智能卡产品 …… 263
5.4.1　非接触式智能卡 …… 263
5.4.2　其他智能卡 …… 271
5.4.3　智能卡制卡设备 …… 273

第 6 章　指纹识别产品 …… 282
6.1　指纹识别技术简介 …… 283
6.2　指纹识别产品 …… 289
6.2.1　指纹产品类型 …… 289
6.2.2　指纹采集芯片 …… 292
6.2.3　指纹采集仪 …… 295
6.2.4　指纹硬盘 …… 303
6.2.5　指纹 U 盘 …… 306
6.2.6　指纹鼠标 …… 309
6.2.7　指纹手机 …… 311
6.2.8　指纹考勤机 …… 312
6.2.9　指纹门禁机 …… 317
6.2.10　其他指纹产品 …… 321

第 7 章　面像识别产品 …… 326
7.1　面像识别技术简介 …… 326
7.2　面像识别产品 …… 328

7.2.1　摄像机 ……………………………………………………… 328
　　7.2.2　矩阵键盘 …………………………………………………… 331
　　7.2.3　录像机 ……………………………………………………… 332
　　7.2.4　面像识别门禁 ……………………………………………… 333

第 8 章　虹膜识别产品 ……………………………………………… 336
　8.1　虹膜识别技术简介 ………………………………………………… 336
　8.2　虹膜识别产品 ……………………………………………………… 339
　　8.2.1　虹膜考勤系统 ……………………………………………… 339
　　8.2.2　虹膜门禁系统 ……………………………………………… 342
　　8.2.3　虹膜鼠标 …………………………………………………… 345
　　8.2.4　虹膜其他产品 ……………………………………………… 348

第 9 章　其他生物识别产品 ………………………………………… 351
　9.1　视网膜识别产品 …………………………………………………… 351
　9.2　掌形识别产品 ……………………………………………………… 354
　9.3　笔迹识别产品 ……………………………………………………… 358
　9.4　静脉识别产品 ……………………………………………………… 361
　9.5　声纹识别产品 ……………………………………………………… 366
　9.6　步态识别产品 ……………………………………………………… 368
　9.7　人耳识别产品 ……………………………………………………… 369
　9.8　红外温谱图简介 …………………………………………………… 371
　9.9　键盘动态识别简介 ………………………………………………… 371
　9.10　味纹识别简介 …………………………………………………… 371
　9.11　DNA 识别简介 …………………………………………………… 372

第1章 条码识读产品

条码识读是条码系统中重要的组成部分。本章将从条码识读原理、条码识读器、条码数据采集器等方面对条码识读产品进行介绍。

1.1 条码识读原理、组成与选择原则

1.1.1 原理与组成

1. 条码识读的基本工作原理

由光源发出的光线经过光学系统照射到条码符号上面,被反射回来的光经过光学系统成像在光电转换器上,使之产生电信号,电信号经过电路放大后产生一模拟电压,它与照射到条码符号上被反射回来的光成正比,再经过滤波、整形,形成与模拟信号对应的方波信号,经译码器解释为计算机可以直接接受的数字信号。

2. 条码识读系统的组成

条码识读系统由扫描系统、信号整形、译码三部分组成,如图1-1所示。

扫描系统由光学系统及探测器(即光电转换器件)组成,它完成对条码符号的光学扫描,并通过光电探测器,将条码条空图案的光信号转换成为电信号。

信号整形部分由信号放大、滤波、波形整形组成,它的功能在于将条码的光电扫描信号处理成为标准电位的矩形波信号,其高低电平的宽度和条码符号的条空尺寸相对应。

译码部分一般由嵌入式微处理器组成,它的功能是对条码的矩形波信号进行译码,其结果通过接口电路输出到条码应用系统中的数据终端。

条码符号的识读涉及光学、电子学、微处理器等多种技术。要完成正确识读,必须满足以下几个条件:

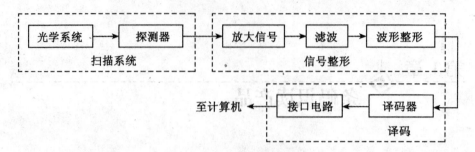

图 1-1 条码识读系统组成

- 建立一个光学系统并产生一个光点,使该光点在人工或自动控制下能沿某一轨迹做直线运动,且通过一个条码符号的左侧空白区、起始符、数据符、终止符及右侧空白区。
- 建立一个反射光接收系统,使它能够接收到光点从条码符号上反射回来的光。
- 要求光电转换器将接收到的光信号不失真地转换成电信号。
- 要求电子电路将电信号放大、滤波、整形,并转换成电脉冲信号。
- 建立某种译码算法,将所获得的电脉冲信号进行分析、处理,从而得到条码符号所表示的信息。
- 将所得到的信息转储到指定的地方。

上述的前四步一般由识读器完成,后两步一般由译码器完成。

(1) 光源

对于一般的条码应用系统,条码符号在制作时,条码符号的条空反差均针对 630nm 附近的红光而言,所以条码识读器的扫描光源应该含有较大的红光成分。因红外线反射能力在 900nm 以上,可见光反射能力为 630～670nm;紫外线反射能力为 300～400nm,一般物品对 630nm 附近的红光的反射性能和对近红外光的反射性能十分接近,所以,有些识读器采用近红外光。

识读器所选用的光源种类很多,主要有半导体光源、激光光源,也有选用白炽灯、闪光灯等光源的。这里主要介绍半导体发光管和激光器。

(2) 光电转换接收器

接收到的光信号需要经光电转换器转换成电信号。

手持枪式扫描识读器的信号频率为几十千赫到几百千赫。一般采用硅光电池、光电二极管和光电三极管作为光电转换器件。

(3) 放大、整形与计数

全角度扫描识读器中的条码信号频率为几兆赫到几十兆赫。全角度扫描识读器一般是长时间连续使用，为了使用者安全，要求激光源出射能量较小。因此最后接收到的能量极弱。为了得到较高的信噪比（这由误码率决定），通常采用低噪声的分立元件组成前置放大电路来低噪声地放大信号。手持枪式扫描识读器出射光能量相对较强，信号频率较低。另外，如前所说还可采用同步放大技术等。因此，它对电子元器件特性要求就不是很高，而且由于信号频率较低，就可以较为方便地实现自动增益控制电路。

条码识读系统经过条码图形的光电转换、放大和整形后，其中信号整形部分由信号放大、滤波、波形整形组成，它的功能在于将条码的光电扫描信号处理成为标准电位的矩形波信号，其高低电平的宽度和条码符号的条空尺寸相对应。这样就可以按高低电平持续的时间记数。

(4) 译码

条码是一种光学形式的代码，它不是利用简单的计数来识别和译码的，而是需要用特定方法来识别和译码。

译码包括硬件译码和软件译码。硬件译码通过译码器的硬件逻辑来完成，译码速度快，但灵活性较差。为了简化结构和提高译码速度，现已研制了专用的条码译码芯片，并已经在市场上销售。软件译码通过固化在ROM中的译码程序来完成，灵活性较好，但译码速度较慢。实际上每种译码器的译码都是通过硬件逻辑与软件共同完成的。

(5) 通信接口

条码识读器的通信接口主要有键盘接口和串行接口。

• 键盘接口方式。条码识读器与计算机通信的一种方式是键盘仿真，即条码阅读器通过计算机键盘接口给计算机发送信息。条码识读器与计算机键盘口通过一个四芯电缆连接，通过数据线串行传递扫描信息。这种方式的优点是：无需驱动程序，与操作系统无关，可以直接在各种操作系统上直接使用，不需要外接电源。

• 串口方式。扫描条码得到的数据由串口输入，需要驱动或直接读取串口数据，需要外接电源。串行通信是计算机与条码识读器之间的一种常用的通信方式。接收设备一次只传送一个数据位，因而比并行数据传送要慢。

条码识读系统一般采用RS232或键盘口传输数据。条码识读器在传输数据时使用RS232串口通信协议，使用时要先进行必要的设置，如：波特率、数据位长度、有无奇偶校验和停止位等。同时，条码识读器还选择使用通信协议（如 ACK/NAK 或 XON/XOFF 软件握手协议）。条码识读器将 RS232 数据通过串口传给 MX009，MX009 将串口数据转化成 USB 键盘（Keyboard）或 USB Point-of-Sale 数据。MX009 只能和带有 RS232 串口通信功能的条码识读器共同工作。一些型号较老的条码识读器只有一种接口。

随着计算机技术的发展，USB 接口的应用越来越广泛，更多的条码识读器具备了 USB 接口功能，红外、蓝牙等新型无线式接口也开始应用。

1.1.2 条码识读器的选择原则

不同的应用场合对识读设备有着不同的要求，用户必须综合考虑，以达到最佳的应用效果。在选择识读设备时，应考虑以下几个方面。

1. 与条码符号相匹配

条码识读器的识读对象是条码符号，所以在条码符号的密度、尺寸等已确定的应用系统中，必须考虑识读器与条码符号的匹配问题。例如对于高密度条码符号，必须选择高分辨率的识读器。当条码符号的长度尺寸较大时，必须考虑识读器的最大扫描尺寸，否则可能出现无法识读的现象。当条码符号的高度与长度尺寸比值较小时，最好不选用光笔，以避免人工扫描的困难。如果条码符号是彩色的，一定得考虑识读器的光源，最好选用波长为 633nm 的红光，否则可能出现对比度不足的问题而给识读带来困难。

2. 首读率

首读率是条码应用系统的一个综合指标，要提高首读率，除了提高条码符号的质量外，还要考虑识读设备的识读方式等因素。当手动操作时，首读率并非特别重要，因为重复扫描会补偿首读率低的缺点。但对于一些无人操作的应用环境，要求首读率为 100%，否则会出现数据丢失现象。为此，最好是选择移动光束式识读器，以便在短时间内有几次扫描机会。

3. 工作空间

不同的应用系统有特定的工作空间，所以对识读器的工作距离及扫描景深有不同的要求。一些日常办公条码应用系统，对工作距离及扫描景深的要求不高，选用 CCD 识读器这类较小扫描景深和工作距离的设备即可满足要求。对于一些仓库、储运系统，大多要求离开一段距离扫描条码符号，要求识读器的工作距离较大，所以要选择有一定工作距离的识读器如激光枪等。对于某些扫描距离变化的场合，则需要扫描景深大的扫描设备。

4. 接口要求

应用系统的开发，首先是确定硬件系统环境，而后才涉及条码识读器的选择问题，这就要求所选识读器的接口要符合该系统的整体要求。通用条码识读器的接口方式有串行通信口和键盘口及 USB 接口等。

5. 性价比

条码识读器由于品牌不同，功能不同，其价格也存在着很大的差别，我们在选择识读器时，一定要注意产品的性能价格比，应本着满足应用系统的要求且价格较低的原则选购。

扫描设备的选择不能只考虑单一指标，而应根据实际情况全面考虑。

1.2 条码识读器

条码识别设备由条码扫描和译码两部分组成。现在绝大部分条码识读器都将扫描识读和译码功能集成为一体。人们根据不同的用途和需要设计了各种类型的识读器。下面按条码识读器的扫描方式、操作方式、识读码制能力和扫描方向对各类条码识读器进行介绍。

1.2.1 按扫描方式分类

条码识读设备在扫描方式上可分为接触式和非接触式两种条码识读器。接触式识读设备包括光笔与卡槽式条码识读器，非接触式识读设备包括 CCD 识读器、激光识读器。

1. 接触式识读设备——光笔

(1) 工作原理

光笔和大多数卡槽条码阅读器都采用手动扫描的方式。手动扫描比较简单，识读器内部不带有扫描装置，发射的照明光束的位置相对于识读器固定，完成扫描过程需要手持识读器扫过条码符号。这种识读器就属于固定光束识读器。光笔扫描过程如图 1-2 所示。

光笔是最先出现的一种手持接触式条码阅读器，它也是最为经济的一种条码阅读器。

使用时，操作者需将光笔接触到条码表面，通过光笔的镜头发出一个很小的光点，当这个光点从左到右划过条码时，在"空"的部分，光线被反射，"条"的部分，光线被吸收，因此在光笔内部产生一个变化的电压，这个电压通过放大、整形后用于译码。

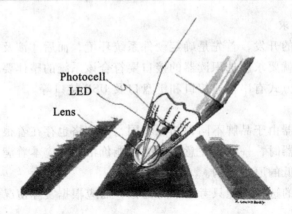

图1-2 光笔扫描

光笔的优点是：与条码接触阅读，能够明确哪一个是被阅读的条码；阅读条码的长度可以不受限制；与其他的阅读器相比成本较低；内部没有移动部件，比较坚固；体积小，重量轻。

光笔的缺点是：首先，使用光笔会受到各种限制，比如在有一些场合不适合接触阅读条码。其次，只有在比较平坦的表面上阅读指定密度的、打印质量较好的条码时，光笔才能发挥它的作用；而且操作人员需要经过一定的训练才能使用，如阅读速度、阅读角度以及使用的压力不当都会影响它的阅读性能。再次，因为它必须接触阅读，当条码因保存不当而产生损坏，或者上面有一层保护膜时，光笔都不能使用；光笔的首读成功率低及误码率较高。光笔识读器和译码器通常是分开的，有些产品将译码器集成在光笔的内部。

近年来光笔的应用越来越少，几乎不为人所见，主要是由于CCD和其他条码识读产品的价格大幅度下降，光笔的性价比已不具备优势。

（2）产品示例

●光笔条码识读器（PEN-400）如图1-3所示，详细参数见表1-1。

产品描述：金属外壳、操作容易、扫描流畅。可读取最高密度4mil。可更换式的光笔笔头设计，容易维护。笔尖采用高硬度之人工蓝宝石材质。使用高级金属外壳，耐用、质感佳。外置式解码器（内置在传输线上）更加节省体积。适合用来扫描超宽条码（如印在支票上的）。省电，USB界面可以接至PDA（透过CF转接卡）。

产品特点：与条码接触阅读，能够明确哪一个是被阅读的条码。阅读条码的长度可以不受限制。

光笔读取头

图1-3 光笔条码识读器(PEN-400)

表1-1 光笔条码识读器(PEN-400)详细参数

硬件规格	光源	660nm 红色光 LED
	电源	+5V DC,5%
	解码器	专利合法授权版本
	重量	60g(不含电线)
	扫描比率	50~100mm/s
	读取条码种类	Code39,Full ASCII Code39.UPC/EAN,CODABAR,Code 128
操作环境	操作温度	0~50℃
	保存温度	-10~60℃
	相对湿度	5%至95%之间
	EMI认证	FCC class A,CE
	光度	1 500lx
	连接头	DB9,DB25,AMP,RJ-45,RJ-11,DIN5,DIN6

— 7 —

2. 接触式识读设备——卡槽式条码识读器

（1）工作原理

卡槽式识读器属于固定光束识读器，其内部的结构和光笔类似。它上面有一个槽，手持带有条码符号的卡从槽中滑过实现扫描。这种识读器广泛用于时间管理以及考勤系统。它经常和带有液晶显示和数字键盘的终端集成为一体。

（2）产品示例

• 卡槽读写器（HR-600）如图1-4所示，详细参数见表1-2。

产品描述：HR-600系列磁条（卡）读写器可连接任何具有RS232串口的电脑或终端，用于读写磁卡或存折本上的磁条信息。

产品特点：外观好，操作简单，读写均一次刷卡完成，具有读、写双重校验功能，性能稳定可靠，并且兼容性好（能自动识别多种磁条读写的命令集），有更好的通用性。可广泛用于金融、邮电、交通、海关等各个领域，特别是银行系统的信用卡发行、磁卡和银行柜台的存折的磁条读写。

HR-610系列金卡读写是集磁卡读写、IC卡和SAM卡于一体的读写设备，可连接任何具有RS232串口的电脑或终端。该系列金卡读写器最多可带2个CPU卡座，4个SAM座。

• 磁条卡槽式阅读器（HR-400）如图1-5所示，详细参数见表1-3。

产品描述：磁条卡槽式阅读器（HR-400），集刷卡、译码于一体，磁条可读ISO TK1、ISO TK2、ISO TK3轨，条码可读明码（红光）和隐形码（红外光），同时可读各专业银行的存折磁条，可连接各种微机和终端键盘，HR41×可连接各RS232C接口。

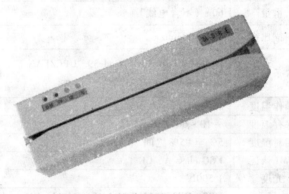

图1-4 卡槽读写器（HR-600）

表1-2　　　　　　　　卡槽读写器（HR-600）详细参数

硬件规格	读写标准	ISO7810，7811-1-5，IBM
	拉卡速度	10～120cm/s
	记录密度	第一磁道：210BPI 第二磁道：75BPI/210BPI 可选 第三磁道：210BPI
	记录字符数	第一磁道：76个字符　　第二磁道：37/104个字符　　第三磁道：104个字符
	磁头寿命	最少80万次
	通信	RS-232C 串行异步通信
	电源	DC+5V 写电流≤85mA，写电流：≤150mA
	IC卡读写标准	ISO7816-1，2，3，4 并符合《中国金融集成电路（IC）卡规范》　配备2个沉降IC卡卡座，内置4个SAM卡座
	支持以下IC卡	（1）存储器卡：AT24C01A/02/04/08/16/32/64/128/256； （2）逻辑加密卡：AT88SC102、AT88SC1604、AT88SC1608、SLE4428、SLE4442 （3）CPU卡：（T=0/T=1 协议）
操作环境	工作	0～50℃，20%～90%RH
	存储	-20～70℃，20%～80%RH

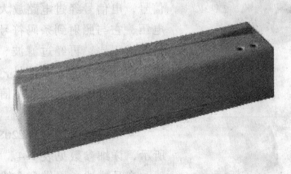

图1-5　磁条卡槽式阅读器（HR-400）

表 1-3　　　磁条卡槽式阅读器（HR-400）详细参数

硬件规格	条码分辨率	HR4×8：0.19mm
	磁条标准	ISO 7811/2
	拉卡速度	10~120cm/s
	磁头寿命	>500 000 次
	电源	HR43×不需额外电源
操作环境	工作	0~50℃　20%~90% RH
	存储	-20~70℃　<95% RH

1.2.2　按操作方式分类

条码识读设备从操作方式上可分为手持式和固定式两种条码识读器。

1. 手持式条码识读器

手持式条码识读器应用于许多领域，这类条码识读器特别适用于条码尺寸多样、识读场合复杂、条码形状不规整的应用场合。在这类识读器中有光笔、激光枪、手持式全向识读器、手持式CCD识读器和手持式图像识读器等。

（1）工作原理

由光源发出的光线经过光学系统照射到条码符号上面，被反射回来的光经过光学系统成像在光电转换器上，使之产生电信号，电信号经过电路放大后产生一模拟电压，它与照射到条码符号上被反射回来的光成正比，再经过滤波、整形，形成与模拟信号对应的方波信号，经译码器解释为计算机可以识别的数字信号。

（2）产品示例

• 条码识读器（LS2208AP）如图1-6所示，详细参数见表1-4。

产品描述：提供多个线路板接口（包括 keyboard wedge），采用通用电缆，无需

图1-6　条码识读器（LS2208AP）

更改电缆即升级扫描器。可在零售、医疗保健和轻工业应用环境中应用。

产品特点：结实耐用的扫描组元件设计使扫描性能得到改进，无摩擦无损耗，可有效节省硬件投资费用；兼容全球贸易物品编码（GTIN），能够在需要时对 14 位 GTIN 进行解码和传送；扫描迅速，每秒扫描 100 次，可以大大提高工作效率。

表 1-4　　　　　　　　　条码识读器（LS2208AP）

硬件规格	电压	（5±10%）V
	电流	标准 130mA，最大 175mA
	电源	主机电源或外置电源
	识读器类型	双向
	光源	650nm 可见激光二极管
	额定工作距离	对于 100% U.P.C./EAN 码型从直接接触到 43cm 的扫描距离都可正常扫描
	印刷对比度	最低 20% 反射差异
	旋转视角	1°~30°
	倾斜视角	21°~65°
	偏移视角	31°~60°
	解码能力	U.P.C./EAN, U.P.C./EAN with Supplementals, UCC/EAN 128, Code 39, Code 39 Full ASCII, Code 39 TriOptic, Code 128, Code 128 Full ASCII, Codabar, Interleaved 2 of 5, Discrete 2 of 5, Code 93, MSI, Code 11, IATA, RSS variants, Chinese 2 of 5
	支持接口	RS232、键盘插口、Wand、IBM 468X/9X、USB、Synapse 和 Undecoded
操作环境	操作温度	0~50℃
	存储温度	-40~70℃
	湿度　相对湿度	5%~95%（无凝结）
	抗震能力	从 1.5m 高处多次跌至混凝土地面仍可正常工作
	无干扰环境光	在正常办公和工厂照明环境下或直接暴露在阳光下均不会对其产生任何影响

- 条码扫描器（AS-8000）如图 1-7 所示，详细参数见表 1-5。

产品描述：条码扫描器（AS-8000）采用流线造型，设计轻巧，舒适的操作手感，是一款很适合零售行业使用的条码扫描器。即插即用，不需经过复杂的条码命令设定。可以在 125mm 景深范围内读取所有标准一维条码。

图 1-7　条码扫描器（AS-8000）

表 1-5　　　　　**条码扫描器（AS-8000）详细参数**

硬件规格	光源	660nm Visible Red LED
	光学系统	2048 pixel CCD（Charge-coupled device）
	扫描距离	0~125mm for 0.33mm（13mil）barcode
	扫描宽度	95mm
	扫描速度	100 次/秒
	分辨率	0.1/mm（4mils）code39，PCS=90%
	印刷对比度	45% or more
	扫描角度	前：60°，后：60°，偏转：70°
	解码能力	识读所有标准一维码
	重量	90g（不包括电缆）
	电缆连线长度	Straigh2.0m
	工作功率	800mW
	待机功率	350mW
	工作电流	250mA@5VDC
	待机电流	30mA@5VDC
	直流变压器	Class 2；5VDC@500mA
	产品认证	FCC Class A，CE，BSMI
	照明光亮度	Up to 20000lx
	抗震能力	可承受 1.5m 高度自由落体到水泥地面的冲击
操作环境	工作温度	0~45℃
	储存温度	-20~60℃
	工作湿度	5%~90% 相对湿度、无霜

● 手持式条码识读器（OPL-6845）如图1-8所示，应用实例如图1-9，详细参数见表1-6。

产品描述：手持式条码识读器（OPL-6845）是具有多种新功能一体的轻巧外形条码扫描设备。

产品特征：符合 RoHS 标准，可以兼容各种系统，可应用于医疗、零售、政府办公、电信等行业。

图1-8　手持式条码识读器（OPL-6845）

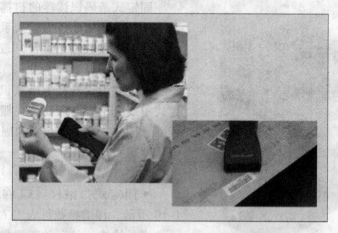

图1-9　手持式条码识读器（OPL-6845）在医疗及邮政中的应用

表1-6　　　　手持式条码识读器（OPL-6845）详细参数

硬件规格	扫描频率	100Hz
	识读器尺寸	32mm×57mm×159mm
	环境光线	荧光：最大3000lx 日光：最大50000lx
	抗震测试	1.5m自由坠落至水泥地面不会有任何功能性破坏
	防尘/防溅级别	IP42
	接口类型	Kyeboard Wedge，RS232C，USB（HID）
	支持条码	JAN/UPC/EAN，Codabar，Code39，Code93，Code128，IATA，工业25，矩阵25，交叉25，中国邮政25码，MSI/Plessey，UK/Plessey，S-Code，Telepen，Tri-Optic
操作环境	操作温度	-5~50℃
	存储温度	-20~60℃
	操作湿度	20%~80%（无冷凝）
	存储湿度	10%~90%（无冷凝）

2. 固定式条码识读器

（1）工作原理

固定式条码识读器的扫描识读不用人手把持，适用于省力、人手劳动强度大（如超市的扫描结算台）或无人操作的自动识别场合。

固定式识读器有卡槽式识读器、固定式单线、单方向多线式（栅栏式）识读器、固定式全向识读器和固定式CCD识读器等类型。

（2）产品示例

· 固定式扫描仪（CLV450）如图1-10所示，详细参数见表1-7。

产品描述：具有动态调焦功能，可动态检测物体距离，并将焦距调整到恰当的位置。动态调焦大大延展了景深范

图1-10　固定式扫描仪（CLV450）

围,使其更适合应用于距离变化很大的场合。

产品特征:可以远距离阅读;有条码重整功能,可正确读出污损条码;有 AutoSetup 功能,徒手即可完成设定;单线式及镜摆动式识读器系列可选择;可使用于恶劣的工业环境。

表 1-7　　　　固定式扫描仪(CLV450)详细参数

硬件规格	扫描方式	单线式;顶部或侧面阅读
	光源	670nm 红光
	阅读频率	400~1000Hz
	分辨率	CLV450-0010: 0.25~1.0mm
	阅读距离	CLV450-0010: 150~1600mm
	焦距	最多 8 段可选,动态调整
	条码码制	Code39, Code128, Code93, Codabar, EAN, EAN128, UPC, 2/5 Interleaved, Pharmacode
	读码能力	每一扫描线上可有 1~20 个(标准译码)或 1~6 个(SMART 译码)条码;每个阅读周期可读 1~50 个条码;每线及每周期可辨别 3 种码制
	条码长度	单码最大 50 字符,每阅读周期最多 500 字符
	条码比例	2:1~3:1
	有效读取次数	1~99
	数据接口	RS232 或 RS422/485,通信协议可设定
	通信协议	SICK 标准介面及 SICK 网路介面及 3964(R)
操作环境	工作电压	10~30V(功率约 3.5W)
	环境温度	工作 0~40℃/储存 -20~70℃
	最大湿度	90%
	防护等级	IP 54(符合 DIN 40 050)/Class 3(符合 VDE 0106)

● 全方位激光扫描平台(Z-6082)如图 1-11 所示,详细参数见表 1-8。

产品特性:2 个高效能激光头;32 线网状激光束;2400Hz 高速扫描;通过 IP54 防尘防水标准。

图 1-11 全方位激光扫描平台（Z-6082）

表 1-8　　全方位激光扫描平台（Z-6082）

硬件规格	光源	650nm 可见激光二极管
	扫描距离	0～216 mm for UPC/EAN 100%，PCS = 90%
	扫描频率	2400Hz
	最小分辨率	5 mil@ PCS 90%
	印刷对比度	30% @ UPC/EAN 100%
	输入电压	DC（5±10%）V
	功率	1.5W
	电流	300 mA@ 5V
	镭射安全性	CDRH Class IIa；IEC 60825-1；Class I
	电磁兼容	CE&FCC DOC compliance
操作环境	工作温度	0～40℃
	储存温度	-20～60℃
	湿度	5%～95%（无凝结）

1.2.3 按识读码制分类

条码扫描设备从原理上可分为光笔、CCD、激光和图像四类条码识读器。光笔与卡槽式条码识读器只能识读一维条码。激光条码识读器有些能识读一维条码,有些亦可识读行排式二维条码(如 PDF417 码)。图像式条码识读器通常可以既识读一维条码,也可以识读行排式和矩阵式二维条码。

这里详细介绍一下有关图形采集和数字化处理以及拍摄方式方面的内容。

1. 图形采集和数字化处理

目前国际上对条码图形采集方式,主要有两种。即"光学成像"(Image)方式和"激光"(Laser)方式。其中光学成像方式中又有两种:一种是面阵 CCD,一种是 CMOS。在采用图像方式中的绝大多数采用技术较为成熟的 CCD 器件。其中少数已经采用了 CMOS 器件。从长远发展的角度看,图像方式对在条码采集中的应用,将是一种必然的趋势。

(1)工作原理

● 激光识读器工作原理

激光识读器是一种远距离条码识读设备,其性能优越,因而被广泛使用。激光识读器的扫描方式有单线扫描、光栅栏式扫描和全角度扫描三种方式。激光手持式识读器属单线扫描,其景深较大,扫描首读率和精度较高,扫描宽度不受设备开口宽度限制;卧式激光识读器为全角识读器,其操作方便,操作者可双手对物品进行操作,只要条码符号面向识读器,不管其方向如何,均能实现自动扫描,超市大多采用这种设备。

现阶段主要有激光扫描技术和光学成像数字化技术。激光扫描技术的基本原理是:先由机具产生一束激光(通常由半导体激光二极管产生),再由转镜将固定方向的激光光束形成激光扫描线(类似电视机的电子枪扫描),激光扫描线扫描到条码上再反射回机具,由机具内部的光敏器件转换成电信号,其原理如图 1-12 所示。

利用激光扫描技术的优点是:识读距离适应能力强,且具有穿透保护膜识读的能力,识读的精度和速度比较容易做得高些。缺点是对识读的角度要求比较严格,而且只能识读堆叠式二维码(如 PDF417 码)和一维码。

激光枪的扫描动作通过转动或振动多变形棱镜等光学装置实现。手持激光枪识读器比激光扫描平台具有方便灵活、不受场地限制的特点,适用于扫描体积较小的首读率不是很高的物品。除此之外,它还具有接口灵活、应用

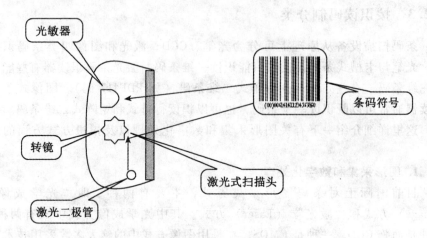

图 1-12 激光式扫描头的工作流程

广泛的特点。

- CCD 识读器工作原理

CCD（charge coupled device）技术是一种传统的图形/数字光电耦合器件，现已经广泛应用。其基本原理是利用光学镜头成像，转化为时序电路，实现 A/D 转换为数字信号。CCD 的优点是像质好、感光速度快、有许多高分辨率的芯片供选择；但信号特性是模拟输出，必须加入模数转换电路，加上 CCD 本身要用时序和放大电路来驱动，所以硬件开销很大，成本较高。

CCD 识读器分为手持式 CCD 识读器和固定式 CCD 识读器。这两种识读器均属于非接触式，只是形状和操作方式不同，其扫描机理和主要元器件完全相同，如图 1-13 所示。扫描景深和操作距离取决于照射光源的强度和成像镜头的焦距。

CCD 元件是采用半导体器件技术制造的。通常选用具有电荷耦合性能的光电二极管和 CMOS 电容制成。可将光电二极管排列成一维的线阵和二维的面阵。用于扫描条码符号的 CCD 识读器通常选用一维的线阵，而用于平面图像扫描的通常选用二维的面阵（也可选用一维的线阵）。一维 CCD 的构成如图 1-14 所示。在图中，条码符号将光路成像在 CCD 感光器件阵列（光电二极管阵）上，由于条和空的反光强度不同，映在感光器件上，产生的电信号强度也不同，通过扫描电路，把相应的电信号经过放大、整形输

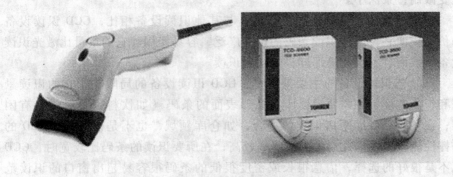

手持式　　　　　　　　　固定式

图 1-13　CCD 识读器

出,最后形成与条码符号信息对应的电信号。为了保证一定的分辨率,光电元件的排列密度要保证条码符号中最窄的元素至少应被 2~3 个光电元件所覆盖,而排列长度应能够覆盖整个条码符号的像。

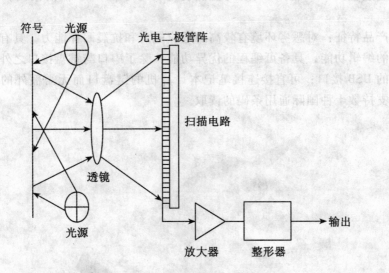

图 1-14　CCD 识读器的工作原理

CCD 识读器是利用光电耦合(CCD)原理,对条码印刷图案进行成像,然后再译码。它的特点是无任何机械运动部件,性能可靠,寿命长;按元件排列的节距或总长计算,可以进行测长;价格比激光枪便宜;可测条码的长度受限制；景深小。

CCD式识读设备的主要优点是：与其他识读设备相比，CCD识读设备的价格较便宜，同样识读条码的密度广泛，容易使用。它的重量比激光识读设备轻，而且不像光笔那样只能接触识读。

CCD式识读设备的主要缺点是：CCD识读设备的局限在于它的识读景深和识读宽度，在需要识读印在弧形表面的条码（如饮料罐）时候会有困难；在一些需要远距离识读的场合，如仓库领域，也不是很适合；CCD的防摔性能较差，因此产生的故障率较高；在所要识读的条码比较宽时，CCD也不是很好的选择，信息很长或密度很低的条码很容易超出窗口的识读范围，导致条码不可读；而且某些采取多个LED的条码识读设备中，任意一个的LED故障都会导致不能识读。

（2）产品示例

● 手持式CCD识读器（1000型）如图1-15所示，详细参数见表1-9。

产品描述：手持式CCD识读器（1000型）质量可靠，功耗低，体积小，重量轻。1000型CCD读码性能良好，对于低PCS值的条码，尤其明显。

产品特征：对恶劣环境有较高的适应能力和抗震耐摔能力，具有读取数据后的编辑功能，具备可编程的优异功能，除了串口与键盘接口之外，也有最新的USB接口；可直接连接笔记本计算机的键盘口而无需额外的仿真装置；支持数十种国际通用条码的读取。

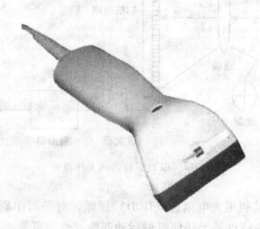

图1-15　手持式CCD识读器（1000型）

表1-9　　　　　　　　**Cipher1000CCD 识读器详细参数**

硬件规格	光源	660nm 红光 LED
	分辨率	0.125mm
	扫描景深	0~30mm
	扫描宽度	67mm
	扫描速度	100 线/秒
	扫描角度	前 40°，后 70°
	键盘接口	自动检测内置键盘仿真，可直接与笔记本电脑连接
	可读条码	Code39/Full ASCII, Italy Pharma Code, French Pharma Code, Plessy PCA, UPCE, ADDON2, Industrial2of5, Interleave2of5, EAN8, EAN13, ADDON5, Codebar, Code93, Code128/EAN128, MSI
	数据编辑功能	支持三种数据编辑方式（码制、数据长度、相符合字符串及位置） 数据可分为 6 段，还可附加个附加段 数据段的传输顺序可编程用户编辑字段传输顺序
操作环境	操作温度	0~50℃
	存储温度	-20~60℃
	操作湿度	20%~90%（非结露）
	存储湿度	10%~95%（非结露）
	抗跌落	1m 混凝土地面

- 扫描枪（Z-3000CCD 型）如图 1-16 所示，详细参数见表 1-10。

图 1-16　扫描枪（Z-3000CCD 型）

产品特征：强大的扫描性能；内嵌解码芯片；符合人体工程学造型；LED 指示灯与可调音效。

表 1-10　　　　　　　扫描枪（Z-3000CCD 型）详细参数

硬件规格	光源系统	2500 像素 CCD
	扫描宽度	80mm
	扫描速度	100 线/秒
	指示灯（LED）	蓝色 LED
	声音	可调音频和音调
操作环境	工作温度	0～50℃
	储存温度	-20～60℃
	工作湿度	5%～95% RH（无凝结）
	抗震能力	从 1.5m 处跌落至水泥地面仍可正常工作

● 固定式 CCD 识读器（8600 型）如图 1-17 所示，详细参数见表 1-11。

产品描述：8600 型是采用 CCD 线型光源的固定式一维条码识读器。体积小，扫描速度快。

产品特征：扫描速度 500 线/秒；读取距离范围 2.5～4.5cm。

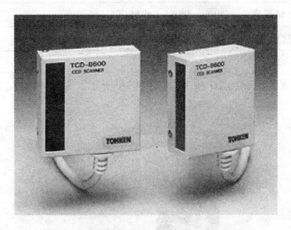

图 1-17　固定式 CCD 识读器（8600 型）

表 1-11　　　固定式 CCD 识读器（8600 型）详细参数

硬件规格	光　源	CCD 线型光源
	最小分辨率	0.125mm
	最大条码长度	80mm
	最大条码位数	32 位
	解码功能	UPC/EAN/JAN、Code128、Code39、Code Interleaved 2fo5、Codabar
	支持接口	RS-232/485
	多支路通信	通过转接器和中继器，最多实现 32 台识读器多支路通信
	电　源	符合 UL、CSA、VDE、FCC A 及 B 的级别
操作环境	工作温度	0～50℃
	存储温度	-20～60℃
	相对湿度	5%～95% RH（无凝结情况）
	安全标准	CDRHIIa 级；IEC825 1 级、FCC A 级、UL1950、CSA22.2 No.950、IEC950

● 手持激光条码识读器（LS1203）如图 1-18 和图 1-19 所示，详细参数见表 1-12。

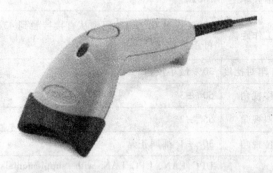

图 1-18　手持激光条码识读器（LS1203）

产品描述：LS1203 条码识读器是一款针对小型企业的高性价比激光条码识读器，它可以满足日常工作需要，并可以减少人工键入数据时可能会发生的数据输入错误，最大程度地提高性能和可靠性，提高员工的工作效率。

产品特征：简化安装与集成，满足未来需求的解决方案能够确保主机/POS良好兼容；准确的首次扫描，始终为下次扫描做好准备；配备支架可以无需手动扫描，便能起到立式平台的作用。

图 1-19 LS1203 识读器扫描商品

表 1-12   手持激光条码识读器（LS1203）详细参数

硬件规格	电压和电流	DC（5±10%）V@100mA（待机<35mA）
	光源（激光）	650nm 激光二极管
	扫描频率	100Hz
	标准工作距离	100% U.P.C./EAN 码型从直接接触到 43cm 的扫描距离都可正常扫描
	最小打印对比度	30% 最小反射
	偏移视角	60°±3°
	倾斜视角	65°±2°
	旋转视角	30°±1°都属正常
	解码能力	UPC.EAN, UPC.EAN with supplementals, UCC.EAN128, Code 39, Code 39 Full ASCII, Code 39 Trioptic, Code 128, Code 128 Full ASCII, Codabar, Interleaved 2 of 5, Discrete 2 of 5, Code 93, MSI, Code 11, IATA, R55 variants, Chimese 2 of 5
	支持的接口	RS-232：键盘接口：USB

操作环境	工作温度	0~50℃	
	存储温度	-20~50℃	-40~70℃
	操作湿度	5%~95%相对湿度（无冷凝）	
	无干扰环境光	在正常办公和工厂照明环境下，或直接暴露在阳光下，均不会对其产生任何影响	
	抗跌落	可承受多次从1.524m高度跌落到混凝土地面的冲击	

- 蓝牙无线式激光扫描枪（Z-3051BT型）如图1-20所示，详细参数见表1-13。

产品特征：内置32K内存，智能切换传输方式；CLASS I确保无障碍传输距离100m；可免持，具有自动感知功能。

图1-20 蓝牙无线式激光扫描枪（Z-3051BT型）

表1-13 蓝牙无线式激光扫描枪（Z-3051BT型）详细参数

硬件规格	光源系统	650nm可见激光二极管（VLD）
	景深	15~260mm for UPC/EAN 100%，PCS=90%
	扫描宽度	0~508mm
	扫描速度	100线/秒
	工作方式	实时批处理
	最小分辨率	5mil@印刷对比度90%/Code39码
	印刷对比度	30%@UPC/EAN 100%
	指示灯（LED）	3种颜色LED（绿色、红色和蓝色）
	通信接口	键盘口、RS232C串口、USB口
操作环境	工作温度	0~40℃
	操作湿度	5%~90% RH（无凝结）
	储藏湿度	-20~60℃
	防坠测试	从1m高处跌落至水泥地面仍可正常工作

●二维图像识读器（5000型系列）如图1-21所示，详细参数见表1-14。

产品描述：可以多个码制一起读取和较长一维条码的读取；数据通信能刻意适应各种系统，接口软件无须更改，可用键盘、RS232C、USB等接口。

产品特征：采用130万像素彩色，大幅扩大读取范围，使其解码能力大大提高；适合读取各种一维条码和二维条码，包括QRCode，DataMatrix，PDF417，MaxiCode，MicroPDF，MicroQR和最新的RSS码，ComPosite码。

图1-21 二维图像识读器（5000型系列）

表1-14　　二维图像识读器（5000型系列）详细参数

硬件规格	读取方式	CMOS面传感器
	最高分解能力	一维码0.15mm（5000H型：0.1mm） 二维码0.25mm（5000H型：0.16mm）
	接口	RS-232C，USB（COM），USB（键盘接口）
	电源	电压5V，±5% 平均消费电流　约50mA@5.0V、约200mA@5.0V 最大消费电流　约300mA@5.0V、约400mA@5.0V
操作环境	温度/湿度	0~40℃/35%~85%RH
	抗冲击能力	1.5m高度落下能正常工作

●条码阅读器（MS-1690）如图1-22所示，详细参数见表1-15。

产品描述：采用全向扫描模式，能够解读所有标准一维条码和PDF417、microPDF、composite、Matrix、Postal以及QR等二维条码。

产品特征：能够清晰地扫描和输出jpg、bmp、和tiff格式的图像；红光明亮，能够准确对准目标并扫描，支座自动探测功能，便于固定式扫描。

图 1-22 条码阅读器（MS-1690）

表 1-15 条码阅读器（MS-1690）详细参数

硬件规格	光源	LED 波长（645±7.5）nm
	景深	0~230mm@13mil barcode
	最小条宽	0.127mm（5.0mil）
	扫描范围	49mm×19mm@20mm；264mm×106mm@280mm
	分辨率	1280×512
	系统接口	RS232，PC Keyboard Wedge，IBM、USB
	对比度	20%最小反差
	仰角、斜角	15°、15°
	工作电压	5.0VDC
	最大功率	2W
	工作电流	400mA
	直流电源	5.2VDC@650mA
操作环境	操作温度	0~40℃
	储存温度	-40~60℃
	湿度	5%~95%（无冷凝）
	耐摔高度	1.8m 自由落体

- 手持式激光扫描枪（Z-3021型）如图 1-23 所示，详细参数见表1-16。

产品特征：加固型设计延长使用寿命；蓝色 LED 灯增强科技感；丽音型蜂鸣器。

图 1-23　手持式激光扫描枪（Z-3021 型）

表 1-16　　　　手持式激光扫描枪（Z-3021 型）详细参数

硬件规格	景深	30～220mm（UPC/EAN 100%）
	扫描速度	40 线/秒
	扫描角度	42°
	扫描方式 单线扫描	0.125mm（5mil）（Code39，PSC 90%）
	印刷对比度	30%@UPC/EAN 100%
	指示灯（LED）	蓝色 LED
	通信接口	键盘口，RS-232C 串口，USB 口
操作环境	操作温度	0～50℃
	储藏温度	-20～60℃
	储藏湿度	20%～85%RH（无凝结）
	防坠测试	从 1.5m 处跌落至水泥地面仍可正常工作

● 激光扫描枪（Z-3001 型）如图 1-24 所示，详细参数见表 1-17。

产品特征：配有可重复读写的内存芯片，能够在工作现场轻易完成软件更新；高性能硬件解码，能够识别大多数一维条码并且可以通过条码来进行各种设置；流线型设计更易于把握，扫描按钮操作舒适，经久耐用。

图 1-24 激光扫描枪（Z-3001 型）

表 1-17　　　　　激光扫描枪（Z-3001 型）详细参数

硬件规格	光源系统	650nm 可见激光二极管（VLD）
	景深	10～220mm（UPC/EAN 100%）
	扫描角度	42°
	扫描速度	40 线/秒
	扫描线数	单线
	声音	可调音频和音调
	通信接口	键盘口、RS232C 串口、USB 口
	长度	152.0mm
	宽度	64.4mm
	宽度	104.9mm
	重量	150g（不包括数据线）
	数据线	2m（拉直）
操作环境	工作温度	0～50℃
	储藏温度	-20～60℃
	工作湿度	5%～90% RH（无凝结）
	环境亮度	最大 10 000lx
	抗震能力	从 1.5m 高处跌落至水泥地面仍可正常工作

2. 摄像方式

（1）工作原理

在条码识读设备中被广泛使用的另一项技术是光学成像数字化技术。其基本原理是通过光学透镜成像在半导体传感器上，在通过模拟/数字转化（传统的 CCD 技术）或直接数字化（CMOS 技术）输出图像数据。

CMOS 技术是近年发展起来的新兴技术。与 CCD 一样，是一种光电耦合器件。但是其时序电路和 A/D 转换是集成在芯片上，无须辅助电路来实现。其优点是，单块芯片就能完成数字化图像的输出，硬件开销非常少，成本低。缺点是像质一般（感光像素间的漏电流较大），感光速度较慢，目前分辨率也偏低。

CMOS 将采集到的图像数据送到嵌入式计算机系统处理。处理的内容包括图像处理、解码、纠错、译码，最后处理结果通过通信接口（如 RS232）送往 PC 机如图 1-25 所示。拍摄方式采集器的工作流程如图 1-26 所示。拍摄方式图像传感流程如图 1-27 所示。

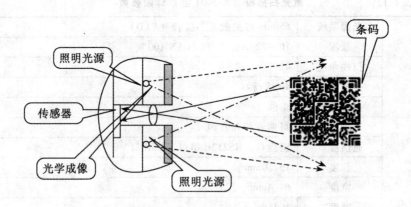

图 1-25　拍摄方式的原理

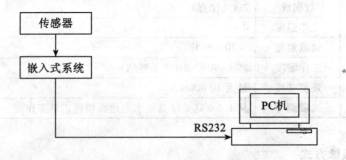

图 1-26　拍摄方式采集器的工作流程

图 1-27 拍摄方式图像传感流程

(2) 产品示例

• 线性成像识读器（1100型）如图 1-28 所示，详细参数见表 1-18。

产品描述：线性成像识读器（1100 型）为快速识读器，具有清晰高分辨率图像等特点，并可自动感应条码类型，可读取条码远至 20 厘米/7.9 英寸的距离，操作简单便利。

图 1-28 线性成像识读器（1100 型）

表 1-18　　线性成像识读器（1100 型）详细参数

硬件规格	传感器	3648pixels
	光源	红光（630nm）
	解析度	3mil
	景深（根据条码类型）	2.5~20cm
	扫描角度	Pith ± 70°
	PCS	最小 30%
	扫描频率	100Hz
	程序特征	Data editing, interdace selection, symbology configuration
	电压	+5V ± 10%
	耗能	待机/扫描/最大　15mA/60~80mA/85~110mA
操作环境	操作温度	0~50℃
	存储温度	-20~60℃
	操作/存储湿度	非结露 10%~90%/5%~95%
	抗震水泥地垂直下落	1.0m (3.3 ft.) drops

- 手持式数字图像条码识读器（ds6707）如图 1-29 所示。

图 1-29　手持式数字图像条码识读器（ds6707）

产品描述：手持式数字图像条码识读器（ds6707）是专门为多种环境中进行条码扫描和图像采集而设计的。DS6707 手持识读器配置了 130 万像素的成像器，可以采集和传输最大 21.59cm×27.94cm 的图像。制药公司、零售商和制造商可以使用这款设备来扫描条码打印机打印出来的条码，对文档和图像数据进行采集、存储和实时复原，进而提高员工的工作效率和简化业务运营。

在零售店里，这种设备可以采集包含在 PDF417 编码（比如来自美国驾照编码）的数据，从而自动处理信用卡申请和退货单据，这就提高了生产力，缩短了客户排队等待的时间。在仓库和终端零售环境里，雇员们可以使用这种扫描仪来记录受损的货物。实际应用如图 1-30 所示。

ds6707 详细参数见表 1-19。

图 1-30　ds6707 在制药公司的应用

表1-19　　手持式数字图像条码识读器（ds6707）详细参数

硬件规格	电压	(5±10%) V　DC
	电流	250mA（均值）
	电源	视主机而定主机电源或外接电源
	光源	650nm 可见激光二极管
	分辨率	640×480
	最小条宽	5mil（0.127mm）
	旋转视角	+/-180°（通过顺时针或逆时针旋转手腕进行控制）
	倾斜视角	+/-60°（通过压低或抬高手腕进行控制）
	偏移视角	+/-50°（通过从左到右或从右到左旋转手腕进行控制）
	额定工作距离	对于100%的UPC/EAN符号，介于2.5~35cm
	打印对比度	最低25%反射差异
	解码能力	一维 UPC/EAN、带有补充码的 UPC/EAN、UCC.EAN 128、JAN 8 & 13、Code 39、Full ASCII、Code 39 Trioptic、Code 128、Code 128 Full ASCII、Codabar（NW7）、Interleaved 2 of 5、Discrete 2 of 5、Code 93、MSI、Code 11、Code 32、Bookland EAN、IATA、UCC/EAN RSS 和 RSS 二维 PDF417、microPDF417、MaxiCode、DataMatrix（ECC 2000）、Composite Codes 和 QR Code 邮政编码 U.S. Postnet、U.S. Planet、U.K. Postal、Japan Postal、Australian Postal 和 Dutch Postal
	支持接口	RS232、Keyboard Wedge、Wand Emulation、Scanner Emulation、IBM 468X/469X、USB 和 Synapse
操作环境	操作温度	32~122 ℉（0~50℃）
	存储温度	-40~158 ℉（-40~70℃）
	湿度	相对湿度5%~95%（无凝结）
	抗震能力	可承受自1.8m高处多次跌至混凝土地面仍可正常工作
	无干扰环境光	在正常办公和工厂照明环境下或直接暴露在阳光下均不会对其产生任何影响
	太阳光	10 000 ft. candles/107 644lx

- 彩色移动数据终端（730型）如图1-31所示，详细参数见表1-20。

产品描述：彩色移动数据终端（730型）采用3.5inch，240×320像素，全数字键，彩色液晶显示屏，带有背景光，内置的802.11b和蓝牙无线模块，SecureDigital存储卡，保存的数据保持在断电后不会丢失。集成麦克风和扬声器，可连接耳机用于交谈，同时730型的良好工业性能还表现在防尘和防水性能符合国际IP54工业标准，可耐受自1.2m连续26次下落至水泥地面的冲击。

图1-31　彩色移动数据终端（730型）

表1-20　　　　彩色移动数据终端（730型）详细参数

硬件规格	处理器	Intel Xscale PXA255，400MHz
	操作系统	Windows Mobile 2003
	内存	64MB RAM 64Flash ROM
	扫描器	线性图像式
	外形　重量	178mm×89mm×38mm　420g
	通信方式	RS232，IrDA1.1（115.2KB），USB
	电池	锂离子电池，可工作6~10小时
操作环境	工作温度	-10~50℃
	防尘防水	国际IP54工业标准

- 工业型手持识读器（Sabre1400）如图1-32所示，详细参数见表1-21。

产品描述：工业型手持识读器（Sabre1400）采用了Sabre155X系列的高强度工业结构和第二代的Vista线性图像扫描机芯。Sabre1400可在暗室或室外日光下识读条码，如车间、仓库、配送中心等场合。

图1-32 工业型手持识读器（Sabre1400）

表1-21 　　　　工业型手持识读器（Sabre1400）详细参数

硬件规格	扫描速度	270次/秒
	扫描景深	23～483mm
	扫描精度	0.05mm
	可读条码	UPC、EAN、Code 39、Code 93、Code 128、交叉二五码等标准一维条码
	光源	650nm激光一级品
	接口	RS232、IBM46XX、OCIA、PC AT/PS2键盘口及400多种终端接口
操作环境	工作温度	-30～60℃
	相对湿度	5%～95%（无结露结冰状态）
	防尘防水	国际IP54工业标准
	环境光源	可在暗室或室外日光下识读条码
	防坠落	连续26次从1.8m高处掉至水泥地面无损

1.2.4 按扫描方向分类

条码扫描设备从扫描方向上可分为单向和全向条码识读器。其中全向条码识读器又分为平台式和悬挂式。

悬挂式全向识读器如图1-33所示,是从平台式全向识读器中发展而来,这种识读器也适用于商业POS系统以及文件识读系统。识读时可以手持,也可以放在桌子上或挂在墙上。在使用时更加灵活方便。

图1-33 悬挂式全向识读器

1. 单向条码识读器

产品示例:单窗180°识读器(7882型)如图1-34所示,详细参数如表1-22所示。

图1-34 单窗180°识读器(7882型)

第 1 章 条码识读产品

产品描述：单窗 180°识读器（7882 型）是一款零售 POS 识读器，并可由用户自行调整水平与垂直扫描方向。

产品特征：可自行调整水平与垂直扫描方向；具有报告劣质标签的能力；可自动休眠，从而降低功耗，增加使用寿命；系统安装的 PACESETTER Plus 软件能更快且准确地解码。

表 1-22　　　　　　单窗 180°识读器（7882 型）详细参数

硬件规格	扫描速度	2208 线/秒
	扫描模式	24 交叉线
	可读条码	UPC/EAN/JAN，CODE 3 OF 9 CODE 128
	工作温度	10～40℃
	相对湿度	5～95% GH（无结露结冰状态）
	重量	1.1 千克
	光源	激光二极管，波长 675nm
	接口	RS232、OCIA、非 NCR OCIA、IBM 468X/469X、PC/AT 键盘口、9e 口接口
操作环境	工作温度	10～40℃
	相对湿度	5%～95%

2. 悬挂式全向激光识读器

产品示例：条码识读器（IS8000 系列）如图 1-35 所示，详细参数见表 1-23。

产品描述：IS8000 系列是一种全方位多线扫描、带有"漏读"校验功能的工业用条码扫描仪。

产品特征：中等速度运行（近 1.5 米/秒或 300 英尺/分钟）的传送带系统；装载、卸载、入口或安全检查点的悬挂式扫描系统。这种悬挂式安装方法

图 1-35　条码识读器（IS8000 系列）

避免了将包裹翻转对准或用一只手拿住扫描仪的麻烦;零件中间生产工序的跟踪扫描功能,IS8000 系列中有专用于扫描零件上细小条码的扫描仪。

表 1-23　　　　条码识读器(IS8000 系列)详细参数

硬件规格	尺寸	长 350mm,宽 338mm,高 178mm
	系统接口	PC 键盘口、RS232 串口、独立式键盘口、USB
	光源	5 个激光二极管,658nm±5nm
	扫描模式	全向,20 条激光线
	景深	对 0.33mm(13mil)的条码,景深为 914~1 266mm
	扫描宽度	560mm(22″)
	扫描速度	5600 线/秒
	传送带速度	最高可达 1.8m/s
	可读的最小条码	0.33mm(13mil)
	大范围扫描	IS8800 景深长可读取最小为 0.33mm(0.13″)的条码;景深可达 810mm(32″);单个扫描仪的扫描宽度可达 660mm(26″);传送带速度可达 1.5m/s IS8500 扫描区域宽 IS8400 扫描非过宽条码的经济型选择
	小条码、高密度扫描	IS8300 适用于小空间可读取最小为 0.25mm(0.010″)的条码;景深可达 510mm(20″);扫描距离最近可达 460mm(18″);传送带速度可达 1.5m/s IS8540 景深长 IS8550 扫描重复率高,最适宜读取质量差的条码
操作环境	操作温度	0~40℃
	储存温度	-20~60℃
	操作湿度	20%~80%
	储存湿度	20%~90%

3. 平台式全向条码识读器

产品示例:多方向镭射识读器(OPM2000 系列)如图 1-36 所示,详细参数见表 1-24。

产品描述：OPM2000 系列为多方向镭射条码识读器。脚座的部分具有弹性弯曲角度，可读取不同大小物体。适用于任何场所，例如：物流、商店、图书馆、医院。

产品特征：多方向镭射识读器（OPM2000 系列）具有显著特点，包括：可以多方向扫描、扫描多行资料、扫描座可以转动、不需要调整条码的方向等。并可以达到国际 IP54 的工业级水平。

图 1-36　多方向镭射识读器（OPM2000 系列）

表 1-24　　多方向镭射识读器（OPM2000 系列）详细参数

硬件规格	所需电压	交流 90~264V
	传输界面	RS232C，Keyboard Wedge，USB
	光源	可见光镭射二极体波长 650nm
	扫描速率	1000 次/秒
	读取投射角度	$-50°\sim0°$，$0°\sim+50°$
	读取弯曲角度	$-60°\sim-5°$，$+5°\sim+60°$
	读取旋转角度	360°
	曲率	$R>20mm$，$R>25mm$
	可读取最小PCS值	0.35 PCS 0.9 时的最小解析度：0.127mm
	可辨别条码	Code 39-NW-7（Codabar）-Industrial 2of5-IATA-Interleaved 2of5-Code 93-Code 128-MSI-Plessey-WPC（EAN，UPC-A/E，ISBN Japan code，UPC，EAN Add-On code）
	镭射安全级数	IEC825，一级镭射产品
	镭射级数	EN55022，EN55024

操作环境	操作温度	0~45℃／+32~113℉
	储藏温度	-40~60℃／-40~140℉
	操作湿度	20%~80%
	储存湿度	20%~90%
	防摔测试	1.5m掉落到具体表面
	防护系数	IEC529：IP54

剖视图单位：cm。

读取宽度的计算值只提供作导引使用，如图 1-37 所示。

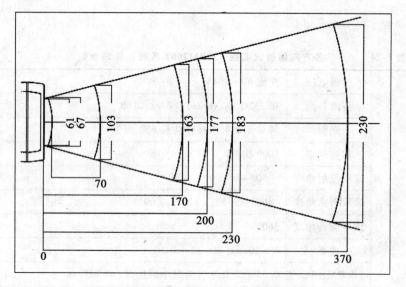

图 1-37　读取宽度的计算值

尺寸单位：cm。

多方向镭射识读器（OPM2000 系列）多角度图如图 1-38 所示。

镭射照射图如图 1-39 所示。

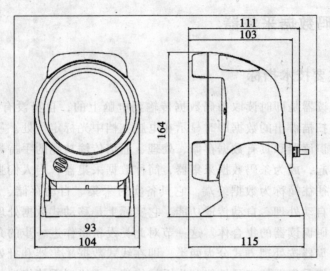

图 1-38 多方向镭射识读器（OPM2000 系列）多角度图

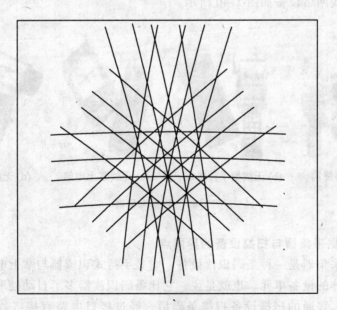

图 1-39 镭射照射图

1.3 条码数据采集器

1.3.1 主要技术指标

条码识读器是即时读取条码数据传输到电脑上的,自身没有存储功能,通过连接线扫描得出的数据即时显示在电脑文档中光标定位处。

把条码识读器和具有数据存储、处理、通信传输功能的手持数据终端设备结合在一起,成为条码数据采集器,简称数据采集器,当人们强调数据处理功能时,往往简称为数据终端。它具备实时采集、自动存储、即时显示、即时反馈、自动处理、自动传输功能。它实际上是移动式数据处理终端和某一类型的条码识读器的集合体。这一节对此类设备将作进一步的介绍。

数据采集器按处理方式分为两类,即在线式数据采集器和批处理式数据采集器。数据采集器按产品性能分为手持终端、无线型手持终端、无线掌上电脑、无线网络设备如图1-40所示。

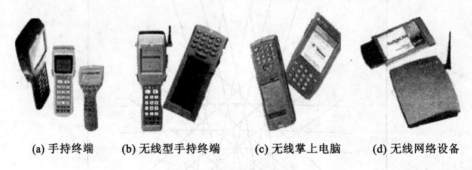

(a) 手持终端　　(b) 无线型手持终端　　(c) 无线掌上电脑　　(d) 无线网络设备

图1-40　数据采集器

1. 数据采集器与扫描设备的异同点

数据采集器是一种条码识读设备,它是手持式识读器与掌上电脑的功能组合为一体的设备单元。也就是说,它比条码识读器多了自动处理、自动传输的功能。普通的扫描设备扫描条码后,经过接口电路直接将数据传送给PC机;数据采集器扫描条码后,先将数据存储起来,根据需要再经过接口电路分批处理数据,也可以通过无线局域网或GPRS或广域网相联,实时传送和处理数据。

数据采集器是具有现场实时数据采集、处理功能的自动化设备。数据采集器随机提供可视化编程环境。条码数据采集器具备实时采集、自动存储、即时显示、即时反馈、自动处理、自动传输功能，为现场数据的真实性、有效性、实时性、可用性提供了保证。

2. 数据采集器的环境性能要求

由于数据采集器大多在室外使用，周围的湿度、温度等环境因素对手持终端的操作影响比较大。尤其是液晶屏幕、RAM 芯片等关键部件，低温、高温特性都受限制。因此用户要根据自身的使用环境情况选择手持终端产品。

在寒冷的冬天，作业人员使用手持终端在户外进行数据采集。当工作完毕，返回到屋内时，由于室内外的温度差会造成电路板的积水。此时如果马上开机工作，电流流过潮湿的电路板会造成机器电路短路。与中低档手持终端产品不同，高档手持终端产品针对这项指标进行过严格的测试，给用户以可靠的操作性能。同时用户在使用手持终端产品时要十分注意避免以上现象的发生。

同时因为作业环境比较恶劣，手持终端产品要经过严格的防水测试。能经受饮料的泼溅、雨水的浇淋等常见情况的测试都应该是用户选择产品时应该考虑的因素。针对便携产品防水性的考核，国际上有 IP 标准进行认证，对通过测试的产品，发给证书。

抗震、抗摔性能也是手持终端产品另一项操作性能指标。作为便携使用的数据采集产品，操作者无意间的失手跌落是难免的。因而手持终端要具备一定的抗震、抗摔性。目前大多数产品能够满足 1m 以上的跌落高度。

3. 数据采集器主要技术指标

（1）CPU 处理器：随着数字电路技术的发展，数据采集器大多采用 16 位或是更好的 32 位 CPU（中央微处理器）。CPU 的位数、主频等指标的提高，使得数据采集器的数据处理能力、处理速度要求越来越高，使用户的现场工作效率得到改善。

（2）手持终端内存：目前大多数产品采用 FLASH-ROM + RAM 型内存。操作系统、应用程序、字库文件等重要的文件存储在 FLASH-ROM 里面，即使长期的不供电也能够保持。采集的数据存储在 RAM 里面，依靠电池、后备电池保持数据。由于 RAM 的读写速度较快，使得操作的速度能够得到保证。手持终端内存容量的大小，决定了一次能处理的数据容量，用户往往比较关心这一个指标。认为内存容量越大，一次能同时处理的数据就越多。但是用户通常忽略了这样一个事实：即手持终端的内存容量要与其 CPU 处理速度相对应。在一定的处理器速度下，盲目提高其内存容量，只能是增加用户使用时的处理、等待时间。试想一下，当您扫描、手输之后，要花数秒时间等待手持终端的处理输出，该是多么令人遗憾的事。

（3）功耗：包括条码扫描设备的功耗、显示屏的功耗、CPU 的功耗等部分。由电池支持工作。

CPU 的功耗对手持终端的运行稳定性有很大影响。大家知道 CPU 在高速处理数据时会产生热量。对于台式 PC 机大多装有散热风扇，同时有较大空间散发热量。大家常用的笔记本电脑，虽然其 CPU 的功耗要远远低于台式 PC 机。但因其结构紧凑，不易散热。因此运行时会出现"死机"等不稳定现象。手持数据采集终端的体积小巧、密封性好等制造特点决定了其内部热量不易散发。因而要求其 CPU 的功耗要比较低。普通的 X86 型 CPU 在功耗上不能满足手持终端产品的性能需要。高档的手持终端一般采用专业厂家生产的 CPU 产品。

整机功耗：目前数据采集器在使用中采用普通电池、充电电池两种方式。但是如果长时间在户外进行工作，无法回到单位进行充电的应用场合，充电电池就明显受到限制。对于低档的数据采集器，若采用一般 AA 碱性电池只能使用十几个小时左右。而一些高档手持终端，由于其整机功耗非常低，采用两节普通的 AA 碱性电池可以连续工作 100 个小时以上。且由于其低耗电量、电池特性好等特点，当电池电量不足时机器仍可工作一段时间，不必马上更换电池。这个特性为用户在使用手持终端时提供了非常好的操作性能。

（4）输入设备：包括条码扫描输入、键盘输入两种方式。条码输入又分为 CCD、LASER（激光）、CMOS 等。目前常用的是激光条码扫描设备，具有扫描速度快、操作方便等优点。但是第三代的 CMOS 扫描输入产品具有成像功能，不仅能够识读一维、二维条码，还能够识读各种图像信息，其优势已经被部分厂家所认识，并且应用在各种领域中。键盘输入包括标准的字母、英文、符号等方法，同时都具有功能快捷键；有些数据采集器产品还具有触摸屏，可使用手写识别输入等功能。对于输入方式的选择应该充分考虑到不同应用领域具有不同的要求。数据采集器就是为了解决快速数据采集的应用要求，如何满足人体工程学的要求，是厂家应该考虑的主要原因。

（5）显示输出：目前的数据采集器大多具备大屏液晶显示屏，能够显示中英文、图形等各种用户信息，同时在显示精度、屏幕的工业性能方面都有较严格的要求。

（6）与计算机系统的通讯能力：作为计算机网络系统的延伸，手持终端采集的数据及处理结果要与计算机系统交换信息，因此要求手持终端有很强的通讯能力。目前高档的便携式数据采集器都具有串口、红外线通讯口等几种方式。由于数据采集器每天都要将采集的数据传送给计算机，如果采用串口线连接，反复的插拔会造成设备的损坏。所以目前大多采用红外通讯的方式传输数据，不须插拔任何部件。降低了出现故障的可能性，提高了产品的使用寿命。

（7）外围设备驱动能力：利用数据采集器的串口、红外口，可以联结各种标准串口设备，或者通过串—并转换可以联结各种并口设备。包括：串并口打印机、调制解调器等，实现电脑的各种功能。

1.3.2 便携式数据采集器

1. 工作原理

信息时代的今天，人们再也离不开计算机的帮助。正如 POS 系统的建立就必须具备由计算机系统支持的 POS 终端机一样，库存（盘点）电子化的实现同样也离不开素有"掌上电脑"美称的便携式数据采集器。这里我们所谈的便携式数据采集器，也称为便携式数据采集终端（Portable Data Terminal，PDT）或手持终端（Hand-hold Terminal，HT）。便携式数据采集器是为适应一些现场数据采集和扫描笨重物体的条码符号而设计的，适合于脱机使用的场合。识读时，与在线式数据采集器相反，它是将识读器带到物体的条码符号前扫描。

便携式数据采集器是集激光扫描、汉字显示、数据采集、数据处理、数据通讯等功能于一体的高科技产品，它相当于一台小型的计算机，将电脑技术与条码技术完美的结合，利用物品上的条码作为信息快速采集手段。简单地说，它兼具掌上电脑、条码识读器的功能。硬件上具有计算机设备的基本配置 CPU、内存，依靠电池供电、各种外设接口；软件上具有计算机运行的基本要求操作系统；可以编程的开发平台；独立的应用程序。它可以将电脑网络的部分程序和数据下传至手持终端，并可以脱离电脑网络系统独立进行某项工作。其基本工作原理是首先按照用户的应用要求，将应用程序在计算机编制后下载到便携式数据采集器中。便携式数据采集器中的基本数据信息必须通过 PC 的数据库获得，而存储的操作结果也必须及时地导入到数据库中。手持终端作为电脑网络系统的功能延伸，满足了日常工作中人们各种信息移动采集、处理的任务要求。

从完成的工作内容上看,便携式数据采集器又分为数据采集型、数据管理型两种。数据采集型的产品主要应用于供应链管理的各个环节,快速采集物流的条码数据,在采集器上作简单的数据存储、计算等处理,尔后将数据传输给计算机系统;此类型的设备一般面对素质较低的操作人员,操作简单、容易维护、坚固耐用是此类设备主要考虑的因素。数据管理型的产品主要用于数据采集量相对较小、数据处理的要求较高(通常情况下包含数据库的各种功能),此类设备主要考虑采集条码数据后能够全面地分析数据,并得出各种分析、统计的结果。为达到上述功能,通常采用 WinCE/Palm 环境的操作系统,里面可以内置小型数据库。

2. 主要特点

从上面的分析可以看出,严格意义上讲,便携式数据采集器不是传统意义上的条码产品,它的性能在更多层面取决于其本身的数据计算、处理能力,这恰恰是计算机产品的基本要求。与目前很多条码产品生产厂商相比,很多计算机公司生产的数据采集器在技术上有较强的领先优势,凭借着这些厂商在微电子、电路设计生产方面的领先优势,其相关的产品具有良好的性能。

下面根据不同类型详细介绍数据采集器的产品硬件特点。

(1) 数据采集型

以 DT900 为例如图 1-41 所示。

图 1-41 DT900

CPU 处理器采用 32bit RISC 结构的 CPU 芯片。随着数字电路技术的发展,数据采集器大多采用 32 位 CPU(中央微处理器)。CPU 的位数、主频等指标的提高,使得数据采集器的数据处理能力、处理速度要求越来越高,使用户的现场工作效率得到改善。

功耗包括条码扫描设备的功耗、显示屏的功耗、CPU 的功耗等。由电池支持工作。

整机功耗目前数据采集器在使用中采用普通电池、充电电池两种方式。

输入设备包括条码扫描输入、键盘输入两种方式。

显示输出目前的数据采集器大多具备大屏液晶显示屏(例如 DT900 提

— 46 —

供显示汉字在 5 行 × 10 列左右,这样在操作过程中不需要反复地翻转屏幕,有效地提高了工作效率),能够显示中英文、图形等各种用户信息;有背光支持,即使在夜间也能够操作;同时在显示精度、屏幕的工业性能上面都有较严格的要求。

便携式数据采集器具有串口、红外线通讯口等几种方式。

利用数据采集器的串口、红外口,可以联结各种标准串口设备,或者通过串—并转换可以联结各种并口设备。包括串并口打印机、调制解调器等,实现电脑的各种功能。

(2) 数据管理型设备

根据上文所述,数据管理型设备在 Pocket PCs 技术上构建,大多采用 WinCE/Palm 类操作系统,同时在各项性能指标上针对工业使用要求进行了增强,以满足更加恶劣复杂的环境要求。由于系统结构复杂,需要的硬件指标也较高。

CPU 处理器由于此类操作系统使用多线程管理的技术,消耗系统的资源较大,需要采用 CPU 芯片主频要求较高。

手持终端内存目前基于 WinCE 产品的掌上电脑,内存基本由系统内存、用户存储内存组成,并且容量较大。

功耗与数据采集型的设备相比,基于 WinCE 的便携式设备功耗偏高。

输入设备由于基于 Pocket PC 构架,此类数据采集器可以有各种形式的接口插槽(Slot),可以外接 PCMCIA/CF 类的插卡设备,包括条码扫描卡、无线 LAN 网卡、GSM/GPRS 卡等各种方式,大大地扩大了数据采集器的应用范围。

显示输出具备大屏幕液晶彩色显示屏驱动能力,为用户的操作提供更好的人性化界面。

与计算机系统的通讯能力像前文所述,通过各种插卡与用户的应用系统之间实现柔性的通讯接口能力。

3. 用户选择的基本原则

(1) 适用范围

根据自身的不同情况,应当选择不同的便携式数据采集器。如应用在比较大型的、立体式仓库,由于有些商品的存放位置较高,离操作人员较远,我们就应当选择扫描景深大,读取距离远,且首读率较高的采集器。而对于中小型仓库,在此方面的要求不是很高,可选择一些功能齐备、便于操作的采集器。对于用户来说,便携式数据采集器的选择最重要的一点是"够用",而不要盲目购买价格贵、功能强的采集系统。

(2) 译码范围

译码范围是选择便携式数据采集器的又一个重要指标。一般情况下,采集器都可以识别几种或十几种不同码制,但种类有很大差别,因此,用户在购买时要充分考虑到自己实际应用中的编码范围,来选取合适的采集器。

(3) 接口要求

采集器的接口能力是评价其功能的一个重要指标,也是选择采集器时重点考虑的内容。用户在购买时要首先明确自己原系统的环境,再选择适合该环境和接口方式的采集器。

(4) 对首读率的要求

首读率是数据采集器的一个综合性指标,它与条码符号的印刷质量、译码器的设计和识读器的性能均有一定关系。首读率越高,其价格也必然高。在商品的库存(盘点)中,可采用便携式数据采集器,由人工来控制条码符号的重复扫描,对首读率的要求并不严格,它只是工作效率的量度而已。但在自动分检系统中,对首读率的要求就很高。当然,便携式数据采集器的首读率越高,必然导致它的误码率提高,所以用户在选择采集器时要根据自己的实际情况和经济能力来购买符合系统需求的采集器,在首读率和误码率两者间进行平衡。

(5) 价格

选择便携式数据采集器时,其价格也是应该关心的一个问题。便携式数据采集器由于其配置不同、功能不同,价格也会产生很大差异。因此在购买采集器时要注意产品的性能价格比,以满足应用系统要求且价格较低者为选购对象,真正做到"物美价廉"。

4. 产品示例

• 数据采集终端(DT930)如图1-42所示,详细参数见表1-25。

产品描述:数据采集终端(DT930)在标准配置 IrDA Ver1.1 红外通讯的同时,新增加了蓝牙 Ver1.2,与标签打印机等无线设备的通信成为可能,在移动环境中,更方便构建一个通信系统。更省电且支持两种电池。DT930可以使用碱性干电池和锂离子充电电池。具有高

图 1-42 数据采集终端(DT930)

可视性的液晶屏幕,操作性能优异。

产品特征:DT930 具有以下明显特点:高性能扫描仪,0.127 分辨率以及 450mm 最大扫描距离;冲击防护(1.8m 高度),IP54 防护防尘防水等级;双路电力供应:AA 型碱性电池和可充电电池都可提供长时间持续操作,2 节 AA 型电池可以持续供电约 200 小时;IrDA(红外数据协议)(版本 1.1)及蓝牙(版本 1.2)一体化标准。

表 1-25　　　　　　　数据采集终端(DT930)详细参数

硬件规格	CPU	SH1 32 位 RISC CPU
	内存	RAM:4MB(用户区 1.6MB);F-ROM 16MB(用户区 12.5MB)
	显示屏	单色 FSTN 液晶显示屏;分辨率:128 点×64 点
	扫描频率	100Hz
	扫描距离	0~400mm(DT930M50E 弯角);0~450mm(DT930M51E 直角)
	扫描光源	半导体激光
	可读条码宽度	60~360mm 在最大距离时(DT930M50E 弯角);65~390mm 在最大距离时(DT930M51E 直角)
	条码种类	EAN8, EAN13, UPC-A/E, CODABAR, CODE39, CODE93, CODE128/EAN128, ITF, MSI, IATA, Industrial 2 of 5
	工作电池	AA 碱性电池 2 节或 DT-923LIB 锂电池组
	持续时间	约 200h
	备用时间	约 1 个月(锂电池仅用存储)
操作环境	工作湿度	相对湿度 10%~80%(无冷凝)
	储存湿度	相对湿度 5%~90%(无冷凝)
	温度	-20~70℃
	抗震性能	坠地耐震高度 1.8m

• 数据采集器（PT980）如图1-43所示，详细参数见表1-26。

产品描述：数据采集器（PT980）是一种便携式、灵活易用的手持数据采集器终端。该产品具有智能图形界面，操作方便。配置大容量存储能力和无线广域/局域的数据通信能力，高工业等级和高性价比等特点。可采用Linux／WinCE.net 6.0操作系统，可以运行各种功能强大的应用程序。

图1-43 数据采集器（PT980）

表1-26　　　　　　　数据采集器（PT980）详细参数

硬件规格	CPU	XScale 270，312MHz
	内存	SDRAM：64 MB；Flash：128MB；Mini SD：1GB
	显示屏	262K色TFT触摸屏，2.8英寸，240像素×320像素
	键盘	25键
	操作系统	WinCE.net 6.0/Linux
	GPRS	双频，900/1800MHz，85.4Kbps（最大），-102dBm
	CDMA	800 MHz，153.6Kbps（最大）
	识读类型	激光、摄像、RFID
	识读码制	PDF417，QR Code，DataMatrix，汉信码 Mifare（ISO14443A）、TI（ISO 15693）、EM（125K）、Code 128、EAN-13、EAN-8、Code39、UPC-A、UPC-E、Codabar、Interleaved 2 of 5、China post 25、ISBN/ISSN，Code 93等
	识读精度	≥3mil
	电池	3.7V锂电池，2400mAh
	待机时间	≥150h
	扫描次数	>5000次

续表

操作环境	工作温度	-5~45℃
	储藏温度	-20~55℃
	工作湿度	5%~90%（无凝结）
	储藏湿度	5%~95%（无凝结）
	跌落高度	1.2m落至水泥地面无损坏

1.3.3 无线数据采集器

1. 工作原理

便携式数据采集器对于传统手工操作的优势已经是不言而喻的，然而一种更先进的设备——无线数据采集器则将普通便携式数据采集器的性能进一步扩展，如图1-44所示。

图1-44 无线数据采集器

无线数据采集器除了具有一般便携式数据采集器的优点外，还有在线式数据采集器的优点，它与计算机的通讯是通过无线电波来实现的，可以把现场采集到的数据实时传输给计算机。相比普通便携式数据采集器又更进一步地提高了操作员的工作效率，使数据从原来的本机校验、保存转变为远程控制、实时传输。

无线式数据采集器之所以称为无线，就是因为它不需要像普通便携式数据采集器那样依靠通讯座和 PC 进行数据交换,而可以直接通过无线网络和 PC、服务器进行实时数据通讯。要使用无线手持终端就必须先建立无线网络。无线网络设备——登录点(Access Point)相当于一个连接有线局域网和无线网的网桥,它通过双绞线或同轴电缆接入有线网络(以太网或令牌网),无线手持终端则通过与 AP 的无线通讯和局域网的服务器进行数据交换。

无线式数据采集器通讯数据实时性强,效率高。无线数据采集器直接和服务器进行数据交换,数据都是以实时方式传输。数据从无线数据采集器发出,通过无线网络到达当前无线终端所在频道的 AP,AP 通过连接的双绞线或同轴电缆将数据传入有线 LAN 网,数据最后到达服务器的网卡端口后进入服务器,然后服务器将返回的数据通过原路径返回到无线终端。所有数据都以 TCP/IP 通讯协议传输。可以看出操作员在无线数据采集器上所有操作后的数据都在第一时间进入后台数据库,也就是说无线数据采集器将数据库信息系统延伸到每一个操作员的手中。

2. 技术特点

无线数据采集器的产品硬件技术特点与便携式的要求一致,包括 CPU、内存、屏幕显示、输入设备、输出设备等。除此之外,比较关键的就是无线通讯机制。根据目前国际标准的 802.11 通讯协议,分为无线跳频技术、无线直频技术两种,这两种技术各有优缺点。但随着无线技术的进一步发展,802.11b 由于可以达到 11M/s 的通讯速率,而被无线局域办公网络采用进行各种图形、海量数据的传输,进而成为下一代的标准。因此无线便携数据采集器也采用了 802.11b 的直频技术。每个无线数据采集器都是一个自带 IP 地址的网络节点,通过无线的登录点(AP),实现与网络系统的实时数据交换。无线数据终端在无线 LAN 网中相当于一个无线网络节点,它的所有数据都必须通过无线网络与服务器进行交换如图 1-45 所示。

无线数据采集器与计算机系统的连接基本上采用四种方式。

(1)终端仿真(TELNET)连接

在这种方式下,无线数据采集器本身不需要开发应用程序。只是通过 TELNET 服务登录到应用服务器上,远程运行服务器上面的程序。在这种方式下工作,由于大量的终端仿真控制数据流在无线采集器和服务器之间交换,通讯的效率相对会低一些。但是由于在数据采集器上无需开发应用程序,在系统更新升级方面会相对简单、容易。这种方式其实在很多 PC 机上已广泛使用,在任何 WINDOWS 操作系统中都自带了 TELNET 软件,只要服

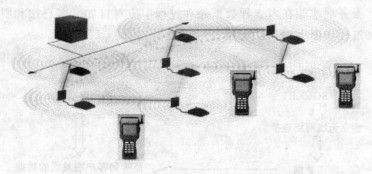

图 1-45 无线数据采集器与计算机系统的连接

务器端支持 TELNET 服务并启用,操作员就可以在任何一台联网的 PC 机上运行服务器上的程序。而无线数据终端同样也可以实现这样的功能。以目前国际上著名的网络及条码设备供应商 FUJITSU 的高性能数据终端 TEAMPAD 7100 为例,通过 FUJITSU 的合作伙伴美国 CONNECT 的 POWERNET 软件可对 TEAMPAD 7100 进行一系列的设置,使其可连接到任何在线的服务器上,并可设置多达 10 个备用服务器地址,可使 TEAMPAD 7100 成为以下任何一种终端类型 VT100, VT220, TN3270, TN5250。这种方式在国际上被广泛采用,由于数据终端直接运行服务器端的程序,所以数据终端本身并不需要开发任何应用程序,而整个系统的升级则显得比较容易,开发人员只需将服务器端的程序更新升级就可以了。终端仿真方式在国内也已经开始逐步使用,以上海某跨国连锁超市为例,整个卖场采用 IBM AS400 系统,所有 PC 都以 TELNET 方式进行数据处理,在这种背景下,采用 TN5250 终端仿真方式接入系统,不需改动任何程序,就可使操作员第一时间进行数据处理,而丝毫不影响现有的后台系统。终端仿真固然有其优势但由于大量数据在数据终端和服务器之间进行传输,如果数据终端数量较多的话,会使网络负载增加,数据传输效率降低。而另一种模式的应用由于数据传输量相对较小而被更广泛地使用。

(2)传统的 CLIENT/SERVER(C/S)结构

这种方式的系统也分为两部分,客户端——无线数据终端,服务端——数据交换服务器。这种情况下,客户端和服务端都需要开发相应的程序,但这两端的程序并不是完全独立,由于数据实时交互传输,同时可能有多台数据终端与服务端进行数据传输,这时服务端必须知道每个数据终端发出的具体作业请求是什么,这就需要建立一个客户端和服务端之间的消息互通约定表,这样服务端才能在多线程数据处理过程中应对自如。客户端和服务端的数据交互过程如图1-46所示。

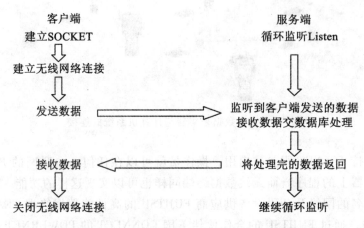

图1-46　客户端和服务端的数据交互过程

从整个过程来看,服务端数据处理的多线程能力是整个系统能否正常运行的关键所在,很多系统往往是由于服务端处理能力的欠缺造成客户端无法及时将数据传输到数据库中或从数据库中获取数据。服务端并发处理能力可通过程序员本身对服务端程序的优化达到多线程处理的能力,另一种是通过多启动几个服务端来处理数据,所以上述提到的数据交换服务器并不一定是数据库所在的服务器,它可以是任何一台联网的PC,只要无线数据终端指向该台数据交换服务器,而该数据交换服务器又同时对数据库进行操作就可以了,所以对多个数据交换服务器同时对同一数据库进行操作,也同样使整个系统的数据处理能力得到了提升。将无线数据采集器作为系统的CLIENT端,采集器上面根据用户的应用流程要求进行程序的开发。开发平台与便携式一样,根据不同产品有所不同。这种方式下工作,数据采集器与通讯服务器之间只需要交换采集的数据信息,数据量小,通信的效率相应地较高。但是像便携式数据采集器一样,每台无线数据采集器都要安装应用程序,对于后期的应用升级显得较麻烦。

(3) Browse/Server (B/S) 结构

在无线数据采集器上面内嵌浏览器,通过HTTP协议与应用服务器进行数据交换。目前这种方式在PC上运用比较多,但在无线数据终端上还很少应用,它必须使用浏览器,通过 HTTP 协议与服务器进行数据交换。这种方式对无线数据采集器的系统要求较高,基于 WinCE 平台下面有内置的浏览器支持。

(4) 多种系统共存

在实际使用过程中可能会有多种无线应用系统共存的情况,即有同一公司使用多个无线系统,也有不同公司使用不同的无线系统,那么这种情况下不同无线系统之间是否会相互干扰呢?其实只要通过简单的网络设置就完全可以使不同系统之间完全独立运行而互不干扰。主要有两种途径,一种是通过将不同无线网络的域名区分开,这适合于使用独立无线网络设备的不同公司之间,另一种是将不同系统的终端指向不同的服务器,这适合于同一公司使用两套或多套系统但只使用一个无线网络的情况。

在应用无线数据采集器时,具体采用何种方式进行,应该根据实际的应用情况而定。

3. 产品示例

(1) 工业级数据采集终端(DT-X7) 如图 1-47 所示,详细参数见表 1-27。

产品描述:工业级数据采集终端(DT-X7)拥有强大的处理器,适合严苛的环境应用,其存储容量可用于各种移动网络环境。内部 IEEE 802.11b 无线局域网模块,也可以直接、可靠地与服务器进行连接,因此在一个销售点或大型仓库中,可以实现信息的实时化通讯。DT-X7 运行 Microsoft Windows CE5.0 操作系统,在现有环境中,为广泛的应用提供了可能性。

产品特征:能够将扫描仪对准正确的角度,一次扫描成功;外形设计为圆形凹纹形,适合任何人的手掌,使手指能够在外壳背面的凹纹处完全放松,两边的凹纹使掌握更轻松,设备的重力中心在触发中心键下方,在设计键盘时使最常用键都在用户拇指的触及范围之内;可以对彩色按钮进行编程,能够轻松有效地导航。

图 1-47 工业级数据采集终端(DT-X7)

表1-27　　　工业级数据采集终端（DT-X7）详细参数

硬件规格	引擎类型	半导体激光
	扫描频率	100Hz
	最小分辨率	0.127mil
	识读码制	标准一维
	处理器	Marvell Xscale Processor PXA270 处理器（max 416MHz）
	内存	64MB RAM，64MB Flash ROM
	操作系统	Microsoft Windows CE5.0 英文操作系统
	显示屏	240点×320点，2.4英寸透射式TFT彩色显示屏（65536色）
	接口	IrDA 1.3（最大 4Mbps）、蓝牙 2.0
	无线类型	无线局域网 IEEE802.11b/g（最大 54Mbps），仅 DT-X7（DTX7）M10R 有
	IP 等级	IP54
	重量	145g（包含电池）
操作环境	抗摔高度	1.0m 混凝土地面跌落
	操作温度	-10~50℃
	操作湿度	10%~80%（无冷凝）

图 1-48　工业级数据采集器（CK30）

（2）工业级数据采集器（CK30）如图 1-48 所示，详细参数见表 1-28。

产品描述：工业级数据采集器（CK30）是一款基于开放平台的工业级手持电脑，它在实时操作、工具支持和网络通信等方面，提供了最佳组合。主要面向制造业、物流、零售、政府、医疗等行业的应用。

表1-28　　　　　　　　工业级数据采集器（CK30）详细参数

硬件规格	处理器	Intel XScale PXA255，200或400MHz
	内存	32～64MB SDRAM和32～64MB Flash ROM
	显示器	160点×160点防划伤、防眩目带背光单色或彩色液晶显示屏
	键盘	合成橡胶键盘，可选择简化的数字功能和完整的字母数字混合布局（42、50和52键布局）
	接口	SD卡接口；RS232；可选蓝牙通信或10/100 BaseT以太网（通信基座提供）
	操作系统	Microsoft Windows CE.NET4.2；用户可选装中文、英文等7种系统
	终端仿真	VT/ANSI，5250，3270；支持TE2000和第三方仿真软件，以及RDP和远程终端服务
	开发环境	嵌入式VC++4.0，VB.NET和C#
	浏览器支持	IE6和DcBrowser
	条码识读器	可选内置的线性图像识读器、二维图像识读器、标准景深激光识读器、长景深激光识读器、超长景深激光识读器、二维激光识读器
	通信速率	54Mbps（802.11g）；11Mbps（802.11b）
	天线	内置
	无线标准	IEEE802.11g（2.4GHz，OFDM），IEEE802.11b（2.4GHz，DSSS）
	输出功率	50mW
	保密协议	WEP，WPA，802.1x（EAP-TLS，TTLS，LEAP，PEAP）
	无线认证	Wi-Fi，WPA
	网络兼容性认证	Cisco CCX V2.0
操作环境	工作温度	0～50℃
	储存温度	-20～60℃
	湿度	10%～95%（无冷凝）
	防静电	6kV接触；12kV空气
	防尘防水	符合IP53标准
	耐冲击	1.2m多次水泥地面跌落无损

（3）数据采集器（MC3000）如图1-49所示，详细参数见表1-29。

产品描述：数据采集器（MC3000）是一款轻便、耐用的移动数据终端。对于需要在整个企业部署高质量的数据采集解决方案，以满足高强度扫描环境需要的企业适用。在零售店、装货站或运送路线的应用中，MC3000的人体工程学设计以及灵活的配置不仅能提升员工满意度，而且能加快决策制定的过程。

产品特征：用户可调整扫描位置，使扫描操作舒适，工作效率提高；实现实时数据交换，获得较高生产效率；符合工业标准的防水、防尘效果，确保在恶劣条件下具有可靠的性能；移动服务平台有利于对关键数据终端和无线基础架构参数进行实时监控。

图1-49 数据采集器（MC3000）

表1-29　　　　　　数据采集器（MC3000）详细参数

硬件规格	重量（含锂电池）	490g
	显示屏	防眩目单色或彩色
	背光	LED
	主电池	可充电的锂电池1800mAh（3.7V DC），或3个AAA碱性电池
	无线频率	802.11B/G
	天线	内置
	开发环境	Symbol SDK
	扩展槽	用户可插SD卡
	CPU	IntelXScale PXA270 @ 312MHz
	操作系统	Microsoft Embedded Windows CE 4.2 Core
	处理器/存储器	Microsoft Embedded Windows CE 4.2 Core
	内存	32MB RAM/ 64MB ROM
	接口/通信	RS-232，USB
	数据类型	Code 39，Code 128，Code 93，Codabar，EAN-8，EAN-13，interleaved 2 of 5，UPCA，UPCE and UPC/EAN supplements，RSS-14/Limited./ Expanded，MSI Plessey，IATA 2 of 5，Coupon Code

续表

操作环境	工作温度	-10~50℃
	储存温度	-40~70℃
	湿度	50℃下，5%~85%（无凝结）
	抗震能力	在工作温度下，每侧都可承受从4英尺高度跌落至混凝土地面的冲击
	静电释放（ESD）	+/-15kV DC（空气），+/-8kV DC（直接）
	抗跌抗震能力	跌落：在-10℃，23~50℃条件下，每侧均可承受从1.5m高度跌落至瓷砖地面的冲击12次；滚动：室温下，能够承受500次0.5m流动；振动：可承受4G's，5~2000Hz的任意摆动；货运包装：23℃条件下，6英尺跌落，5Hz，抗震能力<20磅

（4）低温数据采集器（-20℃）如图1-50所示，详细参数见表1-30。

产品描述：低温数据采集器（-20℃）是Unitech公司使用WinCE.NET操作系统系列产品中的最新机型。它提供了更多的按键，能够简便地进行数据输入，同时，按键板上可开关蓝色背光，使得在阴暗的环境下也可输入自如。

产品特征：低温数据采集器适用于室外使用，它能够工作于-20~50℃的冷/高温下，具有IP54防水防尘工业等级。

低温数据采集器具有蓝牙无线传输功能，同时提供了PCMCIA扩充插槽，作用于多种扩充功能，如RFID、GPRS等。PA966配备了激光条码扫描器/二维条码扫描器，用于条码扫描。

图1-50 低温数据采集器（-20℃）

表1-30　　低温数据采集器（-20℃）详细参数

	操作系统	Microsoft Windows CE.NET5.0 Professional Plus
	中央处理器CPU	Intel 400MHz 32bits PXA255 CPU
	内存	RAM 64MB, Flash ROM 64MB
	显示器	240点×320点 TFT 彩色触控、背光屏幕
	条码扫描器	激光条码扫描器/二维条码扫描器
	主电池	充电式锂电池（7.4V 1850mAh）
硬件规格	资料备份电池	充电式镍电池（3.7V 1200mAh）
	电池使用时间	7小时（背光开，扫描3秒/次，带网卡 Ping 1秒/次）
	防水防尘标准	IP54
	耐摔防护设计	1.2m 自由落体防摔
	通信接口	USB1.0/IrDA 1.2（SIR）RS232 最高传输速度 115.2K bps
	无线通信	Bluetooth class II
	机器尺寸	18.5cm（长）×8.76cm（宽）×4.33cm（高）
	机器重量	454g
操作环境	操作温度	-20～50℃
	操作湿度	5%～95% RH（不结露）

图1-51　手持终端（PT-18）

（5）手持终端（PT-18）如图1-51所示，详细参数见表1-31。

产品描述：手持终端（PT-18）拥有内存4MB以及红外线传输接口。PT-18的传输基座可通过红外线连接采集器及电脑进行数据传输，减少在工业严峻的环境中不断插拔连接器所可能产生的故障问题。PT-18可以加快数据登载的效率及准确度，适用于仓库、超市及医院等。

表 1-31 低温数据采集器（-20℃）详细参数

硬件环境	操作系统	DOS
	CPU	32 位元 RISC 微处理器 ARM 内核
	RAM	1M SRAM
	ROM	4M Flash
	LCD	2.2″
	显示屏	128 点×164 点 LCD
	扫描模块	长景深 CCD 扫描头，2048 pixels
	分辨率	0.127mm（5mil）at PCS90%
	扫描速度	100 线/s
	扫描景深	450mm（code 39, 20 mils, PCS90%）
	可读条码种类	Code 39, UPC A/E, Cod 128, Int. 2 of 5, Codabar, Code 93, China Post Code, EAN-8/13, Full ASCII Cod 39, ISBN/ISSN
	传输速率	115200bps
	通信接口	RS-232/USB
	主电源	镍氢电池组
	操作时间	最少 34h（15Hz 扫描/背光关闭的情况下）
	备用电源	3V 可充电锂电池
	落摔测试	机身 1.2m/充电传输座 0.9m
	数据线	RS-232 线（9 pins to 9 pins）
	电池	镍氢电池组
	标准/认证	FCC Class B, CE, UL, BSMI
操作环境	操作温度	0~40℃
	储存温度	-20~70℃

（6）智能手持终端（PT-80）如图 1-52 所示，详细参数见表 1-32。

产品描述：智能手持终端（PT-80）是款坚固耐用且兼具人体工学的掌上型电脑手持终端，装配有 Microsoft Win CE.Net 5.0。PT-80 内建一维条码扫瞄器，可快速地收集条码，节省数据输入的时间浪费。PT-80 扩充能力强大，可选择扩充记忆卡或增加无线网络接口，有效帮助企业以合理的投资成本，提供最佳的资讯收集解决方案。

图 1-52 智能手持终端（PT-80）

表 1-32　　智能手持终端（PT-80）详细参数

硬件规格	操作系统	Win CE. Net 5.0
	CPU	Intel PXA-270（520MHz）
	RAM	64MB SRAM
	ROM	128MB
	LCD	3.5″彩色 TFT LCD 触控式面板
	显示屏	240×320
	扫描模块	长景深 CCD 扫描头，2048pixels
	分辨率	4mil（0.10mm） min. PCS 90%
	扫描速度	400 线/s
	扫描景深	15.5″（UPC/EAN，13mil，PCS 90%）
	可读条码种类	Code 39, Code 93, Code 11, Code 128, EAN-128, Codabar, UPC A/E, EAN 8/13, UK Plessey, MSI/Plessey, Standard 2 of 5, Interleaved 2 of 5, Telepen, Matrix 2 of 5, China Post Code
	按键	22 个按键有背光
	传输速率	115200bps
	通讯接口	RS-232 及 USB 接口
	可支持扩充类型	CF Type II 插槽（记忆卡扩充以及 WLAN 卡）；SD/MMC 卡（记忆卡扩充）
	主电源	可充电锂电池，3600mAh，3.7V DC
	输入电源	透过传输座或直接充电
	操作时间	一般操作:12h(面板背光 70%，没有附加卡，线材及按键背光开启，有系统音及闹铃提示，10Hz 的状况下)
	备用电源	3V 可充电锂电池
操作环境	操作温度	-10~60℃
	储存温度	-20~70℃
	电池充电温度	0~40℃

(7) 轻便型数据采集器 (Z2030 型) 如图 1-53 所示,详细参数见表 1-33。

产品特征:方便手持式操作;超大 96 字节的 LCD 显示屏;高性能扫描;超大内存容量;可编程技术;兼容多种通讯接口;经久耐用的电池。

图 1-53 轻便型数据采集器(Z2030 型)

表 1-33 智能手持终端 (PT-80) 详细参数

硬件规格	CPU	高性能的 C-MOS 处理器
	RAM	1024KB/2048KB SRAM
	ROM	128KB flash
	LCD 液晶显示器	96 字符显示屏
	背光灯	具有自动关闭功能
	蜂鸣器	可调节音量
	时钟	具有闹钟功能
	主要电源	3 节 AAA 电池,或 3 节 ZEBEX 可充式电池
	备用电池	3.0V,25mAh,可充式锂电池
	电池用时	24h
	高度	144.7mm
	厚度	23.5mm
	宽度	48.0mm
	重量	146g(不包括数据线和连接器)
操作环境	工作温度	0~50℃ (32~122 ℉)
	储存温度	-10~60℃ (14~140 ℉)
	湿度	5%~95%(无凝结)

(8) 多功能 WinCE 平台数据采集终端（Z-2070 型）如图 1-54 所示，详细参数见表 1-34。

产品特征：开放式操作系统；高效速 CPU 处理器；能模组化设计，支持多种通讯功能解决方案；可扩充式内存扩展；符合人体工学黄金比例设计；高标准防护。

图 1-54 多功能 WinCE 平台数据采集终端（Z-2070 型）

表 1-34　多功能 WinCE 平台数据采集终端（Z-2070 型）详细参数

硬件规格	主电池	2 200mAh, 3.7V, 可充电锂电池
	备用电池	一个可充电电池
	一维条码扫描器具	MOTOROLA SE-955 激光引擎 or ZEBEX CT-131 CCD 引擎
	二维条码扫描器	Symbol SE-4400 图形扫描引擎
	CPU	Intel PXA 270 520 MHz
	操作系统	Microsoft Window CE. NET 5.0
	RAM	64MB
	F-ROM	64MB
	LCD 显示屏	经过工业等级认证的 2.4″ TFT 彩色触摸屏
	声音	一个单声道喇叭
	键盘/按钮	共 29 键，含 1 个扫描按钮可满足所有字母/数字输入及系统控制
	接口	IEEE802.11 b/g, Bluetooh、class2, RS-232, USB1.1 Client
	扩展插槽	一个迷你 SD I/O 槽
操作环境	工作温度	0 ~ 50℃（32 ~ 122 ℉）
	储存温度	-10 ~ 60℃（14 ~ 140 ℉）
	湿度	5% ~ 95%（无凝结）

1.3.4 数据采集器的使用

1. 软件分类

条码数据采集器要通过软件操作使用。软件分为操作系统、应用软件两部分。

操作系统目前没有统一的标准。由于数据采集器采用各个厂家独立开发生产的 CPU、主板等关键零部件，所以大多采用各自标准的 OS 操作系统。也有部分厂家推出了基于 PALM/WinCE 平台的操作系统。

应用软件根据用户的应用流程进行开发，软件开发工具一般采用 C 语言或其他语言。对于数据采集器的应用而言，随着条码技术与 IT 技术更加广泛的结合，便携式数据采集器将得到广泛的应用，与行业应用结合得更加紧密，成为行业解决方案的一部分。

如图 1-55 所示给出了数据采集器在行业应用中的关系。

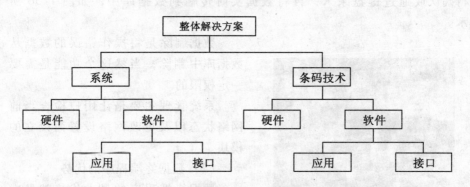

图 1-55　数据采集器在行业应用中的关系

从图 1-55 可以看出，数据采集器与用户的行业应用系统一起完成了整体的解决方案。以目前条码技术应用比较集中的物流供应链管理为例，从产品的生产到成品下线，销售、运输、仓储、零售等各个环节，都可以应用条码技术，使用数据采集器进行方便、快捷的管理。条码技术像一条纽带，把产品生命期中各阶段发生的信息联结在一起，可跟踪产品从生产到销售的全过程，使企业在激烈的市场竞争中处于有利地位。并且条码化可以保证数据的准确性，使用条码设备既方便又快捷，自动识别技术的效率比键盘要高得多。

2. 软件开发

数据采集器终端的应用软件一般分为两种，一种是厂商在数据终端出厂时就随机附带的应用程序，一般这种程序具有很强的通用性，但功能方面就显简单，无法满足一些有特殊需求的用户，而另一种是软件开发商根据用户的实际需要进行特定编制开发的，充分考虑了用户操作使用的方便性、灵活性、高效性和可靠性。

（1）数据终端程序的基本功能

基本功能有用户登录、数据采集、数据传输、数据删除、系统管理等。

用户登录主要是为了验证操作员的合法身份，以便在正常登录后将所有该操作员的操作记录到数据库中，做到责任到人。

数据采集功能其实包含众多操作流程，包括盘点、收货、入库、移库、发货、损益等。将商品的条码通过扫描装置读入，查询数据库商品信息库后将商品的名称、规格、单价等信息显示在屏幕上，然后对商品的数量直接进行确认或通过键盘录入，再将数据实时传输到数据库中，如图1-56所示。

数据删除是将操作错误的数据从数据库中删除，当然这个功能是需要一定权限的。

系统管理主要是让用户检查当前网络状态以及更改网络设置而设立的模块。

图1-56　数据采集功能

（2）数据终端程序的优势

数据终端程序的最大优势就是减少人工操作中的差错和提高操作人员的工作效率，使原先需要人工输入和人工校验的过程转化为自动识别输入和自动数据核对、校验的过程。

- 单据校验。由于实际使用时，在数据库中的单据信息不止一个，所以这就需要在操作中输入单据号加以区分。以订单收货为例，当所订商品到货时，要求操作员先输入订单号，然后再进行商品条码的扫描及数量的核对，从而避免了多个订单同时收货带来的差错。

- 商品重复校验。在数据采集的过程中,可能会遇到同一种商品重复读入的情况,如收货时同一商品重复收货,商品盘点时不同货架中有相同的商品,这就需要在重复读入的时候给予提示以使操作人员确认当前的操作是否正确有效。对于重复收货可采取数量覆盖形式,对于盘点可提示已盘点的数量,并可将同一商品的盘点数量自动累加后保存,其他方式的物流可采用相应的处理方法。

- 数量校验。在数据采集过程中,数量输入的正确性尤为重要。这就需要数据终端在第一时间校验输入数量的正确性。以收货操作为例,收货人员在货物到达后清点数量并输入到数据终端中,这时数据终端就将该数量与订单数量进行比较,如有差错则立刻提示收货人员进行核对,从而避免了由于收货人员点数错误或者是送货人员送货数的错误引起的收货数量错误的情况。而另一层意义的数量校验是收货品种数的校验,由于收货人员必须将订单中的所有商品收入库,可能发生收货时漏收或多收的情况,这时数据终端会将订单中的商品品种数和实际情况进行比较并及时将信息反映给操作员,从而保证了收货的准确性。

- 清晰的操作界面提示。屏幕采用全部简体中文显示,菜单式操作,每一环节都有明确的操作提示,操作人员只需简单培训就可轻松掌握操作原理和步骤。

3. 数据采集器在仓储及配送中心中的应用

(1) 商品的入库验收(收货)

货物到达仓库后,操作员在数据终端上输入订单号,然后用数据采集器扫描一种商品的条码后,数据采集器发送相应数据到数据库,然后从数据库中获得相应信息,然后在数据采集器的显示屏上可以自动显示出该商品应到货的数量、名称、规格、保质期等信息,经核对可直接确认数量或用键盘输入实际到货数量。货物入库后按照其分类和属性将其安排到相应货位上,用数据采集器扫描要放置商品的条码后再扫描一下货架上的位置条码,这样就完成了商品的收货及入库上架工作。

(2) 商品的出库发货

根据各分店(或各经销点)的送货申请,由计算机系统对照库存相应商品数量,制订出各店的送货单,将需送货的商品集中后,使用已存储好该批出库数据的数据采集器,扫描商品的条码和确认出库的数量。

(3) 库存盘点

使用数据终端依次扫描仓库货架上的商品条码,并输入实际库存数量,对于不同货架上的相同商品可采取数量累加的办法。操作完成后将实际库存数量传送至计算机系统，由计算机系统进行处理，做出各种库存损益报告和分析报告，并可继续进行复盘。

4. 数据采集器在移动销售领域中的应用——移动 POS

随着现代商业业态的发展，消费方式的不断改变，一种新颖的销售方式——移动销售应运而生，如网站的 B2B、B2C 销售。而配合移动销售的移动 POS 系统将庞大的收银系统浓缩在数据采集器和微型红外打印机上，方便携带，功能强大，使用灵活简单，随时随地可完成商品销售情况的记录，金额的结算和凭证的打印。

5. 数据采集器在邮政、速递行业中的应用

邮政、速递行业每天的业务量是非常大的，这样造成差错的机会也随之增大，采用数据采集器管理所有速递信件、物品可以高效、可靠地完成工作。无论是收入或是发出的信件、物品，操作员都可以在客户现场使用无线数据采集器通过无线 WAN 网将扫描登记的信息第一时间传输到总部服务器中，这样整个物品运转的速度就大大提高了，如图 1-57 所示。

图 1-57 数据采集器在邮政、速递行业中的应用

邮件速递条码采集系统总体框架图如图 1-58 所示。

邮件速递数据采集系统是一个稳定的、可扩展的、易于维护的便携式条码采集器数据采集系统，它全面提升了传统邮件速递和邮件揽收的处理模式。

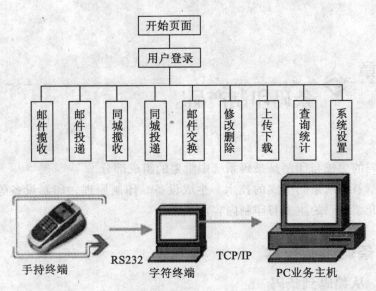

图 1-58 邮件速递条码采集系统总体框架图

思 考 题

1. 选择条码识读器的原则是什么？应注意哪些具体问题？
2. 请列举 2~3 款便捷式数据采集器，描述并比较它们的主要特点和差异。
3. 举例说明条码数据采集器目前的主要应用领域或典型应用。

第 2 章　条码印制产品

条码的生成与印制是条码系统中重要的组成部分。

本章节将从条码生成的技术、生成设备、印制原理、印制设备等方面，详细地介绍条码的生成与印制内容。

2.1　条码印制技术

2.1.1　从编码到条码

条码是代码的图形化表示，其生成技术涉及从代码到图形的转化技术以及相关的印制技术。条码的生成过程是条码技术应用中一个相当重要的环节，直接决定着条码的质量。

条码的生成过程如图 2-1 所示。

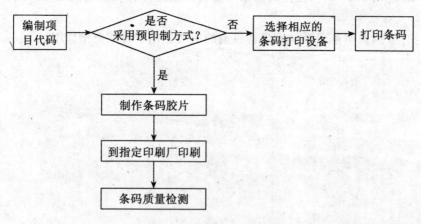

图 2-1　条码的生成过程

正确使用条码的第一步就是按照国家标准为标识项目编制一个代码。代码确定以后,应根据具体情况来确定采用预印制方式还是采用现场印制方式来生成条码。如果印刷批量很大时,一般采用预印制方式,如果印刷批量不大或代码内容是逐一变化的,可采用现场印制的方式。在采用预印制方式时需首先制作条码胶片,然后送交指定印刷厂印刷。在印刷的各个环节都需严格按照有关标准进行检验,以确保条码的印制质量;在采用现场印制方式时,应该首先根据具体情况选用相应的打印设备,在打印设备上输入所需代码及相关参数后即可直接打印出条码。

项目代码确定以后,如何将这个代码的数据信息转化成为图形化的条码符号呢?目前主要采用的是软件生成方式。一般的条码打印设备和条码胶片生成设备均安装了相应的条码生成软件。

条码是由一组按一定编码规则排列的条、空符号,而条码生成软件则需根据条码的图形表示规则,将数据化信息转化为相应的条空信息,并且生成对应的位图。对于专用的条码打印机,由于内置了条码生成软件,所以只要给打印机传递相应的命令,打印机就会自动生成条码符号。而普通的打印机则需要专门的条码软件来生成条码符号。

需要生成条码的厂商可以自行编制条码的生成软件,也可选购商业化的编码软件,以便更加迅速、准确地完成条码的图形化编辑。

1. 自行编制条码生成软件

设计条码打印软件的关键在于了解条码的编码规则和技术特性。条码是以条、空的宽度与组合方式来表达信息的,因此其条与空的尺寸精确与否直接关系到条码能否被正常地读取。因为目前打印设备都是以点为基本打印单位,如果条码条、空的宽度不是点数的整数倍,则可能产生打印误差,直接影响到条码的可识读性。这也是为什么条码图像经过缩放后经常不能被读取的原因。

另外,条码的条、空组合方式也因码制不同而不同,因此编制软件时需认真查阅相应的国家标准。

2. 选用商业化的编码软件

选用商业化的编码软件往往是最经济、最快捷的方法。目前市场上有许多种商业化的编码软件,这些软件功能强大,可以生成各种码制的条码符号,能够实现图形压缩、双面排版、数据加密、数据库管理、打印预览和单个/批量制卡等功能,同时,可以向应用程序提供条码生成、条码设置、识读接收、图形压缩和信息加密等二次开发接口(用户可以自己替换),还可以向高级用户提供内层加密接口等,而且价格也不高。

目前较为先进的条码生成软件有法国生产的CODESOFT,美国生产的Barcode等。最新版本的CODESOFT7软件功能十分强大,支持所有主要的一维条码和二维条码,有通用版、专业版和企业版三种版本可供选择,通用版仅用于条码的生成,价格比较便宜,而专业版和企业版则可以支持多种数据库,可以方便地连到企业的内部信息系统,但是价格要高于通用版。企业可以根据具体情况选用不同的版本。

此外,国外及国内的一些厂家还开发了条码生成控件功能函数库,可支持目前常用的一维条码和二维条码。这种函数库是专为软件开发人员设计的,可在VB、VC、VFP等多种编程环境下调用。

2.1.2 条码印制方式

条码的印制是条码技术应用中一个相当重要的环节,也是一项专业性很强的综合性技术。它与条码符号载体、所用涂料的光学特性以及条码识读设备的光学特性和性能有着密切的联系。要想制作出高质量的条码符号印制品,必须了解条码印制中的一些特殊要求。

条码的印制方式基本有两大类:一是预印制(非现场印制),即采用传统印刷设备大批量印刷制作,它适用于数量大,标签格式固定,内容相同的条码的印制,如产品包装、相同产品的标签等。二是现场印制,即由计算机控制打印机实时打印条码标签,这种方式打印灵活,实时性强,可适用于多品种、小批量、个性化的需现场实时印制的场合。

1. 预印制

需要大批量印制条码符号时,应采用工业印刷机用预印制的方式来实现,一般采用湿油墨印刷工艺。尤其是需要在商标、包装装潢上印制条码时,可以将条码胶片、商标图案等制成同一印版,一起印刷,这样做可以大大降低印制成本和工作量。

采用预印制方式时,确保条码胶片的制作质量是十分重要的。胶片的制作一般由专用的制片设备来完成,中国物品编码中心及一些大的印刷设备厂均具有专用的条码制片设备,可以为厂商提供高质量的条码胶片。

目前,制作条码原版正片的主流设备分为矢量激光设备和点阵激光设备两类,相关比较见表2-1。

表 2-1　　　　　　　矢量激光设备与点阵激光设备对比

设备类型	曝光方式	代表机型	设备精度
矢量激光设备	矢量移动方式	Axicon auto ID ltd. 公司 Microplotter 激光绘图仪	±0.001mm
点阵激光设备	点阵方式	3600 线激光照排机	±0.01mm

矢量激光设备在给胶片曝光时采取矢量移动方式，条的边缘可以保证平直。点阵激光设备在给胶片曝光时采取点阵行扫描方式，点的排列密度与分辨率和精确度密切相关。

由以上对比可以看出，在制作条码原版胶片时，矢量激光设备比点阵激光设备更具有优越性。虽然点阵激光设备可以通过软件调整使点与点的叠加（扫描行的间隙）很紧密，经严格控制也有可能达到条码原版胶片的精度要求，但与矢量激光设备相比在制作条码原版胶片方面还是略逊一筹。

印刷制版行业所广泛采用的激光照排机，可以将需要印制的包装图案、文字及条码标识一并完成。与之相比，矢量激光设备相对功能单一，且只能制作一维条码，所做条码符号还需经过与图案、文字拼版等其他工作程序。

目前，国内采用矢量激光设备制作条码原版胶片的机构只有中国物品编码中心、广州东方条码培训中心两家（均使用 Microplotter 激光绘图仪）。其余均为激光照排机制作。

在胶片制作完成以后，应送交指定印刷厂印刷，印刷时需严格按照原版胶片制版，不能放大与缩小，也不能任意截短调高。

预印制按照制版形式可分为凸版印刷、平版印刷、凹版印刷和孔版印刷。

(1) 凸版印刷

凸版印刷的特征是印版图文部分明显高出空白部分。通常用于印制条码符号的有感光树脂凸版和铜锌版等，其制版过程中全都使用条码原版负片。凸版印刷的效果因制版条件而有明显不同。对凸版印刷的条码符号进行质量检验的结果证明，凸版印刷因稳定性差、尺寸误差离散性大而只能印刷放大系数较大的条码符号。

感光树脂版可用于包装的印刷和条码不干胶标签的印刷，例如采用 20 型或 25 型 DycriL 版可印刷马口铁；采用钢或铝版基的 DycriL 版可印刷纸盒及商标。铜锌版在包装装潢印刷上的应用更为广泛。

凸版印刷的承印材料主要有纸、塑料薄膜、铝箔、纸板等。

(2) 平版印刷

平版印刷的特征是印版上的图文部分与非图文部分几乎在同一平面，无明显凹凸之分。目前应用范围较广的是平版胶印。平版胶印是根据油水不相溶原理，通过改变印版上图文和空白部分的物理、化学特性使图文部分亲油，空白部分亲水。印刷时先对印版版面浸水湿润，再对印版滚涂油墨，结果印版上的图文部分着墨并经橡皮布转印至印刷载体上。

平版胶印印版分平凸版和平凹版两类，印制条码符号时，应根据印版的不同类型选用条码原版胶片，平凸版用负片，平凹版用正片。常用的平版胶印印版有蛋白版、平凹版、多层金属版和PS版（平凸式和平凹式都有）。

平版胶印的承印材料主要是纸，如铜版纸、胶版纸和白卡纸。

(3) 凹版印刷

凹版印刷的特征是印版的图文部分低于空白部分。印刷时先将整个印版的版面全部涂满油墨，然后将空白部分上的油墨用刮墨刀刮去，只留下低凹的图文部分的油墨。通过加压，使其移印到印刷载体上。凹版印刷的制版过程是通过对铜制滚筒进行一系列物理、化学处理完成的。使用较多的是照相凹版和电子雕刻凹版。照相凹版的制版过程中使用正片；电子雕刻凹版使用负片，并且在大多数情况下使用伸缩性小的白色不透明聚酯感光片制成。凹版印刷机的印刷接触压力是由液压控制装置控制的，压印滚筒会根据承印物厚度的变化自动调整，因此承印物厚度变化对印刷质量几乎没有影响。

凹版印刷的承印材料主要有塑料薄膜、铝箔、玻璃纸、复合包装材料、纸等。

(4) 孔版印刷

孔版印刷（丝网印刷）的特征是将印版的图文部分镂空，使油墨从印版正面借印刷压力，穿过印版孔眼，印到承印物上。用于印刷条码标识的印版由丝、尼龙、聚酯纤维、金属丝等材料制成细网绷在网框上。用手工或光化学照相等方法在其上面制出版膜，用版模遮挡图文以外的空白部分即制成印版。孔版印刷（丝网印刷）对承印物种类和形状适应性强，其适用范围包括纸及纸制品、塑料、木制品、金属制品、玻璃、陶瓷等，不仅可以在平面物品上印刷，而且可以在凹凸面或曲面上印刷。丝网印刷墨层较厚，可达$50\mu m$。丝网印刷的制版过程中使用条码原版胶片正片。

各种印刷版式所需的条码原版胶片的极性见表2-2。

表 2-2　　　　各种印刷版式所需条码原版胶片的极性

印刷版式	具体类型	胶片极性
孔版印刷		原版正片
凸版印刷		原版负片
凹版印刷	照相凹版	原版正片
	电子雕刻凹版	原版负片
平版印刷	平凸版	原版负片
	平凹版	原版正片

2. 现场印制

现场印制方法一般采用图文打印机和专用条码打印机来印制条码符号。图文打印机常用的有点阵打印机、激光打印机和喷墨打印机。这几种打印机可在计算机条码生成程序的控制下方便灵活地印制出小批量的或条码号连续的条码标识。专用条码打印机有热敏、热转印、热升华式打印机，因其用途的单一性，设计结构简单、体积小、制码功能强，在条码技术各个应用领域普遍使用。

2.1.3　条码印制载体

通常把用于直接印制条码符号的物体叫符号载体。常见的符号载体有普通白纸、瓦楞纸、铜版纸、不干胶签纸、纸板、木制品、布带（缎带）、塑料制品和金属制品等。

由于条码印刷品的光学特性及尺寸精度直接影响扫描识读，制作时应严格控制。首先，应注意材料的反射特性和映性。光滑或镜面式的表面会产生镜面反射，一般避免使用产生镜面反射的载体。对于透明或半透明的载体要考虑透射对反射率的影响，个别纸张漏光对反射率的影响应特别注意。其次，从保持印刷品尺寸精度方面考虑，应选用耐气候变化、受力后尺寸稳定、着色牢度好、油墨扩散适中、渗洇性小及平滑度、光洁度好的材料。例如，载体为纸张时，可选用铜版纸、胶版纸、白版纸。塑料方面可选用双向拉伸丙烯膜或符合要求的其他塑料膜。对于常用的聚乙烯膜，由于它没有极性基团，着色力差，应用时应进行表面处理，保证条码符号的印刷牢度。同时也要注意它的塑性形变问题。一定不能使用塑料编织带作印刷载体。对于透明的塑料，印刷时应先印底色。大包装用的瓦楞纸板印刷时，由于瓦楞的原因，它的表面不够光滑，纸张吸收油墨的渗洇性不一样，印刷时出偏差的可能性更大，常采用预印后粘贴的方法。金属材料方面，可选用马口铁、铝箔等。

2.1.4 条码印制技术

条码印制技术根据不同印制条件、不同影响条码质量的因素和不同的印制工艺参数分为柔版印刷和非柔版印刷。

1. 柔版印刷

所谓"柔版"，指的就是印版材料为较少柔软的树脂材料。柔印时印刷压力、油墨黏度等对印刷品质量的影响很大，条码尺寸精度较难掌握。目前商品的外包装箱（常常是瓦楞纸箱）大多采用柔印方式制作。因为包装箱上条码的放大系数比较大，允许的尺寸偏差也比较大，所以柔印较适于制作放大系数较大的商品条码（如放大系数为2.00）。

柔印时印刷压力对线条粗细的影响很大，因此要特别注意压力的调整。印刷时还要注意印版的变化。比如，当印刷一定量后，印版会出现磨损，这时条码符号的条宽尺寸会增粗，相应地印刷压力要调小；柔印版使用一段时间后会老化，印版可能会变硬，这时印刷出的条码符号的条宽尺寸会变细，相应地印刷压力要调节大。但是，如果这时图案符号出现断线和变形等现象，应立即更换印版。

柔印中承印载体对条码印刷质量的影响也较大。如瓦楞纸的厚度和湿度等，会直接影响条码的尺寸。如厚度不同，印刷压力会不同；湿度不同，材料对油墨吸收程度不同，油墨黏度和印刷压力等印刷条件就要进行适当调整。

2. 非柔版印刷

凸印、平版印刷、凹印和丝网印刷都属于非柔性印刷。非柔性印刷时印刷压力、符号载体材料厚度等印刷条件对条码尺寸的影响不大，其质量主要取决于印版的制作。

对于凸版印刷，为了保证图文线条平整度，印辊的印刷压力要均匀。印版磨损后，条宽尺寸可能变粗，要适当调整印刷压力。一般情况下，凸版印刷设备印刷出的条码符号尺寸的离散性较大，稳定性较差，因此，要特别注意调整印刷参数，以保证条码印刷品质量的一致性。

对于平版胶印，由于印版的图文部分与非图文部分几乎在同一平面上，有时边缘部分会受水影响产生洇墨现象，致使条码符号的条的中心部分墨色较浓，边缘略微不齐。因此，印刷过程中应采取有效措施，以避免产生洇墨现象。

对于凹版印刷，印刷参数对条码尺寸的影响不大，条码质量主要取决于印版的质量。有些企业在印刷过程中注意控制油墨黏度，加装静电吸墨装置，增加了油墨的转移性和层次性，以保证商品条码符号的印刷清晰和完整。凹印版磨损后条码的条宽尺寸可能会变细，甚至会出现丢点或断线。企业应注意观察监视，杜绝产生不合格条码。

对于丝网印刷，油墨墨层厚实，有时可达 $50\mu m$。印刷中应特别注意条宽尺寸的变化，以避免因墨层增厚引起条增粗而超差。

2.2 条码印制设备

条码印制设备基本有两大类：一是非现场印制（也称预印刷），即采用传统印刷设备大批量印刷制作，它适用于数量大，标签格式固定、内容相同的标签的印制，如产品包装等。预印刷的设备和工艺，可以采用胶片制版的传统方式进行印刷，也可以采用一般办公打印机进行打印，还可以采用专用条码打码机进行印制。二是现场印制，即由计算机控制打印机实时打印条码标签，这种方式打印灵活，实时性强，可适用于多品种、小批量、需要现场实时印制的场合。

2.2.1 预印刷条码设备

预印刷条码设备包括胶片制版印刷、轻印刷系统、条码号码机和高速激光喷码机。

1. 传统方式印刷——胶片制版印刷

条码印刷技术要求高，专业性强。影响条码印刷质量的因素有多种，但主要是条码胶片质量的差异。

胶版印刷方法是：先将图像制成印刷版，然后对印刷版进行光学和化学处理，使图像区具有亲油斥水性能。印版的图纹着墨部分与空白部分是处在同一平面上，利用油与水不相容的原理，即图纹部分亲油着墨，空白部分则亲水不着墨，经过机械压力印刷。把印刷版固定在压辊的表面上，印刷时先接触水，后接触油墨。印刷版的图像部分粘上油墨，无图像的部分没有油墨，再将油墨转印到中间辊子上，最后中间辊子将图像印到符号载体上。这种印刷方法不能安装号码轮，因此适合印刷大批量固定号码的条码。胶版印刷可印制出高、中、低三种密度的条码符号，其最窄条可达到 0.25mm。它所使用的油墨，对 633nm 和 900nm 两种波长均有较好的对比度。

柔性版印刷由于制版成本低、油墨无毒性及印刷立体感强等优点，在塑膜印刷中所占比例越来越大。但是柔性版印刷业同时增加了条码印刷的难度，它的条宽增量较大且不均匀。因此在正式印刷之前，需要增加试印阶段，通过实验和调试，才能使条宽偏差打到最小。

柔性版印刷的制作过程是：在制作菲林后晒印版，再把印版用双面胶贴在套筒上。双面胶具有一定的弹性，在印刷时双面胶由于受力，弹性会逐渐减小，印刷图案会有扩张现象。因此，即使试印刷时条码条宽合适，但印刷一定数量后条会逐渐变粗。所以，必须定期换版，即在一个印版印刷到一定数量后，如果发现条码条宽明显变差，就更换印版，确保条码印刷质量。

2. 轻印刷系统

条码轻印刷系统，是指由计算机控制打印机进行条码印制。条码轻印刷系统主要由计算机、软件和打印机三部分组成。轻印刷系统可以用做条码的预印制，也可用于条码的现场印制，如图 2-2 所示。

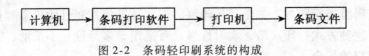

图 2-2　条码轻印刷系统的构成

条码轻印刷系统主要有以下优点：
- 条码的印制是由配有条码打印软件的计算机来完成的，效率高，成本低。
- 不受油墨浓淡、版的精度和质量等因素的影响。
- 能打印大量数据不同的条码。
- 可以用来实时打印条码。

条码轻印刷中常用的打印机种类有：针式打印机、喷墨打印机、激光打印机和热敏式打印机等。除产生字符和图像的质量及机器结构不同外，其他如打印图像原理、数据传送方式、控制命令及与计算机的连接等都是基本相同的。上述设备的原理将在本节的现场打印部分进行介绍。

3. 条码号码机

由于制版印刷方式适用于条码符号的大批量重复印刷，因此对于那些使用连续代码的用户，应采用一种专门用于印刷条码的印刷部件来代替印版印制条码符号,这就是条码号码机。

条码号码机由钢或其他金属制成的机壳(机架)、号码轮、进位机构等组成,分为平压式和轮转式两种。印刷时将其装在相应印刷机的印版部位,由印刷机带动号码机的进位机构使一组号码轮顺序进位,从而完成连续变号条码的印刷。根据印刷要求,可将号码机组合成不同的形式。通过对进位机构的预先确定,实现完成一次印刷动作后即进位,或完成几次印刷动作后再进位。

号码机最适合血液系统、航空机票及其他票证系统所用条码符号的印刷。目前许多型号的印刷机都配有安装条码号码机的装置,可供选择。

4. 激光喷码机

激光喷码机相对于现在流行的油墨喷码机有不可比拟的优势:高标码质量和极好的可重复性能;标码持久稳定;防伪性能好;标码时无须接触产品;处理过程洁净干燥;无须其他标码技术所需的消耗品,如油墨、溶剂、箔片及模板等,非常环保;可标码高解像度图案;高精度定位;高速标码和高线速处理;可对移动的或不移动的产品(类似喷墨打印)进行标码;条码生成过程灵活;可用于全自动化(computer integrated manufacture,CIM)和准时制造系统;可大大降低不合格率和停机时间;保养成本和运营成本都控制在很低水平,经济实用。通常情况下不需要另外加装流水线,很容易和现有的生产线匹配。在喷码刻标过程中,产品在生产线上不停地流动,从而极大地提高了生产的效率,使激光机真正适应了工业生产的要求。

激光可以形成极细的光束,在材料表面的最细线宽可以达到 0.1mm。激光喷码机喷印的是一个无法擦掉的永久性标记,它通过激光直接在物体表面瞬间汽化而成,无须借助任何辅助工具即可肉眼分辨,便于消费者识别,且无耗材,维护方便。

激光喷码机基本覆盖了喷墨机的全部应用范围,目前广泛应用于烟草行业、生物制药、酒业、食品饮料、保健品、电子行业、国防工业、汽车零件、制卡、工艺、服饰配件、建筑材料等领域。激光喷码机在制药业中的应用如图 2-3 所示。利用激光喷码突出了产品的特色和品牌的差异性,提升了产品在市场中的竞争能力,同时缩短了产品升级换代周期,为柔性生产提供了有力的支撑。由于激光和计算机技术的结合,用户只要在计算机上编程,即可实现激光标记输出。它还可同时在几种材料上或凸凹不规则表面上同时产生清晰的标识,具有"一打双标"或"骑缝标识"的独特效果,不易仿制。目前激光喷码的应用呈迅速上升的趋势。纵观国际发达国家的使用情况，激光打码已是大势所趋。

图 2-3 激光喷码机在制药业中的应用

与所有其他标码技术一样，激光蚀刻技术不仅有优点，也有其局限性。想使用这种系统的用户必须考虑以下因素：不是所有的材料都适合用系统设定的激光类型进行标码；激光喷码的对比度要比油墨标码的对比度低，调色板受到限制，不能直接产生红色、绿色和蓝色；不能直接进行多色彩标码，需要排气系统和激光保护罩，激光喷码机的投资成本高。

2.2.2 现场印制设备

目前，条码现场印制设备大致分为两类，即通用打印机和专用条码打印机。通用打印机有点阵式打印机、喷墨式打印机、激光打印机等。使用通用打印机打印条码标签一般需专用软件，通过生成条码的图形进行打印，其优点是设备成本低，打印的幅面较大，用户可以利用现有设备。因为通用打印机并非为打印条码标签专门设计的，因此用它印制条码在使用不太方便，实时性较差。专用条码打印机是专为打印条码标签而设计的，它具有打印质量好、打印速度快，打印方式灵活，使用方便，实时性强等特点，是印制条码的重要设备。

1. 通用办公设备

下面介绍一下通用办公设备中的针式打印机、喷墨打印机和激光打印机。

(1) 针式打印机

计算机把要打印的数据通过接口传送到打印机的字符缓冲寄存器后，打印机的控制电路（单片机或微处理器）把接收到的数据存放在字符代码存储器中。通常字符代码存储器能存储一行的打印信息（一行最多 256 个字符）。当接收到回车命令时，开始打印。控制电路首先驱动字车系统使打印头移动到打印位置。然后从字符代码存储器取出一个字符，再从只读存储器中查到这个字符的点阵，驱动打印针打印，再移动打印头到下一个位置，查出下一列的点阵，驱动打印针打印，直到这个字符全部打印完后再打印下一个字符，直到这一行全部打印完毕为止。

针式打印机打印条码有以下两个优点：一是成本低。点阵打印机和其消耗材料相对来说都是成本较低的；二是对纸张要求不高。点阵打印机不像激光打印机那样对纸的克数和质量要求很严，也不像热敏打印机那样要求特制的热敏打印纸，一般纸张包括不干胶纸都可用于点阵打印机。但针式打印机打印的条码符号质量较差，识读率较低。

产品示例：

• 针式打印机打印（5100F）如图 2-4 所示，详细参数见表 2-3。

产品描述：针式打印机打印（5100F）具有 1+6 的复写能力，字迹均匀；外观时尚，体积小巧，标配 USB 接口及并口，前置开关等人性化的设计。

图 2-4　针式打印机打印（5100F）

表2-3　　针式打印机打印（5100F）详细参数

硬件规格	针式打印机针数	24针
	最高分辨率	360×360dpi
	打印速度	185字/秒
	打印宽度	连续纸：76.2~254mm，单页纸：70~257mm
	纸张类别	名片，信函，标签，宣传用品，CD贴
	纸张厚度	0.06~0.84mm
	供纸方式	连续纸：后部；单页纸：前部
	字体　中文	宋体，黑体；ANK文字：Courier, Roman, Swiss, Draft
	接口类型	标配IEEE-1284双向并行接口，USB接口
	内存	64KB
	色带寿命	300万字符
	打印针寿命	3亿次
	操作系统	Windows95, 98, Me, XP, NT4.0, 2000中文版, Windows server 2003, Unix, Vista
外观规格	重量	4kg
	尺寸	349mm×290mm×180mm

- 针式打印机打印（310型）如图2-5所示，详细参数见表2-4。

图2-5　针式打印机打印（310型）

产品描述:可以达到中文超高速 270 字/秒的打印速度,具有智能压缩打印功能;高寿命的智能打印机头,4 亿次/针。

表 2-4　　　　　　针式打印机打印(310 型)详细参数

硬件规格	打印机针数	24 针点阵式针
	打印速度	中文信函:84 字/秒,中文高速:169 字/秒,中文超高速:270 字/秒;英文信函:134 字符/秒,英文高速:269 字符/秒,英文草稿:432 字/秒
	打印宽度	100~266.7mm
	纸张厚度	0.52mm
	供纸方式	单页:摩擦走纸,连页:推进式链式走纸
	字体	大字库 GB18030
	接口类型	IEEE-1284 双向并行接口,RS232 串行接口(选件),USB 接口(选件)
	色带寿命	720 万字
	打印针寿命	4 亿次
	拷贝能力	单页纸:1+4 份,连页纸:1+4 份
	功率	非打印时:10W,平均:120W,max:240W
外观规格	重量	7.5kg
	尺寸	420mm×330mm×132mm

- 针式打印机打印(LQ-300K+Ⅱ)如图 2-6 所示,详细参数见表 2-5。

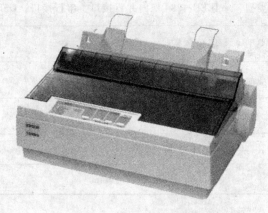

图 2-6　针式打印机打印(LQ-300K+Ⅱ)

产品描述：针式打印机打印（LQ-300K+II）结构设计紧凑，节约占用空间；打印速度进一步提高；LQ-300K+II采用了新型的超强打印头，寿命高达2亿次/针，性能可靠耐用，整机运行稳定，平均无故障时间（MTBF）高达6 000小时，打印总量高达1 200万行。

表2-5　　针式打印机打印（LQ-300K+II）详细参数

硬件规格	打印机针数	24针
	操作系统	Windows 3.2/95/98/2000/NT 4.0
	最高分辨率	360dpi
	打印速度	150字/秒
	打印宽度	单页纸：100~257mm，连续纸：101.6~254mm
	纸张类别	单页纸，单页拷贝纸，连续纸（单层纸和多层纸）信封，明信片，带标签的连续纸，卷纸
	纸张厚度	0.065~0.52mm
	供纸方式	连续纸：后部，单页纸：前部、顶部
	字体	宋体、黑体、Epson Draft、Epson Roman、Epson Sans Serif、Epson OCR-B，可缩放字体4种，条码字体8种
	接口类型	IEEE-1284双向并行接口，串行接口，USB接口
	色带类型	黑色色带
	色带寿命	200万字符
	打印针寿命	2亿次
外观规格	重量	4.4kg
	尺寸	275mm×366mm×159mm

(2) 喷墨打印机

喷墨打印机是由电脑控制的自动化打印设备,其打印数据传输控制过程与针式打印机类似。按照喷墨头工作方式,喷墨打印机可以分为压电喷墨和热喷墨两大类型。

压电喷墨技术是将许多小的压电陶瓷放置到喷墨打印机的打印头喷嘴附近,它在电压作用下会发生形变,进而对喷墨孔管路内产生的压力,把专用墨水压入振荡盒内,因振荡盒内有一个晶体振荡器,频率大约10万次每秒,使喷嘴喷出的墨水成点。墨水在通过静电区域时,由电脑控制使每个墨点带上了一定的电量(墨点在每个位置所需的受电量是不同的),因而在电场作用下,墨点产生偏移,使每个墨点跑到一个特定的位置,形成字符。当被打印物体在 Y 轴上移动时,喷嘴在 X 轴上作垂直的扫描;如果作业线上没有被打印物,电脑在墨点通过静电区域时,就使墨点不带电,因而墨点在通过电场时不产生偏移,只做直线运动。再通过回收孔,流回墨水箱里,重复使用。喷墨打印的墨水是专用的,其要求墨水的导电量和粘度非常精确,打印在物体上一般在 $1\sim2s$ 就能干。压电式喷头对墨滴的控制力强,容易实现高精度的打印。缺点是喷头堵塞的更换成本非常昂贵。

热喷墨技术的工作原理是:通过喷墨打印头(喷墨室的硅基底)上的电加热元件(通常是热电阻),在 $3\mu s$ 内急速加热到 $300℃$,使喷嘴底部的液态油墨汽化并形成气泡,该蒸汽膜将墨水和加热元件隔离,避免将喷嘴内全部墨水加热。加热信号消失后,加热陶瓷表面开始降温,但残留余热仍促使气泡在 $8\mu s$ 内迅速膨胀到最大,由此产生的压力压迫一定量的墨滴克服表面张力快速挤压出喷嘴。随着温度继续下降,气泡开始呈收缩状态。喷嘴前端的墨滴因挤压而喷出,后端因墨水的收缩使墨滴开始分离,气泡消失后墨水滴与喷嘴内的墨水就完全分开,从而完成一个喷墨的过程。

喷到纸上墨水的多少可通过改变加热元件的温度来控制,最终达到打印图像的目的。当然,以上只是一种"慢镜头"似的划分,实际打印喷头加热喷射墨水的过程,是相当高速的。从加热到气泡的成长一直到消失,准备下次喷射的整个循环只耗时 $140\sim200\mu s$。用这种技术制作的喷头工艺比较成熟,成本也很低廉,但由于喷头中的电极始终受电解和腐蚀的影响,对使用寿命会有不少影响。所以采用这种技术的打印喷头通常都与墨盒做在一起,更换墨盒时即同时更新打印头。图2-7显示了热喷墨技术的工作过程。

产品示例:
- 喷墨打印机(Deskjet D1468)如图2-8所示,详细参数见表2-6。

(a)初始阶段　　　　　(b) 在接受指令后电阻加热，液体被立即蒸发形成蒸汽泡

(c)蒸汽泡增至最大，使墨水自喷嘴喷出　　(d)蒸汽泡破碎，喷嘴恢复至初始状态

图 2-7　热喷墨技术喷墨过程

产品描述：喷墨打印机（Deskjet D1468）是面向家用市场推出的一款入门级喷墨打印机，精巧时尚的设计，界面友好。彩色最佳打印分辨率更是高达 4800×1200 dpi，黑白打印速度 16 页/min，彩色打印速度 12 页/min，标配自动进纸盒拥有高达 80 页的纸张容量，大幅提升了大批量打印时的工作效率。

图 2-8　喷墨打印机（Deskjet D1468）

表 2-6　　　　　喷墨打印机（Deskjet D1468）详细参数

硬件规格	打印机类型	普通喷墨打印机
	墨盒支持	816 号黑色墨盒（C8816S），817 号彩色墨盒（C8817S），816 黑色墨盒，816b 黑色墨盒（简黑），817 三色墨盒
	墨盒类型	三色墨盒
	接口	USB 接口
	系统兼容	仅 Windows 2000 Professional 驱动程序，Windows XP（Home，Pro，x64）和 Vista；Mac OS X 10.3.9 和更高版本
	最高分辨率	1200×1200dpi
	黑白打印速度	16ppm
	彩色打印速度	12ppm
	最大打印幅面	A4
	供纸方式	自动
	纸张容量	80 张
	其他打印介质	U.S. letter，Lega，信封，索引卡，相纸，普通纸，贺卡，标签，透明胶片
外观规格	重量	2.04kg
	尺寸	422mm×140mm×316mm

- 喷墨打印机（iP1880）如图 2-9 所示，详细参数见表 2-7。

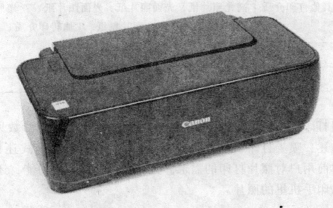

图 2-9　喷墨打印机（iP1880）

产品描述：喷墨打印机（iP1880）时尚外观，造型优雅。全新墨水配方，打印效果出色。文字对比度强，图像色彩饱和度高，染料墨水使打印的照片保存持久；一体式墨盒设计更换方便，软件系统有裁切打印、布局设置、打印日期等多种功能。

表 2-7　　　　　　　　　喷墨打印机（iP1880）详细参数

硬件规格	打印机类型	数码照片打印机
	墨盒支持	PG830, CL831, PG-40, CL-41
	墨盒类型	四色墨盒
	缓存	96KB
	接口	USB（B Port）
	字体	内置字体
	系统兼容	Windows Vista/XP/2000，Mac OS X v.10.2.8 或更新
	最高分辨率	4800×1200dpi
	黑白打印速度	20ppm
	彩色打印速度	16ppm
	最大打印幅面	A4
	供纸方式	自动
	纸张容量	100 张
	其他打印介质	普通纸、高分辨率纸、专业照片纸、高级光面照片纸、亚高光照片纸、光面照片纸、光面照片纸、亚光照片纸、双面照片纸（手动）、照片贴纸、T恤转印介质、信封
外观规格	重量	3.3kg
	尺寸	442mm×237mm×152mm

● 喷墨打印机（PictureMate 210）如图 2-10 所示，详细参数见表 2-8。

产品描述：喷墨打印机（PictureMate 210）是一款便携式迷你打印机，可以满足目前用户对照片打印的需求。具有打印电视画面功能，还可以通过蓝牙传输打印手机里的照片。

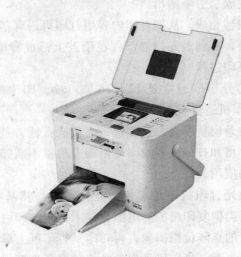

图 2-10 喷墨打印机（PictureMate 210）

表 2-8 喷墨打印机（PictureMate 210）详细参数

硬件规格	打印机类型	便携喷墨打印机
	墨盒支持	T5852
	缓存	128MB
	接口	USB2.0
	最高分辨率	5760×720（dpi）
	供纸方式	自动
	纸张容量	20 张
外观规格	重量	2.5kg
	尺寸	339mm×215mm×262mm

（3）激光打印机

激光打印机是利用图形感应半导体表面上充电荷的原理设计的。此表面对光学图像产生反应，并在所指定区域上放电，由此产生一幅静电图像。然后，使图像与着色材料（碳粉）相接触，将着色材料有选择地被吸附到静电图像上，再转印到普通纸上。

激光打印机的整个工作流程可分成四部分：应用数据转译、数据传送、光栅或点阵数据生成、引擎输出。

这四个部分相辅相成，从把打印内容用打印机语言描述到打印机接收数据后进行点阵转换，再到激光扫描部件在硒鼓上形成静电潜影并转印输出，形成一个完整的打印过程。

激光打印机的分辨率通常是 12～16 点/mm，印出的条码最窄条可达 0.20mm。这种打印机适合高、中密度条码印制。

激光打印机的条码精度高，速度快，而且噪音低，是条码印制中较理想的打印机，只是价格和打印成本较高。但随着价格不断降低，这种打印机将会得到越来越多的应用。

无论是黑白激光打印机还是彩色激光打印机，其基本工作原理是相同的，它们都采用了类似复印机的静电照相技术，将打印内容转变为感光鼓上的以像素点为单位的点阵位图图像，再转印到打印纸上形成打印内容。与复印机唯一不同的是光源，复印机采用的是普通白色光源，而激光打印机则采用的是激光束。

产品示例：

● 激光打印机 LaserJet P1008（CC366A）如图 2-11 所示，详细参数见表 2-9。

产品描述：激光打印机 LaserJet P1008（CC366A）采用化学生成的碳粉包裹蜡制内核熔点更低，与新的集成硒鼓技术相得益彰，碳粉分布精确度更高，所需碳粉也就越少，比传统硒鼓更加紧凑的设计使得其整体设计更加小巧。集成智能芯片使硒鼓和打印机能够交互通信，不仅能够优化打印质量，还能够在碳粉不足时发出警报。

图 2-11　激光打印机 LaserJet P1008（CC366A）

表2-9　激光打印机 LaserJet P1008（CC366A）详细参数

硬件规格	打印机类型	黑白激光打印机
	适用类型	商用打印机
	缓存	8MB
	接口	高速 USB2.0 端口
	字体	26 种内置字体，8 种可扩展字体
	系统兼容	Windows 2000，XP Home，XP Professional，XP Professional x64，Server 2003（32/64 位），Windows Vista 认证；Mac OS X v10.2.8，v10.3，v10.4 或更高版本
	最高分辨率	600×1200dpi
	黑白打印速度	16ppm
	最大打印幅面	A4
	供纸方式	手动
	纸张容量	160 张
	打印负荷	最高达 5000 页
	首页出纸时间	8s
	其他打印介质	纸张（激光打印纸，普通纸，相纸，糙纸，羊皮纸，存档纸），信封，标签，卡片，透明胶片
外观规格	重量	4.7kg
	尺寸	347mm×224mm×194mm

- 激光打印机（LBP3108）如图 2-12 所示，详细参数见表 2-10。

图 2-12　激光打印机（LBP3108）

产品描述：激光打印机（LBP3108）体积小巧，打印快速；采用了磁性球状碳粉，微小胶囊式结构，将蜡质包含在其中，同时磁性物质分布在外部的碳粉颗粒当中。结构的改变，能够实现更少的能耗并达到更快速的打印响应。同时打印品质也得到进一步提升。

表 2-10　　　　　　　　　激光打印机（LBP3108）详细参数

硬件规格	打印机类型	黑白激光打印机
	适用类型	商用
	硒鼓型号	CRG912 硒鼓
	硒鼓寿命	1500 张
	缓存	2MB
	接口	USB2.0 高速
	系统兼容	Windows 2000，XP，Server 2003（32bit/64bit），Vista（32bit/64bit）；MacOS
	最高分辨率	2400×600dpi
	黑白打印速度	16ppm
	最大打印幅面	A4
	供纸方式	自动
	纸张容量	150 张
	首页出纸时间	8.5s
外观规格	重量	5.4kg
	尺寸	372mm×250mm×197mm

- 激光打印机（C5600）如图 2-13 所示，详细参数见表 2-11。

产品描述：激光打印机（C5600）采用 LED 一次成像技术；高速彩色输出 20 页/min，黑白输出 32 页/min；图像增强 2400dpi 及高清晰墨粉的应用带来打印效果视觉的全新享受；GDI 打印语言，适用于 Windows 及 MacOS X 系统；适应多介质打印，超长打印（1200mm×216mm）；低噪音环保，打印无异味。

图 2-13 激光打印机（C5600）

表 2-11　　　　　　　　　激光打印机（C5600）详细参数

硬件规格	打印机类型	彩色激光打印机
	适用类型	商用打印机
	硒鼓型号	43381729 黄；43381730 红；43381731 青；43381732 黑
	硒鼓寿命	27000 张
	缓存	64MB
	接口	高速 USB 2.0 接口 10/100-TX 以太网卡
	字体	Windows 字体
	系统兼容	Windows：98 SE/ME/NT4/2000/XP/XP Pro x64bit/Server 2003/Server 2003 for x64；Mac：OS 9/OS X 或以上版本
	最高分辨率	600×1200dpi，图像增强可达 2400dpi
	黑白打印速度	32ppm
	彩色打印速度	20ppm
	最大打印幅面	A4
	供纸方式	自动
	纸张容量	300 张
	首页出纸时间	8s
	支持双面打印	可选
	其他打印介质	普通纸，信纸等
外观规格	重量	26kg
	尺寸	400mm×528mm×340mm

2. 专用条码打印机

(1) 热敏打印机和热转印式打印机

专用条码打印机主要有热敏式条码打印机和热转印式条码打印机两种。热敏式打印和热转印式打印是两种互为补充的技术，现在市场上绝大多数条码打印机都兼容热敏和热转印两种工作方式。两者工作原理基本相似，都是通过加热方式进行打印，热敏式打印机采用热敏纸进行打印，热敏纸在高温及阳光照射下易变色，用热敏打印机打印的标签在保存及使用上存在一些问题，但因为其设备简单，价格低，因而其广泛应用于打印临时标签的场合，如零售业的付货凭证，超市的结账单，证券公司的交易单等。在热敏打印机的基础上，又发展出了一种新型打印机——热转印打印机。

热转印打印机的执行部件与热敏打印机相同或相似，但它使用热敏碳带。执行打印操作时，通过对加热元件相应点的加热，使碳带上的颜色转印在普通纸上，而形成文字或图形。其发热元件的排列密度一般在 150~270PI 之间，打印速度在 40~200mm/s 之间，其中某些型号的打印速度可调。而热转印式条码打印机采用热转印色带在普通纸上打印，克服了上述缺点，因此，热转印式条码打印机以其优良的性能逐步成为条码现场打印领域的主导产品。

- 热敏式技术的原理及特点

在热敏打印中，印制的对象是热敏纸，它是在普通纸上覆盖一层透明薄膜，此薄膜在常温下不会发生任何变化，而随着温度升高，薄膜层会发生化学反应，颜色由透明变成黑色，在200℃以上高温这种反应仅在几十微秒内完成。

热敏打印机中加热效应由热敏打印头中的电子加热器提供，电子加热器也叫热敏片，分厚膜型、薄膜型、半导体型三种，现在市场上的多数为厚膜型。热敏片是由多个呈长方形的小发热体横向排列组成的，每个发热体实际上是厚膜型热敏电阻，通电即可发热。每个发热体的横向宽度一般是 0.1~0.2mm，可以通过驱动电路分别控制。热敏头中除热敏片外还包括驱动电路、选通电路、锁存电路等。热敏打印机通过微处理器控制热敏头，使其根据微处理器提供的数据，通过驱动电路有选择地控制各加热点的通断，各加热点与热敏纸接触，使热敏纸表面得到加热，同时，控制进纸机构，改变加热点与热敏纸接触的位置，即可按存储器中的点阵数据形成所需的图形。

热敏打印机具有结构简单、体积小、成本低等优点。但是，由于热敏打印机采用特殊的热敏纸进行打印，而热敏纸受热或暴露在阳光下易变色的特点使其不易保存，因此，热敏打印机一般用于室内环境、打印临时标签的场合。

现在市场上的热敏式条码打印机主要由以下几部分组成。

电路部分：电源部分、CPU 及外围电路，步进电机驱动电路，打印头控制、驱动及保护电路，状态检测电路，键盘输入及液晶显示电路，串行及并行通信电路等。

机械部分：机壳机架，打印头安装部分，走纸机构等。

- 热转印技术的原理及特点

为克服热敏打印机的局限性，得到可长期保存的条码标签，热转印技术应运而生。热转印技术是热传递理论与烫印技术相结合的产物，在打印头控制这一方面与热敏打印技术基本相似，只是与热敏片接触的对象换成了热转印色带。在根据这种技术制造的热转印条码打印机中，最常见的是所谓"熔解型"的热转印条码打印机。这种打码机采用热熔性色带，色带采用聚酯薄膜作为带基，表面涂上蜡质固体油墨。印制时，微处理器控制热敏头中的发热体加热，从而使薄膜色带上的热熔性油墨熔化，进而转印到普通纸张上形成可长期保留的图形。由于热转印技术是通过色带进行印制的，因此，其对承印物的要求较低，选择不同的色带可以通过热转印技术在各种承印物上印制。

热转印式条码打印机的结构，与热敏式条码打印机的结构基本相同，只是增加了色带机构及控制部分。相对于热敏式条码打印机，热转印式条码打印机在电路和机械部分都更加复杂。

各种方式打印机特点比较见表 2-12。

表 2-12　　　　　　　各种方式打印机特点比较

打印方式	针式打印	喷墨打印	激光打印	热转印
打印原理	靠打印针的机械击打作用，将色带上的燃料转印到打印纸上。	喷墨头将墨滴喷到打印纸上形成象素点，组成画面。	经过数据信号调制过的激光束再充电的感光鼓上扫描形成静电潜像，静电潜像吸附墨粉，印到打印纸上形成实际图像。	利用打印介质受热时的物理或者化学变化，使打印介质变色，形成图形。

续表

打印方式	针式打印	喷墨打印	激光打印	热转打印
打印质量	较差	较好	好	好
打印速度	慢	慢	快	快
分辨率	中	低	高	高
复杂性	复杂	复杂	复杂	简单
成本	低	高	高	较高
环境适应性	一般	一般	一般	强

通过上表可以看出，热转打印方式与其他打印方式相比，具有分辨率高、打印质量好、打印速度快、操作简便、成本低廉、维护简单、可使用多种打印介质等优点，是在线条码打印的最理想方式。

产品示例：

• 热敏/热转印打印机（105SL）如图2-14所示，详细参数见表2-13。

产品描述：热敏/热转印打印机（105SL）功能灵活，操作简单，可根据需求按需打印符合要求的标签；标配4MB的FLASH内存使打印工作变得更加轻松。

图2-14 热敏/热转印打印机（105SL）

表 2-13　热敏/热转印打印机（105SL）详细参数

硬件规格	类型	热敏/热转印
	条码打印机分辨率	300dpi
	打印速度	203mm/s
	打印宽度	104mm
	最大打印长度	2692mm
	标签宽度	20～115mm
	标签厚度	0.076～0.305mm
	碳带长度	450000mm
	碳带宽度	20～114mm
	内存	Flash：4MB；SDRAM：6MB
	接口类型	RS232/422/485 接口及标准并口，IEEE1284 双向并口及标准并口
	字符集	IBM Code Page 850 国际字符集
	电源电压	90～264V
	电源频率	48～63Hz
外观规格	重量	25kg
	尺寸	495mm×283mm×394mm

- 热敏/热转印打印机（X-2000V 工业型条码机）如图 2-15 所示，详细参数见表 2-14。

产品描述：X-2000V 工业型条码机，通过标准 PS/2 接口可直连普通电脑键盘或条码扫描器进行数据输入，无需额外架设电脑以及打印机控制器即可进行单机独立操作。面板上的液晶显示屏使安装、设置和操作更加简单方便。其内置的一个 32 位 RISC 微处理器使打印速度高达每秒 6 英寸，当然也包含 4MB Flash memory 和 8MB SDRAM，除上述轻松选择内部或外部碳带；调整的热打印头压力，及能对碳带松紧进行微调等大幅改良外，高感度穿透式纸张传感器能轻易侦测各种吊牌。X-2000V 的易调整与优越的性能使它成为专业高印量的工业型打印机。

图2-15 热敏/热转印打印机（X-2000V 工业型条码机）

表2-14 热敏/热转印打印机（X-2000V 工业型条码机）详细参数

硬件规格	列印方式	热转印/热敏
	分辨率（解析度）	203dpi（8 点/mm）
	最大列印宽度	104mm
	最快列印速度	2~6 IPS（51~150mm/s）
	打印长度	1270mm
	内存	8MB SRAM，4MB FLASH ROM
	CPU 类型	32 位 RISC 微处理器
	通信接口	RS-232 接口/标准并口/USB/PS2 键盘接口
	体积	长 418mm×宽 250mm×高 263mm
	重量	10kg
	字体	国际标准字符集 5 种内建文数字字体，1.25~6.0mm 所有字体皆可放大到 24mm×24mm 4 个打印方向 0°~270°旋转 可下载 soft fonts（up to 72 points）

续表

硬件规格	图形	PPLA：PCX，BMP，IMG，HEX，GDI PPLB：PCX，Binary raster，GDI
	条码	各种一维条码及 MaxiCode，PDF417 Datamatrix 二维条码
	纸张载体	连续或间距/成卷或风琴折/热感，铜版，布标/吊牌，标签和票据等 最大宽度：1117mm 最小宽度：25mm 厚度：0.0635~0.245mm 最大外径：203mm 轴心尺寸：内径 38~76mm
	碳带	Wax，Wax/resin，Resin 碳带宽度：2″，4″ 碳带直径：3″ 76mm 碳带长度：最大 360m 轴心尺寸：轴心内径 25mm

- 热转印/直热方式打印机（TEC B-SX5T）如图 2-16 所示，详细参数见表 2-15。

图 2-16 热转印/直热方式打印机（TEC B-SX5T）

表 2-15　热转印/直热方式打印机（TEC B-SX5T）详细参数

	类型	热转印/直热方式
硬件规格	条码打印机分辨率	306dpi
	打印速度	203.2mm/s
	打印宽度	128mm
	最大打印长度	1498mm
	标签宽度	30~140mm
	碳带长度	600000mm
	碳带宽度	68~134mm
	接口类型	具有2个系列接口，Bi-durectionial 并行接口，扩展 I/O，PCMCIA I/F，10/100 因特网网卡 I/F，USB 接口
	字符集	Writable 字符（132种），可选真型字体（20种）
	可选配件	旋切式切刀模块，剥离模块和回卷器，USB 接口嵌入式网卡，扩展 I/O 输出，2个 PCMCIA 插槽 I/F 板卡
	电源电压	110~220V
	电源频率	50~60Hz
	功率	工作状态 124W，待机 16W
外观规格	重量	20kg
	尺寸	460mm×291mm×308mm

- 热转印方式打印机（工商两用条码机 R-268）如图 2-17 所示，详细参数见表 2-16。

产品描述：工商两用条码机 R-268 是一款工商两用条码机，它具有工业等级的容量快捷的打印速度，拥有极高的性价比。条码机内建 16bit CPU 及超大内存 512DRM/FLASH。

上抬式打印模组、纸卷置中结构、可移动纸张感应器的设计要充分考虑使用中的简单、快速、方便的要求。

条码机小体积大容量，可装置 300M 碳带及 200M 贴签，满足工商业大量打印的需求。

在工业级规格的条码机市场上是较具价格优势的产品。适用于：邮政、医疗管理、服装鞋、珠宝、五金、制造、物流。

图 2-17 热转印方式打印机（工商两用条码机 R-268）

表 2-16 热转印方式打印机（工商两用条码机 R-268）详细参数

硬件规格	类型	热转印/热敏
	纸卷	成卷标签、切割纸、连续纸、吊牌、热敏票据纸、普通铜版纸、布标。（安装专用的纸卷卷芯适配器，则纸卷卷芯内径可达 3″）
	条码	Code 39, Extended Code 39, Code 93, UCC / EAN 128, Code 128（Subset A, B, C）Codabar, Interleave 2 of 5, EAN-8 2&5 add on, EAN-13, EAN-128, UPC, UPC-A, E 2&5 add on, POSTNET, German POST, Matrix 25, Maxicode, PDF-417, Data Matrix, 汉信码。
	分辨率（解析度）	203dpi（8 点/mm）
	列印宽度	104mm
	列印速度	51～76mm/s
	打印长度	25～203mm
	内存	512KB DRAM, 512KB Flash ROM
	通信接口	RS-232 接口/标准并口
	标签感测器	反射式（可移动）
	CPU 类型	16 bit RISC 微处理器

- 直热方式打印机（G-6000）如图 2-18 所示，详细参数见表 2-17。

产品描述：G-6000 条码打印机是针对 6 吋宽幅打印的需求专门设计的工业型机种，精致的人机操作介面外加独创单机操作模式，加上超宽的打印宽度和快速的打印速度，可以极大提高用户的工作效率。适用行业：工业即时标签打印，大量产品标签批量打印，运输、配送、物流标签，铁路、机场、车站、票据打印，服装吊牌、衣件水洗标、邮政吊牌、年检标牌等。

图 2-18 直热方式打印机（G-6000）

表 2-17　　　　直热方式打印机（G-6000）详细参数

	条码打印机列印方式	热转印/热敏
硬件规格	分辨率（解析度）	203dpi（8 点/mm）
	列印宽度	25 ~ 152.4mm
	列印速度	51 ~ 152mm/s
	内存	2M DRAM, 1M FLASH
	通信接口	RS-232 接口/标准并口
	标签感测器	反射式（可移动）
	重量	4.2kg
	字元字体	标准字体/平滑字体
	图形	PCX bit map, GDI graphics

续表

硬件规格	条码	各种一维条码及 MaxiCode，PDF417 Datamatrix 二维条码
	印材规范	* 成卷吊牌或标签 * 连续热敏纸、标签 * 间距标签纸如合成纸、消银纸 * UL 标签、透明纸、水洗纸、易碎纸 * 波特龙、HiFi 纸、防伪标志、铜板纸
	每卷标签最大直径	8in.（203mm）
	纸轴直径	38~76mm
	碳带长度	360m
	碳带宽度	25~160mm
	碳带卷轴内径	内径 25mm

- 热敏打印机（PF8d 203dpi）如图 2-19 所示，详细参数见表 2-18。

产品描述：PF8d 203dpi 拥有用于装配打印机所需的软件、驱动程序和电线，采用一步到位的插入式上纸方式，且无需工具即可更换打印头。PF8d 拥有同级产品中最大的色带打印量，大大减少了更换色带的时间。采用了 32 位 RISC 处理器，从而可以快速处理拥有大量图形的标签格式。

图 2-19 热敏打印机（PF8d 203dpi）

表2-18　　　　热敏打印机（PF8d 203dpi）详细参数

	类型	热敏
硬件规格	条码打印机分辨率	203dpi
	打印速度	30~75mm/s
	标签宽度	25~114mm
	标签厚度	0.06~0.15mm
	碳带长度	91000mm
	接口类型	RS232，IEEE 1284 并口
	字符集	5种常驻的矢量字体（可8倍水平和垂直放大），也可打印图片和符号
外观规格	重量	2.3kg
	尺寸	257mm×230mm×167mm

(2) 热升华打印机

染料热升华技术主要是为了打印连续色调的图案（例如照片等）。这种技术使用一条有一定数量的色块组成的色带。每三个色块（黄、红、蓝）为一组，然后沿着整条色带重复排列。有多少组，就能打印多少证卡。

当热升华打印机开始打印时，一张空白的卡自动进入打印机并被送到包含有数百个热敏元件的打印头的下面。然后，这些热敏元件将色带上的染料加热并蒸发使之渗入到卡片的表面。打印头依次将黄、红、蓝色块上的染料"打印"到卡上。通过改变打印头的温度（可以改变单色的色度）以及三种颜色的混合（类似彩色显示器原理）打印机能够产生有层次的多种色彩。

产品示例：
- 热升华打印机（CP760）如图2-20所示，详细参数见表2-19。

产品描述：基于热升华打印技术，通过打印头加热将染料转移到专用的照片纸上，打印出的照片颗粒细腻、效果逼真，能够实现真实的色彩还原和细节再现。打印完成的照片上覆盖有一层高亮度保护膜，可有效保护每张照片都不会被指纹、光线、水滴及尘埃损坏，照片可长时间保持鲜艳和清晰。

图 2-20 热升华打印机（CP760）

表 2-19　　热升华打印机（CP760）详细参数

硬件规格	打印方式	染料热升华打印
	接口类型	USB 接口，PictBridge 接口，手机蓝牙打印（需适配器）
	支持存储卡	支持 SD 卡、SDHC 卡、MMC 卡、miniSD 卡、miniSDHC 卡、MMCplus 卡、HC MMCplus 卡、MMCmobile 卡、RS-MMC 卡、CF 卡、微型硬盘、记忆棒 PRO Duo、记忆棒 Duo、记忆棒 PRO、记忆棒；通过专用的适配器，可支持 microSD 卡、microSDHC 卡、MMCmicro 卡、xD 卡、记忆棒 Micro
	液晶屏尺寸	2.5 英寸
	最高分辨率	300×300（dpi）
	颜色等级	每种颜色 256 级（最大）
	打印幅面	明信片尺寸、无边框：100.0mm×148.0mm；明信片尺寸、加边框：91.4mm×121.9mm；L 尺寸、无边框：89.0mm×119.0mm；L 尺寸、加边框：79.2mm×105.3mm；卡片尺寸、无边框：54.0mm×86.0mm；卡片尺寸、加边框：50.0mm×66.7mm；卡片尺寸 8 幅帖纸（每张）：22.0mm×17.3mm
外观规格	重量	0.9kg
	尺寸	180mm×126.7mm×73.1mm

- 热升华打印机（CP740）如图 2-21 所示，详细参数见表 2-20。

产品描述：热升华打印机（CP740）拥有 2.0 英寸的 LCD 屏幕设置在机身顶部，方便打印，能看到更加宽阔、清晰的效果。

具有防水、防 UV、防指纹设计，并拥有异常出众的输出效果。因为热升华的成像方式不会有墨滴的颗粒感，所以其画质更加细腻，效果出色。

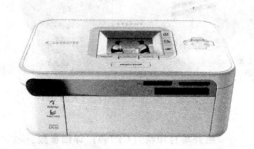

图 2-21　热升华打印机（CP740）

表 2-20　**热升华打印机（CP740）详细参数**

	打印方式	染料热升华打印
硬件规格	接口类型	USB 接口，Pictbridge 接口
	支持存储卡	SD 卡、SDHC 卡、CF 卡、MMC 卡、miniSD 卡、miniSDHC 卡、RS-MMC 卡、微型硬盘、记忆棒 PRO Duo、记忆棒 Duo、记忆棒 PRO、记忆棒、xD 卡挑错
	液晶屏尺寸	2.0 色 LCD
	最高分辨率	300×300dpi
	颜色等级	每种颜色 256 级
	打印幅面	100mm×148mm
外观规格	重量	0.93kg
	尺寸	178mm×125mm×63mm

2.2.3　金属条码印制设备

1. 工作原理

金属条码标签是利用精致激光打标机在经过特殊工序处理的金属铭牌上

刻印一维或二维条码的高新技术产品。

金属条码生成方式主要是激光蚀刻。激光蚀刻技术比传统的化学蚀刻技术工艺简单、可大幅度降低生产成本，可加工 $0.125\sim1\mu m$ 宽的线，其划线细、精度高（线宽为 $15\sim25\mu m$，槽深为 $5\sim200\mu m$），加工速度快（可达 $200mm/s$），成品率可达 99.5% 以上。

激光蚀刻技术可以分为激光刻划标码和激光掩模标码技术。在激光刻划标码技术中，使用光学器件如可转动镜片，用激光束扫描标码区域，从而将标码信息加进产品包装中。激光束扫描过程和整个带有文字、编码（OCR 码，2D 矩阵码及条码型等）的标码信息、图案、图标及可变参数（产品批次等）都由激光系统的一台电脑控制。如要修改/更换标码信息，只需简单地将现行的工作程序进行修改/更换就可以完成。

激光刻划标码技术的主要特点有高灵活性、标码面积大和标码容量高。激光刻划标码技术原本用于小批量，计算机集成制造和准时生产。现也可以用于大批量生产，可以满足高速标码和高限速生产的需求。

一维条码雕刻样品、二维条码雕刻样品如图 2-22 所示。

图 2-22　一维条码和二维条码样品

激光掩模标码技术中，激光束照射已包含所有标码信息的金属掩模。掩模通过透镜在产品包装上成像。只需一个激光脉冲就可以将标码信息转移到产品包装上。激光掩模标码的主要特点：标码速度高（额定值高达每小时 9 万个产品）；可以对快速移动的产品以极高的线度进行标码（$50m/s$ 或以上）。因为采用单脉冲处理，标码速度较小，额定值约为 $10mm\times20mm$。激光掩模标码设计用于大批量生产，特别是在高流通量、较少标码信息/少量文字及灵活性要求不高的生产中。

金属条码签簿、韧性机械性能强度高，不易变形，可在户外恶劣环境中长期使用，耐风雨、耐高低温，耐酸碱盐腐蚀，适用于机械、电子等名优产品使用。用激光枪可远距离识读，与通用码制兼容不受电磁干扰。

金属条码适用于以下范围：
- 企业固定资产的管理：包括餐饮厨具、大件物品等的管理。
- 仓储、货架：固定式内建实体的管理。
- 仪器、仪表、电表厂：固定式外露实体的管理。
- 化工厂：污染及恶劣环境下标的物的管理。
- 钢铁厂：钢铁物品的管理。
- 汽车、机械制造业：外露移动式标的物的管理。
- 火车、轮船：可移动式外露实体的管理。

金属条码的附着方式主要有以下三种：
- 各种背胶：粘附在物体上。
- 嵌入方式：嵌入墙壁、柱子、地表等。
- 穿孔吊牌方式

2. 常见的设备

（1）激光打标机类
- 激光打标机如图 2-23 所示，详细参数见表 2-21。

图 2-23　激光打标机

产品描述：YAG 激光器是一种固体激光器，其产生激光的波长为 1064nm，属于红外光频段，其特点是振荡效率高、输出功率大，而且非常稳定，是目前技术最成熟，应用范围最广的一种固体激光器，灯泵浦 YAG 激光器采用氪灯作为能量来源（激励器），激励源发出的特定波长的光可以促使工作物质发生能级跃迁，从而释放出激光，将释放的激光能量放大后，就可以形成可对材料进行加工的激光束。

表 2-21　　　　　　　　　激光打标机详细参数

硬件规格	激光波长	1064nm
	激光重复频率	≤50kHz
	最大激光功率	50W
	标准雕刻范围	100mm×100mm
	选配雕刻范围	50mm×50mm/150mm×150mm
	雕刻深度	<1mm
	雕刻线速	≤7000mm/s
	最小线宽	0.015mm
	最小字符	0.3mm
	重复精度	±0.003mm
	电力需求	220V/单相/50Hz/20A
	整机最大功率	5kW
外观规格	光路系统	1200mm×420mm×1180mm
	冷却系统（分体式）室内	380mm×300mm×700mm
	冷却系统（分体式）室外	880mm×300mm×700mm

（2）激光喷码机类

● 激光喷码机（LM-CO2-30F-Ⅰ）如图 2-24 所示，详细参数见表 2-22。

产品描述：激光喷码机（LM-CO2-30F-Ⅰ）打标精度高、速度快、雕刻深浅随意控制；激光功率大，能适用于多种非金属产品的雕刻及切割；无耗材；激光器运行寿命高达 30000 小时；标记清晰，不易磨损。

图2-24 激光喷码机（LM-CO2-30F-Ⅰ）

表2-22　　　　激光喷码机（LM-CO2-30F-Ⅰ）详细参数

	设备型号	LM-CO2-30F-Ⅰ
硬件规格	激光功率	30W
	激光波长	10640nm
	标准打标范围	100mm×100mm
	选配打标范围	150mm×150mm/300mm×300mm/500mm×500mm
	雕刻深度	≤3mm（视材料可调）
	标刻速度	≤7000mm/s
	最小线宽	0.03mm
	最小字符	0.3mm
	重复精度	±0.001mm
	整机耗电功率	≤0.6kW
	电力需求	220V/50~60Hz

(3) 激光雕刻机类

● 激光雕刻机（LS900）如图2-25所示。

产品描述：激光雕刻机（LS900）装备有610mm×610mm的平台来处理大部件或矩阵激光标记；自动焦距调节可以调节焦距轴来使之适应表面

(甚至不平领域）；自动驱动，手动调节气源工具，大大地改善了某些材料的处理；提供了完整的室内或室外应用的激光材料清单；整体铸造结构，激光功率可达80W。

图 2-25 激光雕刻机（LS900）

（4）激光蚀刻机

• 激光蚀刻机（MYRP-50L 型）如图 2-26 所示，详细参数见表 2-23。

产品描述：金属铭牌和柔性标签专用激光蚀刻机为专用机型，激光器可以选配50W的半导体激光器或10W、20W的光纤激光器，用以在金属铭牌或柔性标签上蚀刻字符图案等内容。

图 2-26 激光蚀刻机（MYRP-50L 型）

可以根据用户需要，增配铭牌上下料机构或纸带传送机构。广泛应用在电子电气、仪器仪表、汽车部件等行业，如汽车出厂标牌、VIN 码、发动机序列号、空调标签、安全气囊警告标签、压力标签、轮胎气压标签、燃料标签、钥匙标签、油压标签、条码、冷却系统标签、车辆排放控制标签等。据统计，一辆奔驰轿车上使用激光标签纸的部件多达 32 处。

表 2-23　　激光蚀刻机（MYRP-50L 型）详细参数

硬件规格	激光波长	1064nm
	激光功率	半导体激光模块平均功率：50W
	光纤激光器平均功率	10W 或 20W 可选
	调制频率	半导体 200Hz~50kHz。光纤 20~80kHz
	打标速度	0~7000mm/s
	打标深度	0.01~0.6mm（视材料可调）
	打标线宽	0.05~0.2mm
	打标范围	65~140mm（可选）
	冷却	半导体激光器水冷机为 0.6 匹，光纤激光器为风冷
	使用寿命	整机使用寿命大于 10 年，其中半导体模块寿命可达 1 万小时，光纤激光器寿命可达 10 万小时

(5) 激光打码机类

• 激光打码机（AHL-YAG-90W）如图 2-27 所示，详细参数见表 2-24。

产品描述：完善合理的整机设计，控制系统和打标软件完美的结合使产品部件寿命大大增强，长时间运行故障率低，产品性能稳定可靠。

激光腔：采用英国进口激光腔光电转换效率更高，激光腔体寿命长。

Q 开关：采用优化配置，激光释放品质好，性能更稳定。

控制电脑：采用工业控制电脑，能保证工业设备在恶劣环境里长期稳定的工作，不容易死机。

控制软件：功能强大，具有图形对齐、红光预览功能。可以标记各种条码以及图形码，并具有反打功能，充分满足客户要求。优良的工作台面，能与飞行标记系统完全配套，无需更改配置。强大的研发能力能提供数百种自动打标和送料方案，充分满足客户的要求。

采用高速扫描振镜,速度快、精度高,适合打深度的场合。

软件采用 WINDOWS 界面,可兼容 CORELDRAW、AUTOCAD、PHOTOSHOP 等多种软件输出的文件。

支持 PLT、PCX、DXF、BMP 等文件,直接使用 SHX、TTF 字库。

支持自动编码,打印序列号、批号、日期、条码、二维码、自动跳号等。

电脑任意设计图形文字,灵活方便,无需印刷耗材,加工成本低。

激光标记无毒、无变形、无污染、耐磨损。

图 2-27　激光打码机(AHL-YAG-90W)

表 2-24　　激光打码机(AHL-YAG-90W)详细参数

硬件规格	最大激光功率	90W
	激光波长	1064nm
	重复频率	≤50kHz
	标刻范围	100mm×100mm
	选配范围	50mm×50mm 150mm×150mm 200mm×200mm 300mm×300mm
	雕刻深度	≤1.8mm
	雕刻线速	≤7000mm/s
	最小线宽	0.015mm
	最小字符	0.2mm
	重复精度	±0.002mm
	整机耗电功率	≤6kW
	电力需求	(220±10%)V/50Hz/30A

续表

外观规格	光路系统	1200mm × 430mm × 1200mm
	冷却系统	380mm × 630mm × 740mm
	控制系统	560mm × 660mm × 1000mm

2.2.4 其他条码印制设备

1. 陶瓷条码

陶瓷条码耐高温、耐腐蚀、不易磨损,适用于在长期重复使用、环境比较恶劣、腐蚀性强或需要经受高温烧烤的设备、物品所属的行业永久使用。永久性陶瓷条码标签解决了气瓶身份标志不能自动识别及容易磨损的难题。通过固定在液化石油气钢瓶护罩或无缝气瓶颈圈处,为每个流动的气瓶安装固定的陶瓷条码"电子身份证",实行一瓶一码,使用"便携式防爆型条码数据采集器"对气瓶进行现场跟踪管理,所有操作具有可追溯性。

2. 隐形条码

纸质隐形条码系统中,隐形介质与纸张通过特殊光化学处理后融为一体,不能剥开,仅能一次性使用,人眼不能识别,也不能用可见光照相、复印仿制,辨别时只能用发射有一定波长的识读器识读条码内的信息。这种识读器对通用的黑白条码也兼容。

隐形条码能达到既不破坏包装装潢整体效果,也不影响条码特性的目的。同样,隐形条码隐形以后,一般制假者难以仿制,其防伪效果很好,并且在印刷时不存在套色问题。

隐形条码的几种形式:

(1) 覆盖式隐形条码

这种隐形条码的原理是在条码印制以后,用特定的膜或涂层将其覆盖,这样处理以后的条码人眼很难识别。覆盖式隐形条码防伪效果良好,但其装潢效果不理想。

(2) 光化学处理的隐形条码

用光学的方法对普通的可视条码进行处理,这样处理以后的条码,人眼很难发现痕迹,用普通波长的光和非特定光都不能对其识读,这种隐形条码是完全隐形的,装潢效果也很好,还可以设计成双重的防伪包装。

(3) 隐形油墨印制的隐形条码

这种条码可以分为无色功能油墨印刷条码和有色功能油墨印刷条码。前者一般用荧光油墨，热致变色油墨、磷光油墨等特种油墨来印刷的条码，这种隐形条码在印刷中必须用特定的光照，在条码识别时必须用相应的敏感光源，这种条码原先是隐形的，而对有色功能油墨印刷的条码一般是用变色油墨来印刷的。采用隐形油墨印制的隐形条码，其工艺和一般印刷一样。但其抗老化的问题有待解决。

（4）纸质隐形条码

这种隐形条码隐形介质与纸张通过特殊光化学处理后融为一体，不能剥开，仅能供一次性使用，人眼不能识别，也不能用可见光照相、复印仿制，辨别时只能用发射出一定波长的识读器识读条码内的信息，同时这种识读器对通用的黑白条码也兼容。

（5）金属隐形条码

金属条码的条是由金属箔经电镀后产生的，一般在条码的表面再覆盖一层聚酯薄膜，这种条码是用专用的金属条码阅读器识读。其优点是表面不怕污渍。一般条码是靠光的反射来识读的，这种条码则是靠电磁波进行识读的，条码的识读取决于识读器和条码的距离。其抗老化能力较强，表面的聚酯薄膜在户外使用时适应能力强。金属条码还可以制作成隐形码，在其表面采用不透光的保护膜，使人眼不能分辨出条码的存在，从而制成覆盖型的金属隐形条码。

3. 银色条码

在铝箔表面利用机械方法有选择地打毛，形成凹凸表面，则制成的条码称为"银色条码"。金属类印刷载体如果用铝本色做条单元的颜色，用白色涂料做空单元的颜色，这种方式虽然纸做起来经济、方便，但由于铝本色颜色比较浅，又有金属的反光特性（即镜面反射作用），当其大部分反射光的角度与仪器接收光路的角度接近或一致时，仪器从条单元上接收到比较强烈的反射信号，导致印条码符号条/空单元的符号反差偏小而使识读发生困难。因此对铝箔表面进行处理，可使条与空分别形成镜面反射和漫反射，从而产生反射率的差异。

2.2.5 条码印制载体与耗材

商品包装上常用的条码印刷载体大致可分为纸张、金属和塑料三大类。每一类载体中又可细分成许多种，有些适合直接印刷条码，有些则需要做工艺上的特殊处理才能印刷条码。

白纸（如铜版纸、白版纸、白卡纸等）的反射效果比较好，而瓦楞纸的反射效果就比较差，形成的漫反射光信号比较强也比较均匀；瓦楞纸的白度低，纸的纤维粗，形成的漫反射光信号比较弱也很不均匀，所以前者适合直接在上面印刷条码，而后者则不太适合。

塑料类包装材料有很强的透光性，若直接在其上印刷条码，则可能因条码的空单元反射率过低而影响条码的识读。为提高塑料包装材料对照射光的反射率，应在它上面印上一定厚度的白色油墨，如果白色油墨不够厚，透光率仍然很大，条码的读出率就会很低。

塑膜类材料往往还有很强的镜面反射效果，当条码表面呈现很强的反射光时，其实读效果往往比较差，原因是仪器接收到的光信号比较弱。为了提高条码的识读性能，不宜在条码表面覆盖一层很亮的塑膜。

金属类印刷载体以铝制品种为多见。许多种易拉罐商品的条码除了可以采用前面提到的"银色条码"作为解决方法以外，还可以对金属类包装材料进行印刷，利用深色的油墨作为条单元，用浅色油墨作为空单元，注意不要用金属本色代替油墨。

打印机的耗材主要是标签、碳带与背胶。标签可分为一次性使用的标签和耐久、耐高温、耐酸碱的标签。

1. 标签

（1）一次性使用的标签

目前，条码打印机行业应用较多的是不干胶标签。不干胶标签由离型纸、面纸及作为两者粘合的粘胶剂三部分组成，离型纸俗称"底纸"，表面呈油性，底纸对粘胶剂具有隔离作用，所以用其作为面纸的附着体，以保证面纸能够很容易地从底纸上剥离下来。底纸分普通底纸和哥拉辛（GLASSINE）底纸，普通底纸质地粗糙，厚度较大，按其颜色有黄色、白色等，一般印刷行业常用的不干胶底纸为经济的黄底纸。哥拉辛（GLASSINE）底纸质地致密、均匀，有很好的内部强度和透光度，是制作条码标签的常用材料。其常用颜色有蓝色、白色。我们平时所讲的标签纸为铜版纸、热敏纸等是根据面纸而言。面纸是标签打印内容的承载体，按其材质分铜版纸、热敏纸、PET、PVC等几类。

铜版纸标签为条码打印机常用材质，其厚度一般在 $70\mu m$，每平方米的质量在80g左右，广泛应用于超市、库存管理、服装吊牌、工业生产流水线等铜版纸标签用量较多的地方。

PET高级标签纸中的PET是聚酯薄膜的英文缩写，实际上它是一种高分子材料。PET具有较好的硬脆性，其颜色常见的有亚银、亚白、亮白等几种。按厚度分有 25 番（1 番 = 1μm）、50 番、75 番等规格，这与厂家的实际要求有关。由于 PET 优良的介质性能，具有良好的防污、防刮擦、耐高温等性能，被广泛应用于多种特殊场合，如手机电池、电脑显示器、空调压缩机等。另外，PET 纸具有较好的天然可降解性，已日益引起生产厂家的重视。

PVC 高级标签纸中的 PVC 是乙烯基的英文缩写，它也是一种高分子材料，常见的颜色有亚白色、珍珠白色。PVC 与 PET 性能接近，它比 PET 具备良好的柔韧性，手感绵软，常被应用于珠宝、首饰、钟表、电子业、金属业等一些高档场合。但是 PVC 的降解性较差，对环境保护有负面的影响，国外一些发达国家已开始着手研制这方面的替代产品。

热敏纸是经高热敏性热敏涂层处理的纸质材料，也可用于打印条码标签。高敏感度的面材可适用低电压打印头，因而对打印头的磨损极小。热敏纸按温度可分为高敏和低敏纸，其工作温度不同，一般的热敏纸（高敏低温）用指甲用力在纸上划过，会留下一道黑色的划痕；邮政用标签（挂号信）是低敏高温纸，太阳下也晒不黑。热敏纸适用于冷库，冷柜等货架签上，其尺寸大多固定在 40mm × 60mm 标准。

作为纯纸类标签的另外一个应用较多的种类是服装吊牌。鉴于服装本身的特点，常用的服装吊牌多用双面铜版纸，用于服装吊牌的铜版纸厚度一般为 100μm，每平方米的质量在 160 ~ 300g。但是太厚的服装吊牌适用于印刷，而用条码打印机来打印的服装吊牌应在 180g 左右，以便能保证良好的打印效果，又能保护打印头。

按功能和材料把一次性使用的标签分为通用标签、覆盖保护标签、金属化聚酯标签、乙烯和尼龙布标签。

在条码应用系统中，条码的通用标签为不干胶标签纸。良好的不干胶应该具有：表面涂层均匀细致，不会导致打印的碳带附着不良；磨切刀工良好，不会有些不应该附着的、不需要的空余纸张附着在上面；不干胶间隙平均而稳定，不至于导致打印机无法辨别间隙，无法正常打印；底纸透光，便于打印机感应器感应；粘性良好，经常脱落的不干胶，如果在打印过程中粘贴到打印机走纸部件上，容易造成打印机损坏。

通用标签用于所生产、销售或使用的产品上，如：工具、仪器、包装、资产标识、货架及箱体等。包括具有可移除性背胶的标签。

覆盖保护标签用于防篡改标签应用安全性较敏感的场合。当试图被移去时，标签会自毁，这是自我保护的最佳方法。带有安全裂口的标签，可防止标签被轻易地从 PC 板或产品上移去。

金属化聚酯安全标签被撕去时，留有"VOID"字样。覆盖保护标签可将打印信息保护起来，防止油污和溶剂的侵蚀和频繁的磨损。标签分两部分：涂层部分用于打印，透明裹贴部分用于附着在物体的表面，将打印部分密封起来。金属化聚酯标签是替代昂贵金属标牌的最佳选择。其成本低，性能优良，并可即时印制。其背胶专为仪器面板设计。

乙烯和尼龙布标签，使用于不规则表面上，性能最为优良，能将标签紧紧地裹贴于柔性表面，如管子、电线或电缆。

产品示例：

智能拓维不干胶标签如图 2-28 所示。

图 2-28 智能拓维不干胶标签

不干胶标签，也叫自粘标签材料，是以纸张、薄膜或特种材料为面料，背面涂有胶粘剂，以涂硅保护纸为底纸的一种复合材料。不干胶标签种类很多，不干胶标签按应用范围可分为基础标签和可变信息标签。不干胶标签可用于食品、化工产品、药品、批号、次序码、条码、分销、仓库管理、汽车、摩托车上的装饰贴花，集装箱上的标记，等等，几乎包括所有的工业生产及制造业都可用到。

不干胶标签的应用范围见图 2-29。

（2）耐久、耐高温标签

抗磨损、抗化学品及溶剂覆膜标签可将打印信息保护起来，防止油污和溶剂的腐蚀和频繁的磨损。透明覆盖部分用于物体的表面，并将打印部分密封起来。

耐高温标签和电路板标签有极高的耐温性、低静电，耐化学腐蚀，可用于特殊环境要求的场合，如线路板波峰焊保护等。

第 2 章 条码印制产品

(a) 仓库货架条码标签

(b) 设备铭牌标签

(c) 图书条码标签

(d) 服装条码标签

(e) 货物运输条码标签

(f) 元气件标签

图 2-29　不干胶标签的应用范围

产品示例：

耐高温标签材料 RX-001 如图 2-30、图 2-31 所示，详细参数见表 2-25。

图 2-30　耐高温标签材料 RX-001

产品描述：主要针对钢铁、铝业、铸造等行业数字化标识标签设计生产，钢铁、铝材、铸件产品需要非常醒目的号码标识，同时为适应数字化管理的要求。

图 2-31 高温标签在使用前后的对比

表 2-25 高温标签在使用前后的对比详细参数

规格	使用场合	钢铁、冶金铸造行业数字化标识标签
	印刷要求	推荐使用树脂型碳带或 UV 油墨印刷
	颜色	白色
	离型基带厚度	0.065mm
	基膜厚度	0.025mm
	标准卷长	200~500m
	黏着力	≥6.2N/25mm
	离型剥离力	≤30g/25mm
	断裂延伸强度	≥115N/25mm
	断裂延伸率	≥55%
	耐电压强度	≥6.0kV
	绝缘电阻	≥10MΩ
操作环境	操作温度	290℃
	检测耐温	260℃，1h 不残胶
	短期极限温度	-43~+320℃
	去离子 100℃ 环境下	10min 无异常
	马弗炉 316℃	烘烤 5min 无异常

2. 碳带

打印介质是指标签打印机可以打印的材料,从介质的形状分主要有带状、卡状和标签,从材料分主要有纸张类、合成材料和布料类。决定使用何种碳带主要依据介质的材料,下面分别予以介绍。

纸张类按表面光泽度分为高光、半高光和哑光。

- 高光:镜面铜版、光粉纸等。
- 半高光:铜版纸。
- 哑光纸:胶版纸。
- 特种纸有铝箔纸、荧光纸、热敏/热转印纸。

一般情况下,打印高光纸张类介质采用树脂增强型蜡基碳带或混合基碳带(R310 和 R410),特别是镜面铜版纸,它虽叫铜版,但表面是一层合成材料的光膜,应按合成材料对待,使用 R410 碳带。半高光纸张可用的碳带种类为树脂增强型蜡基和一般蜡基碳带(R310 和 R313)。而亚光类只能用 R313 来打印。

合成材料按材料分为:

- PET(聚酯)。
- PVC(聚氯乙烯)。
- BOPP(聚丙烯)。
- PE(聚乙烯)。
- PS(聚丙乙烯)。
- POLYIMIDE(聚铣乙烯胺)。
- 金属化 PET 主要有激光彩虹膜,拉丝膜、金色(高光,哑光)银色(高光,哑光)。

这些材料与纸张类材料相比强度要大、美观,对环境的适用范围要广,对碳带的要求要高,主要用混合基和树脂基碳带,具体用何种碳带就要看使用者的要求和使用环境,如只要求防摩擦,可只用 R410,如果有其他的要求,如防腐蚀和抗高温性,就要用 R510,但这时的标签只能用 PET(180℃)和 POLYIMIDE(300℃)两种材料。

以上说的只是一般情况。实际中,材料种类繁多,中间区别很大,为了得到满意的打印效果,应根据各自的情况多次试验,才能找到合适的碳带。碳带的选择要与标签纸综合考虑。

(1)产品示例:

标准腊基碳带如图 2-32 所示,详细参数见表 2-26。

产品描述：广泛的标签适应性，通用性好；打印效果优异，成本经济；耐高温，可适用于高速打印；适用范围广，可适应不同被打材质；防静电背涂层易于有效保护打印头。

适用普通标签、发货、仓库和收货标签、外壳和包装标签、发货及地址标签、零售业的标签和吊牌、服装标签。

图 2-32　标准腊基碳带

表 2-26　　　　　　　　　　标准腊基碳带详细参数

规格	适用介质	涂层纸标签和吊牌（热转印纸、普通铜版纸） 聚乙烯薄膜（PE） 聚丙烯薄膜（BOPP）
	基本宽度（mm）	40、50、60、70、80、90、110
	基本长度（m）	100、300
	碳带色带卷向	外碳、内碳
	碳带色带轴心	1英寸、1/2英寸
环境	腊基碳带使用环境	5～35℃，45%～85%的相对湿度
	腊基碳带运输环境	-5～45℃，20%～85%的相对湿度，时间不多于一个月
	腊基碳带存放环境	-5～40℃，20%～85%的相对湿度条件下存放，不能多于一年

(2)产品示例:

联合碳带如图 2-33 所示,详细参数见表 2-27。

图 2-33 联合碳带

- 联合碳带 UN 系列

作为通用品被广泛使用,对于普通(一般)标签可以进行高速度、高感度打印(UN230、UN250)。UN500 已进行防静电处理,对各款标签纸、卡片纸有极佳的打印性能。

另外,UN700 适用于悬浮型打印机头使用。

相关产品:UN260 蜡基碳带、UN500 硬质蜡基碳带

- 联合碳带 US 系列

为适应条码打印所需要特别的抗刮擦性能(摩擦、刮擦),为此 UNION 开发了 US 系列热转印碳带。US 系列条码色带分为两大类型:高速高感型(US150、US450)以及超强抗刮擦抗溶剂(US300、US350)。可根据印字载体及印字条件不同,选择使用上述两个类型的热转印碳带。

另外,US750 适用于悬浮型打印机头使用。

相关产品:US150 混合基碳带、US300 树脂基碳带

- 联合碳带 UH 系列

UH 系列碳带是为衣料、服装类需求所开发,有极其优秀的耐热性能,可承受 200℃蒸汽熨烫。熨烫后印刷墨水无擦痕,无墨水转移,无污染衣料现象。

相关产品:UH100 树脂基碳带。

各类型号碳带的比较,请见表 2-27。

表 2-27　　各类型号碳带比较

品名	union 条码碳带-UN 系列				union 条码碳带-UH 系列					union 碳带-UH 系列
	UN260B	UN260	UN500	UN700	US150	US310	US350	US450	US770	UH100
类型	高感度	超高感度	高感度	高感度（悬浮式打印机用）	高速抗刮擦	超级抗刮擦	超级抗刮擦	高速抗刮擦	高速抗刮擦（悬浮式打印机用）	耐热
带基厚度	5μm	5μm	5μm	5μm	5μm	5μm	6μm	5μm	5μm	5μm
印刷载体	无涂层纸、涂层纸、光滑涂层纸、合成纸	无涂层纸、涂层纸、光滑涂层纸、合成纸	无涂层纸、涂层纸、光滑涂层纸、合成纸	无涂层纸、涂层纸、光滑涂层纸、合成纸	无涂层纸、涂层纸、光滑涂层纸、合成纸	银色PET薄膜、合成纸、PVC、PET	PVC、PET	合成纸、PP、PE、PET	无涂层纸、涂层纸、光滑涂层纸、合成纸	涂层纸、光滑涂层纸、合成纸
感度	☆☆☆☆☆	☆☆☆☆☆	☆☆☆☆☆	☆☆☆☆☆	☆☆☆☆	☆☆☆	☆☆	☆☆☆☆	☆☆☆☆	☆☆☆☆☆
抗刮擦性能	☆	☆	☆☆	☆☆	☆☆☆☆	☆☆☆☆☆	☆☆☆☆☆	☆☆☆☆	☆☆☆☆	☆☆
耐热性能	☆	☆	☆☆	☆☆	☆☆☆	☆☆☆☆	☆☆☆☆	☆☆☆	☆☆☆	☆☆☆☆☆
耐溶剂性能	☆	☆	☆☆	☆☆	☆☆☆	☆☆☆☆	☆☆☆☆	☆☆☆	☆☆☆	☆☆☆
浓度	2.0	2.0	1.8	1.3	1.9	1.9	1.7	1.8	1.8	1.7
打字速度	200mm/s	300mm/s	200mm/s	250mm/s	200mm/s	100mm/s	50mm/s	200mm/s	250mm/s	150mm/s
备注	备有其他颜色红、蓝、绿、白、灰、紫以及茶色	适用高速印刷	适用厚纸及卡片纸	适用悬浮式打印机		主要用于PVC卡因刷	主要用于打印日期		适用悬浮式打印机	本款可承受200℃蒸汽熨烫，适用厚纸及卡片纸

3. 背胶

不干胶标签中面纸背部涂的粘胶剂被称为背胶，它一方面保证底纸与面纸的适度粘连，另一方面保证面纸被剥离后，能与粘贴物形成结实的粘贴性。背胶需与应用环境技术要求相适应。金属化聚酯标签背胶是专为仪器面板粘贴设计的。当不需要永久标识时，就选择带有可移除性背胶的标签。

2.2.6 打印软件

1. 概述

条码编辑打印软件的主要作用就是编辑条码标签的格式，并且在相应的打印机上将标签打印出来。这里谈到的条码打印软件是指那些具有标签格式编辑功能，并且可以在多种不同的打印机上打印出条码的软件。

2. 产品示例

（1）单机版条码打印软件如图 2-34 所示。

产品描述：单机版条码打印软件是面向独立用户而设计的。它不需要将打印功能与大型系统软件进行集成。通过增加打印机席位，可支持四台打印机工作。

产品特征：单机版条码打印软件有以下明显特征，可客户化的所见即所得拖放界面；实用的设计、打印、配置模板；多文档界面，可同时编辑和浏览多个标签；数据编辑和打印预览；批处理或及时打印，支持手工输入和数据库访问。

图 2-34 单机版条码打印软件

(2) 条码标签打印软件如图 2-35、图 2-36 所示。

产品描述：是一款功能强大的条码标签打印软件，它的主要功能是进行条码标签设计输出，支持多种专业条码打印机和普通打印机，支持多种常用的一维、二维条码，支持多种数据源格式。

• 支持多种打印机

Labelshop 不仅支持 Windows 下的所有普通打印机，还支持 ZEBRA、DATAMAX 等多种专业条码打印机。对于专业条码打印机，直接使用专业打印命令输出，可对打印速度、温度进行设置，充分发挥打印机的性能。

• 保存标签格式

常用的标签格式可进行保存，并可随时调入。

• 灵活的标签内容设计

Labelshop 的目的是让用户方便、快捷地设计制作出各种类型的条码标签。标签尺寸随意改变，标签排列格式各种各样。标签中可以提供直线、矩形、条码、文字和图片等多种可视对象。

• 支持多种一维及二维条码

包括：Code39、CodaBar、EAN/UPC、Code128、PDF417 码等。

• 强大的字体处理功能

可以利用 Windows 下提供的所有 TRUETYPE 字体，对于专用条码打印机，支持打印机内部专用字体；字体可水平或垂直拉伸。

• 多种数据源格式

用户可以在条码和文字中定义多个变量，每个变量可支持常量、序列号、数据库、日期、时间等多种类型，支持变量共享，一个对象的数据可由多个变量组成，一个变量可由多个对象共享。

• 多种图像格式

可在标签格式中引入图像，支持 bmp、gif、pcx、jpg、tif 等多种常用的图像格式，图片可从数据库引入。

• 数据库支持

Labelshop 提供了读取数据库数据的功能，用户可以在标签中引用数据库中的内容，支持 DBF、ACCESS、SQLServer、Oracle 等常用数据库格式。

• 全交互式操作界面

Labelshop 采用的是所见即所得的全交互式界面。用户可以使用键盘、鼠标来编辑、控制标签的设计。同时，该软件提供了工具栏、状态栏、对齐栏、格式栏、滚动条、标尺栏等操作工具。

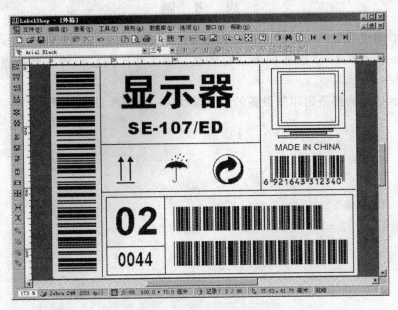

图 2-35 软件显示界面

图 2-36 软件外观

思 考 题

1. 请说明条码印制的主要技术有哪些？
2. 请列举 2~3 款条码专业打印机，描述并比较它们的主要特点和差异。
3. 描述选择条码印制设备的原则以及应注意哪些具体问题。

第3章 条码检测产品

条码检测是一个技术过程,通过该过程,可以确定条码符号是否符合该符号规范。首先是符合该类型的条码符号规范,其次是符合一些附加的规范。例如在某一具体的应用中,条码符号的参数应该遵循应用标准的要求。本章节将从条码检测技术和条码检测设备方面进行详细的介绍。

3.1 条码检测技术

3.1.1 条码检测原理

条码符号是当今商业领域以及其他领域的一种物流的信息载体,在物体流动的各个链条中,计算机通过对附着在物体上的条码符号进行识别,实现了信息系统的信息采集工作。如果这个环节出现错误,那么整个信息流通链就会断裂,信息系统将立即处于"巧妇难为无米之炊"的境地。信息的残缺将使系统作出错误的行为。与根本没有符号相比,有了条码符号而不去扫描常常会给贸易双方带来更大的麻烦,而条码检测则是确保条码符号在整个供应链中能被正确识读的重要手段。

检测能帮助符号制作者和使用者达成一致的双方都能接受的质量水平,使他们能在一个给定的符号可接受性上或其他方面达成统一。

1. 相关术语和定义

- 最低反射率(R_{min}):扫描反射率曲线上最低的反射率值。
- 最高反射率(R_{max}):扫描反射率曲线上最高的反射率值。
- 符号反差(SC):扫描反射率曲线的最高反射率与最低反射率之差。
- 总阈值(global threshold,GT):用以在扫描反射率曲线上区分条、空的一个标准反射率值。扫描反射率曲线在总阈值线上方所包的那些区域,即空;在总阈值线下方所包的那些区域,即条。GT = (R_{max} + R_{min})/2 或 GT = R_{min} + SC/2 条反射率(R_b):扫描反射率曲线上某条的最低反射率值。

- 条反射率（R_b）：扫描反射率曲线上某条的最低反射率值。
- 空反射率（R_s）：扫描反射率曲线上某空的最高反射率值。
- 单元（element）：泛指条码符号中的条或空。
- 单元边缘（element edge）：扫描反射率曲线上过毗邻单元（包括空白区）的空反射率（R_s）和条反射率（R_b）中间值（即 $(R_s+R_b)/2$）的点的位置。
- 边缘判定（edge determination）：按单元边缘的定义判定扫描反射率曲线上的单元边缘。如果两毗邻单元之间有多于一个代表单元边缘的点存在，或有边缘丢失，则该扫描反射率曲线为不合格。空白区和字符间隔视为空。
- 边缘反差（EC）：毗邻单元（包括空白区）的空反射率和条反射率之差。
- 最小边缘反差（EC_{min}）：扫描反射率曲线上所有边缘反差中的最小值。
- 调制度（MOD）：最小边缘反差（EC_{min}）与符号反差（SC）的比。
- 单元反射率不均匀性（ERN）：某一单元中最高峰反射率与最低谷反射率的差。
- 缺陷（defects）：单元反射率最大不均匀性（ERN_{max}）与符号反差（SC）的比。
- 扫描反射率曲线：沿扫描路径，反射率随线性距离变化的关系曲线，如图3-1所示。

2. 条码检测的目的

条码是一种数据载体，它在信息传输过程中起着重要的作用。如果条码出现问题，物品信息的通信将被中断，所能带来的后果比起符号本身要大得多。因此，必须对条码质量进行有效控制，确保条码符号在整个供应链上能够被正确识读，而条码检测则是实现此目的的一个有效方法。

条码检测的目标就是要核查条码符号是否能起到其应有的作用，它的主要任务为：

- 使得符号印制者对产品进行检查，以便根据检查的结果调整和控制生产过程。
- 预测条码的扫描识读性能。通过条码检测，我们可以对条码符号满足符号标准的程度进行评价，而这种程度和条码符号的识读性能有着紧密的联系。

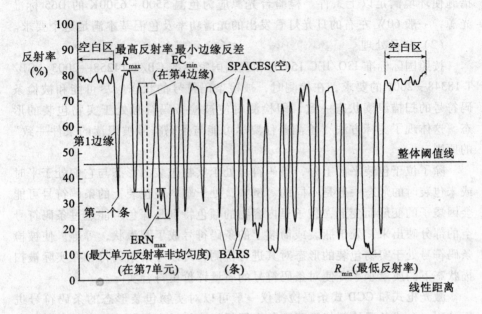

图 3-1　扫描反射率曲线

3.1.2　条码检测方式

条码印刷品的质量是确保条码正确识读、使条码技术产生社会效益和经济效益的关键因素之一。条码印刷品质量不符合条码国家标准技术要求，轻者会因识读器拒读而影响扫描速度，降低工作效率，重者则会因误读而造成整个信息系统的混乱。

国际物品编码协会在 1987 年对其会员国的条码印刷品进行了抽查，结果表明条码印刷质量问题是一个带国际性的普遍问题，必须引起人们的高度重视。

对我国来说，由于条码技术推广应用工作只是近几年的事，广大条码系统成员、印刷厂对条码标识的质量要求知道甚少，因此必须加强对条码印刷品质量的检验工作。

在对条码标识进行检验前应做好以下几项工作：

（1）环境

根据 GB/T 14258—2003《条码符号印制质量的检验》的要求，条码标识的检验环境温度为（20±5）℃，相对湿度为 35%~65%，检验前应采取措施使环境满足以上条件。检验台光源应为色温 5500~6500K 的 D65 标准光源，一般 60W 左右的日光灯管发出的光谱功率及色温基本满足这个要求。

(2) 样品处理

按照国际标准 ISO/IEC 15416 和我国国家标准 GB/T 14258—2003、GB/T 18348—2001 的要求，在检测时，被检条码符号的状态应尽可能和被检条码符号的扫描识读状态一致，即检测时使被检条码符号处于实物包装的形态。这体现了美标方法"检测条件要尽可能与条码符号被识读的条件一致"的原则。

除了位于包装平面上外，条码符号处于实物包装的形态与它们处于平时或未包装时的形态一般是不同的。例如，处于塑料袋包装上的条码符号可能会因袋子的变形而变形，袋子里内容物的颜色特别是深色可能透过条码符号空的部分映出来；处于瓶装或筒装上的条码符号成了圆弧状，等等。使被检条码符号处于实物包装的形态对其进行检测，可以考察条码符号在实际被扫描状态下的质量水平，使对条码符号的质量评价更符合实际。

激光枪式和 CCD 式条码检测仪一般可以对实物包装形态的条码符号进行检测。台式条码检测仪需要配备专用托架才能对实物包装形态的条码符号进行检测。光笔式条码检测仪对非平面的实物包装条码符号检测比较困难。

对于不能以实物包装形态被检测的实物包装样品，以及标签、标纸、包装材料上的条码符号样品，应进行适当的处理（即所谓制样），使样品平整，条码符号四周要留有足够尺寸以便于固定。为了做到这一点，可对不同载体的条码标识作以下处理：

• 对于铜版纸、胶版纸，因纸张变形张力小一般只要稍稍用力压平固定即可。

• 对于塑料包装来说，材料本身拉伸变形易起皱，透光性强，因此制样时将塑料膜包装上的条码部分伸开压平一段时间，再将其固定在一块全黑硬质材料板上。由于塑料受温度影响大，所以样品从室外拿到检验室后应放置 0.5~1 小时，让样品温度与室温一致后再进行检验。

• 对于马口铁，当面积足够大时，由于重力作用会产生不同程度的弯曲变形，因此检验前应将样品裁成一定大小，一般尺寸为 15cm×15cm 以内，再将其轻轻压平。

• 对于不干胶标签，由于材料背面有涂胶，两面的张力不同，也会有一定程度的弧状弯曲。检验前可将条码标签揭下平贴至与原衬底完全相同的材料上，压平后检验。

• 对于铝箔（如易拉罐等）及硬塑料软管（如化妆品等）等材料，由于它们是先成型后印刷，因此应对实物包装进行检验。

总之，在对样品进行检验前处理时，应使样品四周保留足够的尺寸，避免变形弯曲或影响检验人员的操作。

条码符号的检验方法，详见 GB/T 14258—2003《条码符号印制质量的检验》国家标准。

商品条码的检验详见 GB/T 18348—2001《商品条码符号印制质量的检验》。

自 20 世纪 70 年代到 90 年代末条码技术在商业领域中广泛应用以来，国际上一直使用通过测量条码的条、空反射率以及 PCS 值、尺寸误差的传统方法进行检验。这种检验方法具有技术成熟、使用广泛、直观方便等优点。目前国际上使用的各种检验设备也是根据这种检验方法而设计的。实践证明，这是一种可行的检验方法。但随着条码识读设备性能的提高，传统的检验方法暴露出检验偏严的缺点。1990 年，美国国家标准局制定了 ANSI X3.182 方法，将印刷质量进行了综合分级。

2000 年，ISO/IEC15416 颁布，在技术上兼容 ANSI X3.182。我国 GB/T 18348—2001《商品条码符号印制质量的检验》标准也采用了美标方法。

1. 检验项目

GB/T18348—2001 规定的检测项目共 12 项。包括：译码正确性、最低反射率、符号反差、最小边缘反差、调制比、缺陷度、可译码度、符号一致性、空白区宽度、放大系数、条高和印刷位置。

（1）译码正确性

印制和标记条码符号的目的就是要让条码符号在自动识别系统中能被正确地识读，从而使条码技术得以顺利应用，因此，译码正确性是条码符号应有的根本特性。译码正确性是条码符号可以用参考译码算法进行译码，并且译码结果与该条码符号所表示的代码一致的特性。译码正确性是条码符号能被使用和评价条码符号其他质量参数的基础和前提条件。

（2）符号一致性

符号一致性是条码符号所表示的代码与该条码符号的供人识别字符一致的特性，是条码符号应有的根本特性之一。条码符号所表示的代码与其供人识别字符不一致，将导致对该条码符号的人读信息和机读信息不一样，从而造成错误。

从理论上讲，符号一致性和译码正确性是不同的。但在实际的检测操作中,"条码符号所表示的代码"并不容易知晓,所以,在检测译码正确性时,通常把条码符号的供人识别字符作为"条码符号所表示的代码",将其与译码结果比对。在检测符号一致性时,通常把译码结果作为"条码符号所表示的代码",将其与条码符号的供人识别字符比对。结果是二者的操作方法一样。

(3) 最低反射率(R_{min})

最低反射率是扫描反射率曲线上最低的反射率,实际上就是被测条码符号条的最低反射率。最低反射率应不大于最高反射率的一半(即 $R_{min} \leq 0.5R_{max}$)。如果达不到要求,说明印制条的材料(如油墨)颜色应该更暗些,即对红光的反射率更低些。当然,提高最高反射率即条码符号空的反射率也是可行的,可以通过提高条码符号承印材料或印制空(或背底)的材料(如油墨)对红光的反射率来满足要求。

(4) 符号反差(SC)

符号反差是扫描反射率曲线的最高反射率与最低反射率之差,即 $SC = R_{max} - R_{min}$。符号反差反映了条码符号条、空颜色搭配或承印材料及油墨的反射率是否满足要求。符号反差大,说明条、空颜色搭配合适或承印材料及油墨的反射率满足要求;符号反差小,则应在条、空颜色搭配、承印材料及油墨等方面找原因。

(5) 最小边缘反差(EC_{min})

边缘反差(EC)是扫描反射率曲线上相邻单元的空反射率与条反射率之差,最小边缘反差(EC_{min})是所有边缘反差中最小的一个。最小边缘反差反映了条码符号局部的反差情况。如果符号反差不小,但 EC_{min} 小,一般是由于窄空的宽度偏小、油墨扩散造成的窄空处反射率偏低;或者是窄条的宽度偏小、油墨不足造成的窄条处反射率偏高;或局部条反射率偏高、空反射率偏低,如图3-2所示。边缘反差太小会影响扫描识读过程中对条、空的辨别。

(6) 调制比(MOD)

调制比(MOD)是最小边缘反差(EC_{min})与符号反差(SC)的比,即 $MOD = EC_{min}/SC$,它反映了最小边缘反差与符号反差在幅度上的对比。一般来说,符号反差大,最小边缘反差就要相应大些;否则,调制比偏小,将使扫描识读过程中对条、空的辨别发生困难。例如,有A、B两个条码符号,它们的最小边缘反差(EC_{min})都是20%,A符号的符号反差(SC)为70%,B符号的符号反差(SC)为40%,看起来A符号质量好一些。但是

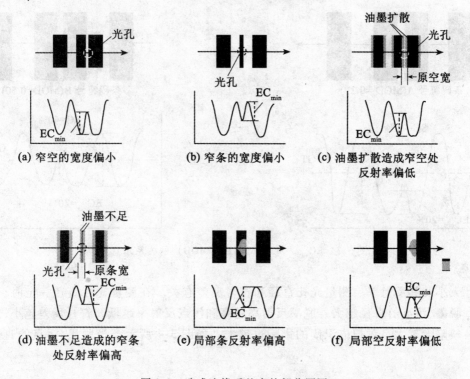

图 3-2 造成边缘反差小的部分原因

事实上 A 符号的调制比（MOD）只有 0.29，为不合格；B 符号的调制比（MOD）是 0.50，为合格，如图 3-3 所示。因此，最小边缘反差（EC_{min}）、符号反差（SC）和调制比（MOD）这三个参数是相互关联的，它们综合评价条码符号的光学反差特性。

（7）缺陷度（defects）

缺陷度（defects）是最大单元反射率非均匀度（ERN_{max}）与符号反差（SC）的比，即 defects = ERN_{max}/SC。单元反射率非均匀度（ERN）反映了条码符号上脱墨、污点等缺陷对条/空局部的反射率造成的影响。反映在扫描反射率曲线上，就是脱墨导致条的部分出现峰，污点导致空（包括空白区）的部分出现谷。若条/空单元中不存在缺陷，那么条的部分无峰；空的部分无谷，这些单元的单元反射率非均匀度（ERN）等于 0。缺陷度（defects）是条码符号上最严重的缺陷所造成的最大单元反射率非均匀度（ERN_{max}）与符号反差（SC）在幅度上的对比。缺陷度大小与脱墨/污点的

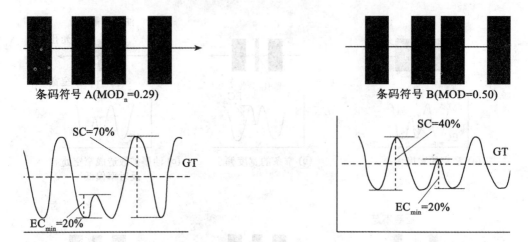

图 3-3　EC_{min}、SC 与调制比（MOD）的关系示意图

大小及其反射率、测量光孔直径和符号反差有关。在测量光孔直径一定时，脱墨/污点的直径越大、脱墨反射率越高和污点反射率越低、符号反差越小，缺陷度越大，对扫描识读的影响也越大，如图 3-4 所示。当脱墨/污点的直

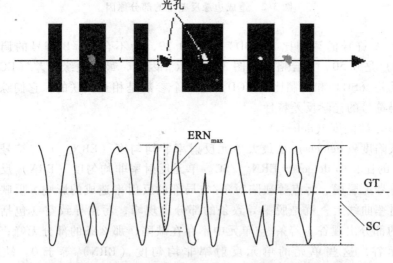

图 3-4　脱墨、污点及光孔直径、ERN_{max}、SC 与缺陷度的关系示意图

径大于测量光孔直径时,在扫描反射率曲线上脱墨/污点的部分可以相当于空/条单元,将会造成不能译码或译码错误。综合分级检测方法巧妙地通过定义缺陷度参数和确定测量光孔直径来对脱墨/污点的大小、反射率及其对扫描识读的影响进行综合的检测与评价,避免了传统方法通过人目视检查缺陷存在的不够全面、不够准确等缺点。

(8) 可译码度

可译码度是与条码符号条/空宽度印制偏差有关的参数,是条码符号与参考译码算法有关的各个单元或单元组合尺寸的可用容差中未被印制偏差占用的部分与该可用容差之比中的最小值,如图3-5所示。

每种条码的规范或标准中都规定了条码符号条/空单元宽度及条/空组合宽度的理想尺寸(也称名义尺寸)。在条码符号的印制过程中,印制出来的条/空单元及条/空组合的实际宽度尺寸一般都会偏离其理想尺寸,实际宽度尺寸与相应理想尺寸之差叫做印制偏差。在条码符号的识读过程中,扫描识读设备要对条码符号的条/空单元及条/空组合的实际宽度进行测量。由于测量总存在着误差,所以识读设备测量到的条/空单元及条/空组合的测量宽度在实际宽度的基础上增加了测量误差的部分。这样,最终用于译码计算的条/空单元及条/空组合的宽度是:理想尺寸+印制偏差+测量误差。

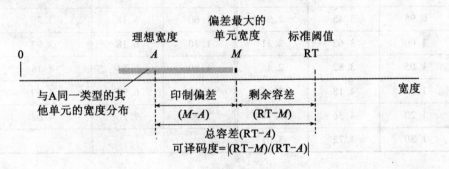

图3-5 可译码度示意图

参考译码算法通过对参与译码的条/空单元及条/空组合的宽度规定一个或多个参考阈值(即界限值),允许条/空单元及条/空组合的宽度在印制和识读过程出现一定限度的误差,即容许误差(容差)。由于印制过程在前,所以印制偏差先占用了可用容差的一部分,而剩余的部分就是留给识读过程的容差。可译码度反映了未被印制偏差占用的、为扫描识读过程留出的容差部分在总可用容差中所占的比例。

条码识读设备在阅读可译码度大的条码符号时应该比阅读可译码度小的条码符号时要顺利一些。

（9）空白区宽度

空白区的作用是为识读设备提供"开始数据采集"或"结束数据采集"信息的，空白区宽度不够常常导致条码符号不能识读，甚至造成误读，因此空白区的宽度尺寸应该予以保证（见表3-1）。印制的条码符号，空白区尺寸应不小于规定的数值，而空白区宽度在条码符号的印制过程中容易被忽视，所以国际标准 ISO/IEC15420 将空白区宽度作为参与评定符号等级的参数之一，GB12904—2003 则暂时将其列入强制性要求，商品条码符号的空白区宽度不符合要求，该条码符号即被判定为不合格。

表3-1　　　　　　　　　放大系数与空白区尺寸　　　　（尺寸单位：mm）

放大系数	空白区最小横向尺寸		放大系数	空白区最小横向尺寸	
	左侧	右侧		左侧	右侧
0.85	3.09	1.92	1.40	5.09	3.24
0.90	3.27	2.08	1.50	5.45	3.47
0.95	3.45	2.20	1.60	6.18	3.70
1.00	3.63	2.31	1.70	6.18	3.93
1.05	3.82	2.43	1.80	6.54	4.16
1.15	4.18	2.66	1.90	6.90	4.39
1.20	4.36	2.78	2.00	7.26	4.62
1.30	4.72	3.01			

（10）放大系数

一般来说，商品条码的放大系数越小，对条/空尺寸偏差的要求越严，印制的难度越大。对于放大系数小于 0.80 的条码符号，印制质量不易保证，而且容易造成识读困难。放大系数大于 2.00 的条码符号，占用商品包装的面积太大，而且有些识读设备如 CCD 式阅读器的阅读宽度有限，容易造成识读困难。因此，GB12904—2003 规定，商品条码的放大系数为 0.80～2.00。

(11)条高

从理论上讲,一维条码的高度(或条高)只要能容纳一条扫描线的高度,使扫描线经过条码符号所有的条和空(包括空白区),就能被扫描识读。但是,条码的高度越小,对扫描线瞄准条码符号的要求就越高,也就是说,扫描识读的效率就越低。因此,在设计上,条码的高度远比一条扫描线高,降低了对扫描线瞄准条码符号的要求,提高了扫描识读的效率,这对于采用全向扫描方式的通道识读器来说,尤为重要,如图3-6所示。为保证扫描识读的效率,EAN/UCC规范和商品条码标准都明确说明不应该截短条高。印制的条码符号,条高应不小于标准规定的数值。

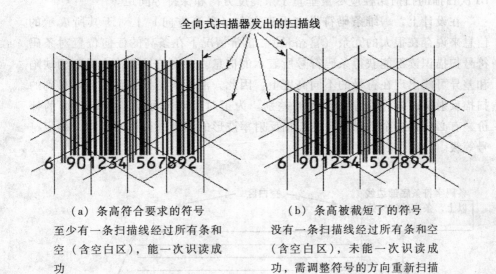

(a) 条高符合要求的符号　　　　(b) 条高被截短了的符号
至少有一条扫描线经过所有条和　没有一条扫描线经过所有条和
空(含空白区),能一次识读成　空(含空白区),未能一次识读成
功　　　　　　　　　　　　　功,需调整符号的方向重新扫描

图 3-6　截短条码符号的条高对全向式识读器识读的影响

(12)印刷位置

检查印刷位置的目的是看商品条码符号在包装的位置是否符合标准的要求以及有无穿孔、冲切口、开口、装订钉、拉丝拉条、接缝、折叠、折边、交迭、波纹、隆起、褶皱和其他图文对条码符号造成损害或妨碍。一般只能对实物包装进行此项检查。

2. 检测方法

第一,检测方法的一般要求。

(1)检测带

检测带是商品条码符号的条码字符条底部边线以上,条码字符条高的10%处和90%处之间的区域,如图3-7所示。因为一般不在条码符号顶部、底部附近进行扫描识读,并且这两部分在印制过程中容易出现条的变形,所以把它们排除在检测带之外。除了条高和印刷位置外,对所有检测项目都应该在检测带内进行检测。

(2)扫描测量次数

对每一个被检条码符号,在对译码正确性、符号一致性、最低反射率、符号反差、最小边缘反差、调制比、缺陷度和可译码度进行检测时,应在图3-7所示的10个不同条高位置各进行一次扫描测量,共进行10次扫描测量。10次扫描的扫描路径应尽量垂直于条高度方向和保持等间距。

在设计上,一维条码符号在垂直方向(条高方向)上对于其所表示的信息来说存在很大的冗余(富裕量)。正常情况下在条高的任何位置对条码符号扫描识读都能获得条码符号所表示的信息。而在符号字符中局部的缺陷和差异可能出现在符号的不同高度上。因此,沿不同的扫描路径测量得到的扫描反射率曲线可能存在很大的差别。为了对条码符号质量进行全面的评价,有必要将多个扫描路径的扫描反射率波形的等级进行算术平均,确定符号等级。

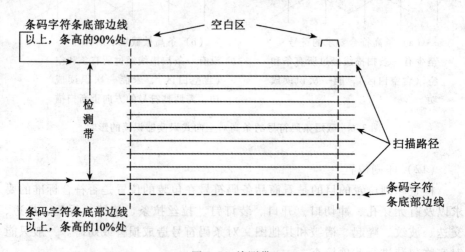

图 3-7 检测带

(3)扫描测量

一般是使用具有美标方法检测功能的条码检测仪在检测带内进行扫描测

量,得出扫描反射率曲线,并由条码检测仪自动进行分析。

(4) 单元边缘的确定方法

条、空单元边缘的位置在扫描反射率曲线上邻接单元(包括空白区)空、条反射率中间值即 $(R_s+R_b)/2$ 的点处,如图3-8所示。注意:不应该用整体阈值(GT)来确定单元边缘的位置。如果条码检测不能以正确的阈值来确定单元边缘的位置,则它对单元宽度的测量及可译码度的计算都会不准确。

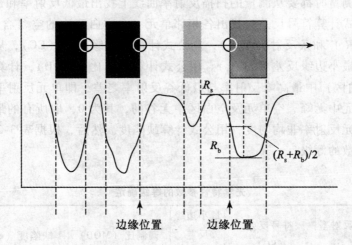

图3-8 单元边缘的确定方法示意图

第二,译码正确性的检测。

根据测量得到的扫描反射率曲线,按规定的单元边缘确定方法,确定各单元的边缘。用 GB 12904 附录 F 中的参考译码算法对条码符号进行译码。核对译码的结果与该条码符号所标识的数字代码是否一致,一致为译码正确,不一致为译码错误。译码正确则该扫描反射率曲线译码正确性的等级定为4级,译码错误或不能被译码则定为0级。

检测商品条码的译码正确性时必须采用 GB12904—2003 规定的标准译码算法。这是因为对商品条码进行译码的译码算法可以有多种,不同的译码算法进行译码的效果可能是不同的。对同一条码符号译码,某种译码算法可能译码正确,而另一种译码算法可能拒读或误读。所以要规定用同一标准译码算法进行译码正确性的检测。

还应注意的是,要使用标准规定的单元边缘确定方法,正确地确定各单元的边缘和测量各单元的宽度,以保证能准确地进行译码。

第三,光学特性参数的检测。

最低反射率(R_{min})、符号反差(SC)、最小边缘反差(EC_{min})、调制比(MOD)和缺陷度(Defects)这六个参数从条/空颜色搭配、相邻条空的反差、细条/空及油墨扩散(或油墨不足)对反差的影响及脱墨、污点对局部反射率的影响等几方面综合评价了条码符号与反射率有关的光学特性,因此这六个参数称为光学特性参数。

每次测量时都要从测量的扫描反射率曲线上找出最低反射率和最高反射率,用公式计算符号反差,找出各相邻单元(含空白区)的空(含空白区)反射率(R_s)和条反射率(R_b),用公式计算各边缘反差(EC),从中找出最小值即最小边缘反差(EC_{min})。用公式计算调制比(MOD),计算各单元(包括空白区)中最高峰反射率与最低谷反射率之差,即单元反射率非均匀度。条单元中无峰、空单元及空白区中无谷的,其为0,取所有的最大值作为最大单元反射率非均匀度,用公式计算缺陷度。然后,根据表3-2的规定确定各参数的等级。

表3-2　　　　　　　　　光学特性参数的等级确定

等级	最低反射率 (R_{min})	符号反差 (SC)	最小边缘反差 (EC_{min})	调制比(MOD)	缺陷度(defects)
4	$\leq 0.5R_{max}$	SC$\geq$70%	$\geq$15%	MOD$\geq$0.70	defects$\leq$0.15
3	—	55%$\leq$SC<70%	—	0.60$\leq$MOD<0.70	0.15<defects$\leq$0.20
2	—	40%$\leq$SC<55%	—	0.50$\leq$MOD<0.60	0.20<defects$\leq$0.25
1	—	20%$\leq$SC<40%	—	0.40$\leq$MOD<0.50	0.25<defects$\leq$0.30
0	>0.5R_{max}	SC<20%	<15%	MOD<0.40	defects>0.30

第四,可译码度的检测。

根据测量得到的扫描反射率曲线,用标准规定的单元边缘确定方法,确定各单元的边界,然后测量相应单元边缘间的距离,确定与译码算法相关的单元或单元组合的宽度。

应该注意的是,上述各尺寸值都是实测值,用于可译码度值的计算。

条码符号中各有关部分尺寸的示意图如图 3-9 所示。

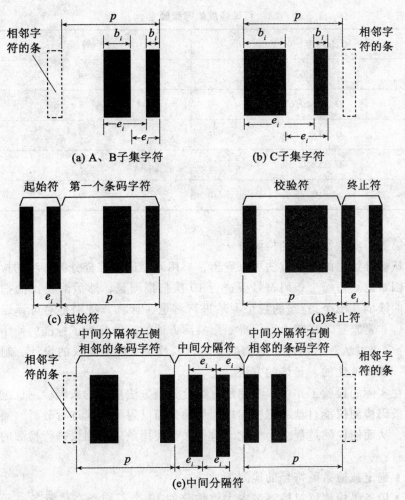

b_i（$i=1, 2$）——条码字符中条的宽度；p——条码字符的宽度；
e_i（$i=1, 2, 3, 4$）——条码符号中相邻两条相应的左或右边缘之间的距离

图 3-9 商品条码符号各有关部分的尺寸示意图

说明：计算与 e 尺寸相关的可译码性值 V_1 时，对于起始符、终止符的 e_1，公式中取相邻条码字符的宽度；对于中间分隔符的 e_1、e_2、e_3，可取中间分隔符左侧相邻条码字符的宽度；对于中间分隔符的 e_2、e_3、e_4，可取中

间分隔符右侧相邻条码字符的宽度。可译码度的等级确定见表3-3。

表3-3　　　　　　　　　　可译码度的等级确定

可译码度（　）	等级
≥0.62	4
0.50≤0.62	3
0.37≤0.50	2
0.25≤0.37	1
<0.25	0

第五，实验室实际的检测方法。

从标准给出的检测方法可以看出，要用人工进行综合分级方法的检验是十分困难的。对每个条码符号要进行10次扫描测量，然后对每次的扫描反射率曲线的几十个条/空的数个参数进行测量、计算，特别是对可译码度的计算，非常繁复。事实上，标准给出检测方法的目的是为了标准的使用者对"综合分级方法"有清晰、透彻的了解，以及为条码检测仪的设计、制造者提供一种规范性的、具体的方法。

在实际的检验工作中，多使用有综合分级方法功能的条码检测仪进行检测。条码检测仪能自动对每次扫描测量的扫描反射率曲线进行分析、测量和计算，从而使检测过程大为简化。检验人员使用条码检测仪进行检测的主要工作有：

● 确定被检条码符号的检测带。

● 用条码检测仪对检测带内大致均分的10个不同条高位置各进行一次扫描测量，共进行10次扫描测量。

● 记录每次扫描测量后条码检测仪输出的各参数数据及等级和扫描反射率曲线的等级。

● 判断译码正确性和符号一致性。

● 如有译码错误，判定被检条码符号的符号等级为0；如无译码错误，把10次扫描测量扫描反射率曲线的等级的平均值作为被检条码符号的符号等级。

- 用人工检测被检条码符号的空白区宽度、放大系数、条高和印刷位置。

第六，检测数据处理。

(1) 扫描反射率曲线等级的确定

取单次测量扫描反射率曲线的译码正确性、最低反射率、符号反差、最小边缘反差、调制度、缺陷度、可译码度诸参数等级中的最小值作为该扫描反射率曲线的等级。

因为上述各参数从不同的角度反映了被检条码符号的质量状况，其中等级最低的也就是最差的代表了被检条码符号在这一测量位置的质量水平，所以把这个等级值作为该扫描反射率曲线的等级。

在一些条码检测仪的检测数据中，各参数的等级及扫描反射率曲线的等级用字母 A、B、C、D 和 F 表示，分别与 GB/T18348—2001 中的数字等级 4、3、2、1 和 0 相对应。需要把字母等级转换为数字等级，这样才能进行下述平均值的计算。

(2) 符号等级的确定

10 次测量中有任何一次出现译码错误，则被检条码符号的符号等级为 0。

10 次测量中都无译码错误（允许有不译码），以 10 次测量扫描反射率曲线等级的算术平均值作为被检条码符号的符号等级值。

因为译码错误是最严重的质量问题，所以只要有译码错误，被检条码符号的符号等级就是 0，不再通过求平均值确定符号等级。

因为一维条码符号在垂直方向（条高方向）上对于其所表示的信息来说存在很大的冗余（富裕量），而条码符号的质量问题可能出现在符号的不同高度上。对于一个条码符号，在某一高度位置扫描不能识读，但有可能在另一高度位置扫描就能识读，则该条码符号仍有使用价值。所以，把 10 次测量扫描反射率曲线等级的算术平均值作为被检条码符号的符号等级可以对条码符号的质量进行全面的评价。

符号等级以 G/A/W 的形式来表示，其中 G 是符号等级值，精确至小数点后一位；A 是测量孔径的标号；W 是测量光波长以纳米为单位的数值。例如，2.7/06/660 表示，符号等级为 2.7，测量时使用的是 0.15mm（千分之六英寸）的孔径，测量光波长为 660nm。

3. 条码印制过程质量控制的检验方法（传统方法）

虽然条码符号的质量检验将广泛采用国际标准方法，但是由于传统方法具有直观、易于理解的特点，很适合于条码印制过程质量控制的检验。同时，传统方法"偏严"对条码印制过程而言是好事而不是坏事。例如，比较好的传统方法的条码检测仪可以逐条逐空地测出条/空尺寸、尺寸偏差及偏差的方向（偏宽还是偏窄），对于在条码印制过程中查找出现尺寸偏差的原因、调整和改进印刷的条件非常有帮助。因此，GB12904—2003 在附录 G 中给出了传统方法对商品条码的技术要求。与此相对应，GB/T18348—2001 在附录 B 中给出了传统的对商品条码条/空反射率、印刷对比度和条/空尺寸偏差的检测方法。

（1）条/空尺寸偏差的检测

使用分辨率不低于 0.01mm 的长度测量仪器，分别对被检条码符号的各部分尺寸即各条码字符及辅助字符（起始符、中间分隔符和终止符）的条/空宽度 b_i/s_i、相似边距离 e_i 和字符宽度 p（辅助字符除外）进行测量。各测量值与相应各部分尺寸的标称值（设计值）之差即各部分的尺寸偏差。

应该注意的是：条码符号的各部分的标称尺寸与条码符号的放大系数有关，把 GB12904—2003 中给出的放大系数 1.00 时的条码符号的各部分的标称尺寸乘以放大系数即得到该放大系数时条码符号的各部分的标称尺寸。

在实际检测中，要对被检条码符号在条高方向上均分的 5 个测量位置各进行一次测量，共进行 5 次测量。在 5 次测量的各条/空尺寸偏差中，分别取最大值和最小值作为该条码符号的各条/空尺寸偏差。然后按 GB12904—2003 中 G.1 的最大允许偏差要求（见表 3-4），判断被检条码符号的各条/空尺寸偏差能否符合要求。

（2）条/空反射率和印刷对比度的检测

用分辨率不低于 1%（反射率）的反射率测量仪器，测量被检条码符号各条/空的反射率。在对各空的测量值中选最小的值作为该条码符号在这一测量位置的空反射率；在对各条的测量值中选最大的值作为该条码符号在这一测量位置的条反射率。取 5 个不同高度位置上测量的条反射率中的最大值及空的反射率中的最小值，作为该条码符号的条反射率（R_D）和空反射率（R）。用公式 PCS = ($R - R_D$)/R 计算印刷对比度 PCS。

按 GB12904—2003 表 G.2 中的技术指标，判断被检条码符号的条/空反射率和印刷对比度能否符合要求：

- 被检条码符号的空反射率 R。
- 小于 31.6% 时，不符合要求。
- 被检条码符号的条反射率 R_D。

- 不小于 31.6% 时,被检条码符号的条反射率 R_D 不大于 R。
- 对应的条反射率的允许最大值、PCS 值不小于 R。
- 对应的 PCS 允许最小值,为符合要求;否则,为不符合要求。

表 3-4　商品条码的条码字符及起始符、中间分隔符、终止符各部分尺寸的允许偏差(传统方法)　(单位:mm)

放大系数(M)	模块宽度(x)	条、空宽度(b_i、s_i)的允许偏差	相似边距离 e_i 的允许偏差	字符宽度 p 的允许偏差
0.80	0.264	±0.035	±0.039	±0.077
0.85	0.281	±0.052	±0.041	±0.081
0.90	0.297	±0.068	±0.044	±0.086
1.00	0.330	±0.101	±0.049	±0.096
1.10	0.363	±0.116	±0.053	±0.105
1.20	0.396	±0.131	±0.058	±0.115
1.30	0.429	±0.147	±0.063	±0.124
1.40	0.462	±0.162	±0.068	±0.134
1.50	0.495	±0.178	±0.073	±0.144
1.60	0.528	±0.193	±0.078	±0.153
1.70	0.561	±0.209	±0.082	±0.163
1.80	0.594	±0.224	±0.087	±0.172
1.90	0.627	±0.237	±0.091	±0.180
2.00	0.660	±0.255	±0.097	±0.191

4. 检验设备

根据 GB/T14258—2003 检验方法的要求,对条码符号进行检验需要使用以下检验设备:

- 最小分度值为 0.5mm 的钢板尺（用于测条高、放大系数）。
- 最小分度值为 0.1mm 的测长仪器（用于测量空白区）。
- 具有综合分级方法功能的条码检测仪。

5. 质量判定

（1）码制

商品条码需要注册后使用，冒用、盗用他人商品条码视为非法。在商品包装上只能印刷商品条码，即 UPC 码或 EAN 码。其他在闭环系统中使用的码制（如 39 码、交插 25 码等）只能印在商品包装不显露的位置，以免和商品条码混淆，给商店工作人员带来不必要的麻烦。当商品包装上出现这种情况时，视为不合格条码印刷品。有个别企业把组织机构代码印在商品包装的显著位置，这是不允许的。

（2）判定规则

根据检验结果，按照 GB12904—2003 的规定，进行单个商品条码符号质量的判定。

具体地列出判定规则如下：

——EAN 商品条码符号的质量符合 GB12904—2003 的 4.1、4.2、4.4.1.2 和 9.1 要求的，判定为合格；否则，判定为不合格。

——UPC 商品条码符号的质量符合 GB12904—2003 的 4.4.1.2、9.1 和 c.1 要求的，判定为合格；否则，判定为不合格。

即 EAN-13、EAN-8 商品条码符号的质量分别符合 EAN/UCC-13 代码的编码规则和 EAN/UCC-8 代码的编码规则并符合编码的唯一性原则（无多品一码）和对印制质量的强制性要求（符号等级不低于 1.5/06/670、符号一致性和空白区宽度符合要求）的，判定为合格，否则判定为不合格；UPC-A、UPC-E 商品条码符号的质量分别符合 UCC-12 代码的编码规则和 UPC-E 代码的编码规则并符合编码的唯一性原则（无多品一码）和对印制质量的强制性要求（符号等级不低于 1.5/06/670、符号一致性和空白区宽度符合要求）的，判定为合格，否则判定为不合格。

对判定规则应注意以下几个方面的问题：

- 这个判定规则适用于对单个商品条码符号质量的合格/不合格判定，对一批条码符号质量的合格/不合格判定应按抽样标准和抽样方案的要求进一步判定。
- 对于商品条码符号是否符合代码的编码规则和编码的唯一性原则的判定，从理论上讲不属于条码印制质量检验的范畴，但是在实际检验工作中常常需要做这方面的判定。对这两项，只凭一个或几个被检的条码符号往往是难以判定的，需要依靠一定数量的抽样或中国物品编码中心数据库、超市数据库、企业数据库乃至国际上有关数据库提供的信息进行判定，这是一个庞大的系统工程。

• 虽然在判定规则中对商品条码符号印制质量的强制性要求中没有对条高（或符号高度）、放大系数的要求，但这并不意味着商品条码符号的高度可以任意截短、放大系数可以任意缩小。在条码符号的印刷空间确实无法放下条码符号整个高度时，可以将条高适当截短；在用打印机打印商品条码符号时，为保证打印质量需将条码的模块宽度（×尺寸）与打印机像素间距相匹配，在打印较小的符号时放大系数可能小于0.80，这是允许的。对没有正当理由任意截短条高或任意缩小放大系数的商品条码符号，应视做不符合标准。

6. 检验报告

检验报告应该注明：

条码符号的供人识别字符；

条码符号所标识的产品名称、规格和批号；

条码符号承印材料；

测量光波长和测量孔的直径；

检验依据的标准；

各项检验结果；

符号等级；

判定结论；

检验单位的印章；

检验日期。

检验报告参考格式见表3-5（插页）。

3.1.3 条码检测标准

1. 条码符号标准

每一种条码符号都有一个标准，该标准对条码符号的编码方案、译码算法等进行标准化的定义和描述，并对条码符号的技术参数提出了一定的要求。尽管现在符号标准将涉及条码质量的很多内容直接引用新的检验标准，即条码综合质量等级评价方法的标准 ISO/IEC 15416，但每一种条码符号都有一定的特殊性，对条码符号的外观等特性有着一定的特殊要求，这些要求是该种条码符号的基本要求，和其他标准的要求是并列的。通用的条码符号检验标准对这一点也作了明确的声明。所以，条码符号首先应该符合条码符号的规范。

这些标准有39条码标准，128条码标准等。要注意的是，有些条码符号本身就是为某一应用领域专门制定的，例如EAN-13商品条码标准既是符号标准，也是应用标准。

2. 条码符号检测标准

在过去，传统的检测都是基于条码符号的符号标准。现在，国际上已经开始在条码检测中采用一维条码符号质量评价的通用标准，即ISO/IEC 15416。目前，我们国家有关部门已经制定和修订条码检测的相关标准，并且在条码质量检验方法上和国际标准ISO/IEC 15416保持一致。

ISO/IEC 15416是在2000年颁布的一个国际标准。它和之前出现的条码符号质量评价标准（美国标准（ANSI X3.182和ANSI/UCC-5）、欧洲标准EN 1635）在技术上完全兼容。

3. 条码的其他规范和标准

要保障条码符号能够被正确识读，这里面涉及许多方面的因素，每一个方面都应该有一定的质量控制措施、质量规范或质量标准。例如，在商品条码的印刷过程中，有条码符号胶片的检测规范，有《条码数据图像与印刷性能测试规范》；针对条码的检验工作，有条码检测仪性能的测试规范；在条码的扫描识读方面，有条码识读器及译码器的检测规范。这里面提到的规范已经是国际标准，其中有些规范的内容已经纳入我国的条码标准，并且，我国有关部门正在计划制定相关国家标准，努力在条码技术标准化方面和国际标准全面接轨。

紧密跟踪国家和国际的条码技术标准对于国内有关条码技术的企业非常重要。下面，列出一些国际上新颁布的有关条码技术的标准，请相关单位和个人参考：

- ISO/IEC 15421《条码胶片测试规范》；
- ISO/IEC 15419《条码数据图像与印刷性能测试规范》；
- ISO/IEC 15423-1《识读器及译码器性能测试规范》；
- ISO/IEC 15426《条码检测仪性能一致性测试》。

4. 条码行业标准

在不同的应用领域对具体使用的条码符号的质量参数要求是不一样的。例如，在超市的条码扫描结算的应用中，EAN/UCC国际编码组织要求商品

表 3-5　　　商品条码符号质量检验报告

第　页　共　页

样品名称	*条码符号印制品	商标	
		规格/包装	
厂商	**	承印材料	
		条码类型	
客户名称	***	供人识别字符	
客户地址		来样日期	
送样者		检验日期	
检验依据	****		
检验条件	温度		相对湿度	
	测量孔径		测量光波长	
检验结论	*****		
备注			

批准：　　　　　审核：　　　　　主检：

注:1) *处填写条码符号所表示的商品的名称。
2) **处填写条码符号表示的商品代码中的厂商识别代码所表示的厂商的名称。
3) ***处填写送检客户的名称。
4) ****处填写检验依据的标准,如 GB12904-2008《商品条码零售商品的编码与条码表示》、GB/T14257-2004《商品条码符号位置》等。
5) *****处填写"经检测和判定,被检样品符号等级为××;其他检测项目结果符合或不符合国家标准"的结论。依据强制性标准检验、监督抽查检验还须给出综合判断合格或不合格的结论。

第　页　共　页

序号	检测项目		技术要求[b]	实测值[b]	单项判定
			检测结果		
1	符号等级		≥1.5/06/670±10	3.0/06/660	符合
2	译码数据		6901234567892	6901234567892	符合
3	空白区宽度(mm)	左侧	≥3.6	3.7	符合
		右侧	≥2.3	2.4	符合
					4级
4	尺寸(mm)		0.264~0.660	0.330	符合
5	条高(mm)		≥22	23	符合
6[a]	宽窄比(ITF-14)				等级
7[a]	条码符号宽度(UCC/EAN-128)				
8[a]	商品代码的有效性		厂商识别代码有效	厂商识别代码有效	符合
9[a]	编码唯一性		一品一码	/[c]	/[c]
10	条码类型		EAN/UPC 条码	EAN-13	符合
11[a]	符号位置		GB/T14257-2002	/[c]	/[c]
备注					

附加测试[a]			
UCC/EAN-128 条码对应表示的编码			

扫描反射率曲线分析(10次扫描平均值)			
序号	检测项目	平均值	等级
1	参考译码(reference decode)		/[c]
2[d]	最低反射率/最高反射率(R_{min}/R_{max})		
3	符号反差(SC)		
4	最小边缘反差(EC_{min})		
5	调制比(MOD)		
6	缺陷度(defects)		
7	可译码度(decodability)		

注:a 可根据所检条码类型或实际情况取舍。
b 表中的数据是以零售商品条码为例。
c 符号"/"表示无此项或者此项不检。
d 有些条码检测仪给出的是最低反射率与最高反射率之比,即 R_{min}/R_{max},则可以把最低反射率项目设为 R_{min}/R_{max} 项目。

条码的最小质量等级为1.5，并对尺寸和条码高度都有相关的限制。邮政部门在使用条码时也会根据具体的应用，在符号及检验标准的基础上，对条码符号作出一些特殊的规定。最简单的规定如条码的整体布局，包括供人识读字符的大小和位置，条码的高度，要求的最小的质量等级等。应用对条码的要求主要出于以下方面的考虑：

- 条码符号的制作成本；
- 条码识读设备的工作性能；
- 条码应用对条码质量问题的容忍程度；
- 条码应用所处的工作环境对条码符号的影响以及条码识读的影响。

所以，当今许多条码符号标准对条码符号参数的规定越来越趋于灵活，它将一些重要参数划归到应用标准。例如，39条码标准，不再规定最小的模块尺寸宽度，如果你有很高灵敏的设备能读出微小的39条码，那为什么不可以呢？这为39条码在一些小物件的使用方面（如集成电路元件的物流识别）开辟了道路。质量等级更是如此，如对于光笔的应用，以及要求识读成功率比较高的应用，对条码符号质量等级的要求就应该更高。商品条码质量等级之所以规定为1.5，那是因为商品条码扫描的识读设备往往都是高灵敏度的、自动化的、全方向的、每秒钟扫几十次的识读器，扫描识读的环境为商店，环境是属于比较好的。

以上我们说明了几个方面的条码规范或标准，涉及条码技术的人员都应该关注这些标准。如果国家标准尚未制定，则应该关注新颁布的国际标准，用这些标准指导检验工作和质量控制工作。这对于全球化的今天是非常重要的。

3.2 条码检测设备

3.2.1 通用设备

条码检测常用设备的测量装置应该符合条码检验GB/T 14258-2003检验方法的要求，例如测量波长、光路、测量孔径。检测仪有很多种类型，但是针对不同的目的，根据它们的应用领域及对它们可能的功能所要求的程度，可以很方便地把它们分为两类，分别是通用设备和专用设备。

通用设备包括密度计、工具显微镜、测厚仪和显微镜。使用这种仪器就需要对技术方面的知识有较深的理解，因此操作者必须进行特殊的培训。它们的测量精度可能比平均水平要高得多，成本当然也是很高的，完成必要的扫描并输出结果所需的时间可能相对地要长。这种类型的检测仪可能由机动化的光学扫描头改善移动的均匀性并达到多重的扫描要求，同时进行精确的尺寸测量。

密度计有反射密度计和透射密度计两类。反射密度计是通过对印刷品反射率的测量来分析条码的识读质量。透射密度计是通过对胶片反射率的测量来分析条码的识读质量。

工具显微镜用来测量条空尺寸偏差。

测厚仪可以测出条码的条、空尺寸之差而得到油墨厚度。

显微镜通过分析条、空边缘粗糙度来确定条码的印制质量。

条码检测专用设备一般分为两类：便携式条码检测仪和固定式条码检测仪。

3.2.2 专用设备

1. 便携式条码检测仪

简便、外形小巧的条码检测仪广泛适用于各种检测场合。不是所有的条码检测应用都要求分析同样的参数，所以有些便携式条码检测根据不同的应用提供不同的检测仪型号。针对传统和全 ANSI/CEN 参数的检测，便携式条码检测仪如图 3-10 所示。可以快速检测合格与否，并且可以通过功能强大的检测手段分析进一步的详细参数。检测结果将通过一个 4 行 20 字符的结论给出。

产品示例：

• 便携式条码检测仪（QC890）如图 3-10 所示，详细参数见表 3-6。

产品描述：采用最新技术设计的全新条码检测解决方案，能检测一维条码及 PDF417 码，带有多种接口方式，能接入 Windows98/2000/NT/XP 以及 Pocket PC 操作平台，支持中文以及图形化操作界面，使其应用起来更加灵活高效。

产品特征：作为条码符号检测的整合系统，QC890 检测系统包括光学输入设备和 Quick Check 图像数据（QCID）用户接口。设置及操作灵活简单——兼容 Microsoft® Windows® 98 第二版、Windows® 2000、Windows® NT（仅 RS232）、Windows® XP、Windows® Pocket PC 2003 和 Macintosh® 使用时无需动手——在高难度的应用场合提高重复度，同时减少由于不同操作技术水平引起的数据变动。

图 3-10 便携式条码检测仪（QC890）

表 3-6 **便携式条码检测仪（QC890）详细参数**

硬件规格	重量	454g
	尺寸	（L）139mm×（H）153mm×（W）176mm
	支持条码	EAN/UPC with addenda, Code 39（1-49 characters），Interleaved 2 of 5（2-78 characters），Codabar, Code 128（1-70 characters），MSI （1-50 characters），Code 16K（individual rows），Code 49（individual rows），Code 93, Code 11, Regular 2 of 5（discrete/industrial 2 of 5）， IATA 2 of 5（straight 2 of 5），Reduce Space Symbology（RSS），PDF417, and Telepen…others to be added. ANSI, ISO, CEN, JIS 规格，Traditional 规格
	操作温度	50～104°F（10～40℃）
	储藏温度	32～104°F（0～40℃）
	相对湿度	25%～80%，40℃ non-condensing
	支持语言	中文、日文、德文、法文、西班牙文、葡萄牙文、英文等
	支持接口	RS232，USB，蓝牙
	操作平台	PC、PDA/PDT、MAC 等

● RJS-D-4000 条码检测仪，如图 3-11 所示，详细参数见表 3-7。

产品描述：手持式激光扫描，数据库存储功能，适宜检测平面和各种非规则表面和曲面的条码，可接电脑输出打印报告。

图 3-11 RJS-D-4000 条码检测仪

表 3-7　　　　　　　**RJS-D-4000 条码检测仪详细参数**

	检测方式	传统/美标
硬件规格	扫描方式	LASTER
	扫描精度	4MIL
	可选配件	票据打印机
	检测码制	UPC/EAN（带附加码）；39 码（1~49 个字符）；I 2of5（2~78 个字符）；库德巴码；128 码（1~70 个字符）；MSI（1~50 个字符）；Code 16K（individual rows）；
	User Interface	1. Simple 4 button：On, Print, Select, Enter 2. 4-line LCD 3. 5 LED -indicate Overall Symbol grade
	Parameters Analyzed	1. ANSI；Overall Symbol Grade, Decodability, Symbol Contrast, Reflectance (min/max), Modulation, Defects, Edge Contrast, Ref. Decode, Application Compliance 2. Traditional；PCS, Ratio, Avg. Bar Deviation, Quiet Zones, Mod Check, Encodation Check
	Optional Accessories	1. Printer：TP140A 2. Battery charger（can be used as AC power supply w/batteries removed from unit） 3. AA size NiCad Batteries
	Physical	1. 7.8″（198mm）L×4.6″（117mm）W×1.9″（48mm）D 2. 32oz.（454g）wt.
	适用行业	进出口，印刷品条码检测及所有行业

- 条码检测仪（JY-1B）如图 3-12 所示，详细参数见表 3-8。

产品描述：JY-1B 集光机电计算机技术于一体，根据国家标准和 ISO 标准设计生产，JY-1B 全机只有四个按键全中文显示自动判别条码码制，操作使用极为方便。

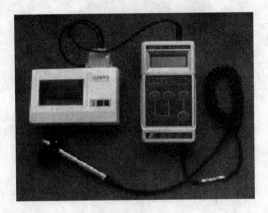

图 3-12　条码检测仪（JY-1B）

适用于印刷业、制造业、商业、仓储物流领域和各种条码质量分析机构。

表 3-8　　　　　　　　条码检测仪（JY-1B）详细资料

	双检测标准	分级检测标准和传统检测标准同时存在，可提供两种检测标准下的检测数据。 自动分辨码制扫描条码符号时，可以自动判别码制，无需事先判断输入码制。
硬件规格	光源	波长 670nm
	光斑孔径	0.15mm（6mil）
	数据输出	RS232 接口
	译码字符数量	最多 32 位条码字符
	存储容量	最多 200 次扫描结果
	扫描速度	127～254mm/s
	打印设备	可接 TP-μP 串口打印机
操作环境	使用温度环境	10～40℃
	使用湿度环境	30%～80% RH

• 条码检测仪（QC800）如图 3-13 所示，详细参数见表 3-9。

图 3-13　条码检测仪（QC800）

产品描述：QC800 条码检测仪采用传统和美标两种检测方式，简便的台式全功自条码检测仪，通过 LCD 和 LED 立即显示检测解结果，指令条码便于及时设定条码检测仪，使用简便、外形小巧，广泛适用于各种检测要求；使用手持式激光条码扫描设备，方便快捷。

表 3-9　　　　　　　　　条码检测仪（QC800）详细参数

硬件规格	检测码制	UPC/EAN（带附加码）、39 码（1~49 个字符） I 2of5（2~78 个字符）、库德巴码 128 码（1~70 个字符） MSI（1~50 个字符）、Code 16K（individual rows） Code 49（Individual rows）、93 码、11 码、 Discrete/Industrial2of5、IATA2 of 5
	阅读分辨率	鼠标型阅读器：3，5，6，10，20mil 光笔：5，6，10mil 线性图像阅读器：5mil

续表

硬件规格	波长	可见光：660nm 红外光：940nm（可检测隐形条码）
	显示屏	4 行，每行 20 字符 LCD
	尺寸	7.0cm（H）×10.9cm（W）×13.3cm（L）
	电源	充电电池
	可选型号	QC 800——仅检测条码，不包括应用 QC 810——零售行业（内含行业检测标准） QC 820——医疗行业 QC 830——工业/行政管理 QC 850——所有行业
操作环境	使用温度环境	10 ~ 40℃
	使用湿度环境	30% ~ 80% RH

2. 固定式条码检测仪

固定式条码检测仪是一种专门设计的安装在印刷设备上的检测仪（一些是为了高速印刷，其他的设计为随选打印机），它们检测设备对条码符号的制作并对主要的参数、特别是单元宽度提供连续的分析，以使操作者非常及时地控制印刷过程。在线固定式条码检测仪能对条码标签在打印、应用、堆叠和处理的过程中进行实时连续的检测。常用于热敏或热转移打印机，内置激光检测仪和电源。一些设备甚至还能自动反馈控制指令以提高符号质量并重新印刷有缺陷的标签。这样可以大大提高生产率、降低成本，提高生产质量。

产品示例：

• C42A 新型高精度条码质量分析检测仪器，如图 3-14 所示，详细参数见表 3-10。

产品描述：C42A 条码检测仪是完全拥有自主知识产权的高精度条码质量分析检测仪器，符合中华人民共和国国家计量检定规程《条码检测仪》（JJG 979—2003）和中华人民共和国国家标准《商品条码符号印制质量的检验》（GB/T 18348—2001），是我国条码检测仪器中的 A 级仪器；可以按照国际条码分级检测标准和传统检测标准给出全面的条码质量分析报告。

C42A 条码检测仪的应用软件基于 Windows 操作平台开发,全中文专用条码检测应用软件,符合国家标准的全中文检测报告可选用通用打印机生成。

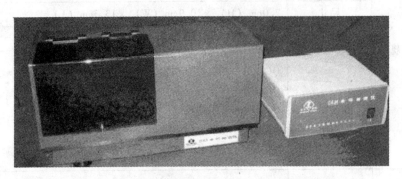

图 3-14　C42A 新型高精度条码质量分析检测仪器

表 3-10　**C42A 新型高精度条码质量分析检测仪器详细资料**

主要性能	检测条码原版胶片和条码印制品,按照国家标准和国际标准生成条码质量检测报告。
	检测过程中自动判别条码码制。
	自动绘制反射率曲线,用不同颜色标记最大反射率、最小反射率;边缘反差;缺限度。
	反射率定点测量。
	专门设置横向扫描测量平台,保证完成 n 次求均测量(依照国家标准,对商品条码检测,n=10)时,扫描线总是处于平行状态。
	允许检测条码码制:EAN-13,EAN-8,UPC-A,UPC-E,储运单元条码,交插二五条码,三九条码,128 条码。
	检测应用软件全中文;检测报告全中文;检测数据的文件格式可以转换。
	转换查看条码综合检测结果和条空检测数据。
	允许选用通用打印机生成条码检测报告。

技术指标	
	测量光源：波长 670nm ± 10nm
	测量孔径：五种测量孔径分档可调，0.025mm（1mil 狭缝），0.076mm（3mil），0.152mm（6mil），0.254mm（10mil），0.508mm（20mil）
	分辨率：0.1μm
	不确定度：条码印制品 ±2.0μm；条码原版胶片 ±1.0μm
	条码印制品，条空宽度测量稳定性：±1.0μm
	条码印制品，条空宽度测量重复性：1.0μm
	反射率测量稳定性：±1%
	反射率测量重复性：1%
	反射率测量示值误差：±2%
	纵向测量工作台有效工作范围：196mm
	横向测量工作台有效工作范围：18mm
	允许测量条码的最大长度（含条码空白区）：196mm
	允许测量条码样品的最大厚度：6mm
	使用环境：温度 20℃ ±2℃；相对湿度 40% ~ 60%
	条码检测应用软件运行环境：WIN98/2000/XP
	电源：AC 220V ± 10% /50Hz
	外形尺寸： 测量装置，静态 615mm（长）×275mm（宽）×306mm（高） 动态 850mm（长）×275mm（宽）×306mm（高） 控制箱，350mm（长）×300mm（宽）×130mm（高）
	重量：测量装置，38kg；控制箱 6kg

3.2.3 检测设备使用

1. 孔径/光源的选择

使光源与实际操作中所用的相匹配、测量孔径与将要检测的符号的 X 尺寸范围相匹配同样是很重要的。如果光源选择错误，特别是当其峰值波长偏离于标准所要求的峰值波长，反差的测量值就可能会出现错误（如果条码的颜色不是黑条白空)。检测 EAN/UPC 条码时使用 670nm 的可见红光为峰值波长,就是因为这个波长接近于使用激光二极管的激光识读器和使用发光二极管的 CCD 识读器的扫描光束的波长。见附录 F。

测量孔径则要根据具体应用的条码符号的尺寸而定,具体的选择方法见具体的应用规范。

2. 用条码检测仪扫描条码符号

对于光笔式检测仪,扫描时笔头应放在条码符号的左侧,笔体应和垂直线保持 15°的倾角(或按照仪器说明书作一定角度的倾斜)。这种条码检测仪一般都有塑料支撑块,使之在扫描时保持扫描角度的恒定。另外,应该确保条码符号表面平整,如果表面起伏或不规则,就会导致扫描操作不稳定,最终导致条码检测的结果不正确。光笔式条码检测仪应该以适当的速度平滑地扫过条码符号表面。扫描次数可以多至 10 次,每一次应扫过符号的不同位置。检验者通过练习就能掌握扫描条码的最佳速度。如果扫描得太快或太慢,仪器都不会成功译码,有的仪器还会对扫描速度不当作出提示。

对于使用移动光束(一般为激光)或电机驱动扫描头的条码检测仪,应该使其扫描光束的起始点位于条码符号的空白区之外,并使其扫描路径完全穿过条码符号。通过将扫描头在条码高度方向上下移动,可以实现在不同位置上对条码符号进行 10 次扫描,有的仪器可以自动完成此项操作。

3. 扫描次数

为了对每个条码符号进行全面的质量评价,综合分级法要求检验时在每个条码符号的检测带内至少进行 10 次扫描,扫描线应均匀分布,如图 3-15 所示。分析相应的 10 条扫描反射率曲线并对各分析结果求平均值就得出检验结果。

4. 检测条码符号的其他参数或质量要求

在上面已经谈到,条码检测仪并不能检测条码符号所有的指标要求。所以条码检验过程除使用条码检测仪检测条码之外,必须包含要有其他的检验形式,其中包括人工的目视检查。目视检查可以察看条码符号的位置是否合适,条码符号的编码和供人识读的字符是否一致,条码数据的形式是否正确(例如条码符号是 UCC/EAN-128 条码还是普通的 128 条码),等等。

对于商品条码,在高度方向上的截短用条码检测仪是检测不出来的,但是,条码高度的截短将影响商品条码在全向式条码识读器的识读性能,影响的程度取决于商品条码符号高度截短的程度。所以在这里,也要通过人工用尺子对条码高度进行测量。

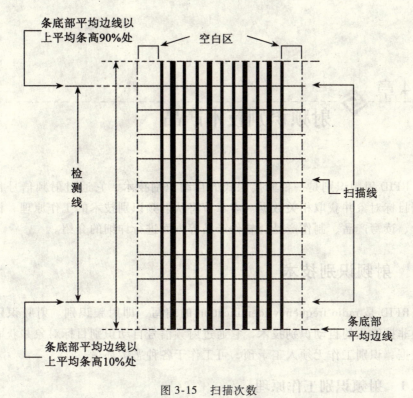

图 3-15 扫描次数

商品条码应用中,条码检测仪同样不能检验出条码是否满足针对商品品种的唯一性要求。要检验商品条码的唯一性,需要检查企业产品的编码数据。

总之,对于各项条码符号标准或规范(符号标准、检测标准、应用标准或规范)里面所包含的条码检测仪不能完成的其他要求,都应该选择合适的测量手段,对其进行测量。

思 考 题

1. 请简述条码检测的目的。
2. 请简述条码检测的主要项目和内容。
3. 请列举 2~3 款条码专用检测设备,描述并比较它们的主要特点和差异。

第4章 射频识别技术产品

RFID 射频识别是一种非接触式的自动识别技术,它通过射频信号自动识别目标对象并获取相关数据。本章节将从射频识别技术的工作原理、标签芯片、读写产品、制作产品、软件产品等方面进行详细的介绍。

4.1 射频识别技术

RFID 是 radio frequency identification 的缩写,即射频识别。射频识别是一种非接触式的自动识别技术,它通过射频信号自动识别目标对象并获取相关数据,识别工作无须人工干预,可工作于各种恶劣环境。

4.1.1 射频识别工作原理

1. 射频识别系统构成

射频识别系统通常由标签、读写器、计算机通信网络三部分组成,如图4-1 所示。

(1) 射频识别标签

射频识别系统的标签安装在被识别对象上,存储被识别对象相关信息的电子装置。标签存储器中的信息可由读写器进行非接触读/写。标签可以是"卡",也可以是其他形式的装置。

(2) 射频读写器

射频读写器是利用射频技术读取射频识别标签信息、或将信息写入标签的设备。读写器读出的标签的信息通过计算机及网络系统进行管理和信息传输。

(3) 计算机通信网络

在射频识别系统中,计算机网络通信系统是对数据进行管理和通信传输的设备。在射频识别系统工作过程中,通常由读写器在一个区域内发射射频

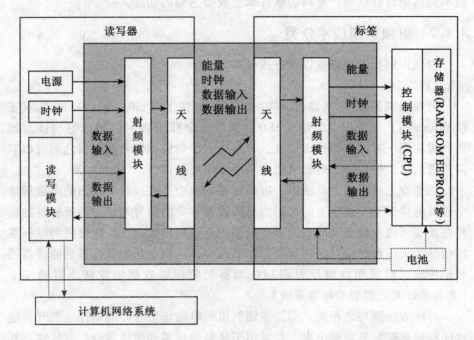

图 4-1 射频识别系统构成图

能量形成电磁场,作用距离的大小取决于发射功率。射频识别标签通过这一区域时被触发,发送存储在标签中的数据,或根据读写器的指令改写存储在射频识别标签中的数据。读写器可接收射频识别标签发送的数据或向标签发送数据,并能通过标准接口与计算机通信网络进行对接,实现数据的通信传输。

2. 基本工作流程

- 读写器将设定数据的无线电载波信号经过发射天线向外发射。
- 当射频识别标签进入发射天线的工作区时,射频标签被激活后即将自身信息代码经天线发射出去。
- 系统的接收天线接收到射频识别标签发出的载波信号,经天线的调节器传给读写器。读写器对接到的信号进行解调解码,送后台电脑控制器。
- 电脑控制器根据逻辑运算判断该射频识别标签的合法性,针对不同的设定做出相应的处理和控制,发出指令信号控制执行机构的动作。
- 执行机构按电脑的指令动作。
- 通过计算机通信网络将各个监控点连接起来,构成总控信息平台,根据不同的项目可以设计不同的软件来完成要达到的功能。

4.1.2 射频识别技术分类

射频识别技术可以按以下方式分类：

(1) 工作方式

射频识别系统的基本工作方式分为全双工（full duplex）和半双工（half duplex）系统以及时序（SEQ）系统。全双工表示射频标签与读写器之间可在同一时刻互相传送信息。半双工表示射频标签与读写器之间可以双向传送信息，但在同一时刻只能向一个方向传送信息。

在全双工和半双工系统中，射频标签的响应是在读写器发出的电磁场或电磁波的情况下发送出去的。因为与阅读器本身的信号相比，射频标签的信号在接收天线上是很弱的，所以必须使用合适的传输方法，以便把射频标签的信号与阅读器的信号区别开来。在实践中，人们对从射频标签到阅读器的数据传输一般采用负载反射调制技术将射频标签数据加载到反射回波上（尤其是针对无源射频标签系统）。

时序方法则与之相反，阅读器辐射出的电磁场短时间周期性地断开。这些间隔被射频标签识别出来，并被用于从射频标签到阅读器的数据传输。其实，这是一种典型的雷达工作方式。时序方法的缺点是：在阅读器发送间歇时，射频标签的能量供应中断，这就必须通过装入足够大的辅助电容器或辅助电池进行补偿。

(2) 数据量

射频识别射频标签的数据量通常在几个字节到几千个字节之间。但是，有一个例外，这就是1比特射频标签。它有1比特的数据量就足够了，使阅读器能够做出以下两种状态的判断："在电磁场中有射频标签"或"在电磁场中无射频标签"。这种要求对于实现简单的监控或信号发送功能是完全足够的。因为1比特的射频标签不需要电子芯片，所以射频标签的成本可以做得很低。由于这个原因，大量的1比特射频标签在百货商场和商店中用于商品防盗系统（EAS）。当带着没有付款的商品离开百货商场时，安装在出口的读写器就能识别出"在电磁场中有射频标签"的状况，并引起相应的反应。对按规定已付款的商品来说，1比特射频标签在付款处被除掉或者去活化。

(3) 可编程

能否给射频标签写入数据是区分射频识别系统的另外一个因素。对简单的射频识别系统来说，射频标签的数据大多是简单的（序列）号码，可在加工芯片时集成进去，以后不能再变。与此相反，可写入的射频标签通过读写器或专用的编程设备写入数据。

射频标签的数据写入一般分为无线写入与有线写入两种形式。目前铁路上应用的机车、货车射频标签均采用有线写入的工作方式。

(4) 数据载体

为了存储数据，主要使用三种方法：EEPROM、FRAM、SRAM。对一般的射频识别系统来说，使用电可擦可编程只读存储器（EEPROM）是当前主要的方法。然而，使用这种方法的缺点是：写入过程中的功率消耗很大，使用寿命一般为写入 100 000 次。最近，也有个别厂家使用所谓的铁电随机存取存储器（FRAM）。与电可擦可编程只读存储器相比，铁电随机存取存储器的写入功率消耗减少 10%，写入时间甚至减少 90%。然而，铁电随机存取存储器由于生产中存在的问题，至今未获得广泛应用。FRAM 属于非易失类存储器。

对微波系统来说，还使用静态随机存取存储器（SRAM），存储器能很快写入数据。为了永久保存数据，需要用辅助电池作不中断的供电。

(5) 状态模式

对可编程射频标签来说，必须由数据载体的"内部逻辑"控制对标签存储器的写/读操作以及对写/读授权的请求。在最简单的情况下，可由一台状态机来完成。使用状态机，可以完成很复杂的过程。然而，状态机的缺点是：对修改编程的功能缺乏灵活性，这意味着要设计新的芯片，由于这些变化需要修改硅芯片上的电路，设计更改实现所要的花费很大。

微处理器的使用明显地改善了这种情况。在芯片生产时，通过掩膜方式，将用于管理应用数据的操作系统集成到微处理器中，这种修改花费不多。此外，软件还能进行调整，以适合各种专门应用。

此外，还有利用各种物理效应存储数据的射频标签，其中包括只读的表面波（SAW）射频标签和通常能去活化（写入"0"）以及极少的可以重新活化（写入"1"）的 1 比特射频标签。

(6) 能量供应

射频识别系统的一个重要的特征是射频标签的供电。无源的射频标签自己没有电源。因此，无源的射频标签工作用的所有能量必须从阅读器发出的电磁场中取得。与此相反，有源的射频标签包含一个电池，为微型芯片的工作提供全部或部分（辅助电池）能量。

(7) 频率范围

射频识别系统的另一个重要特征是系统的工作频率和阅读距离。可以说，工作频率与阅读距离是密切相关的，这是由电磁波的传播特性所决定的。通常把射频识别系统的工作频率定义为阅读器读射频标签时发送射频信号所使用的频率。在大多数情况下，把它叫做阅读器发送频率（负载调制、反向散射）。无论在何种情况下，射频标签的"发射功率"都要比阅读器发射功率低很多。

射频识别系统阅读器发送的频率基本上划归三个范围：
- 低频（30～300kHz）；
- 中高频（3～30MHz）；
- 超高频（300MHz～3GHz）或微波（>3GHz）。

根据作用距离，射频识别系统的附加分类是：密耦合（0～1cm）、遥耦合（0～1m）和远距离系统（>1m）。

(8) 射频标签、读写器传输

射频标签回送到阅读器的数据传输方式多种多样，可归结为三类：
- 利用负载调制的反射或反向散射方式（反射波的频率与阅读器的发送频率一致）；
- 利用阅读器发送频率的次谐波传送标签信息（标签反射波与阅读器的发送频率不同，为其高次谐波（n倍）或分谐波（1/n倍）；
- 其他形式。

另外，射频识别技术还可以按照工作频率分类。

射频标签的工作频率是其最重要的特点之一。射频标签的工作频率不仅决定着射频识别系统工作原理（电感耦合还是电磁耦合）、识别距离，还决定着射频标签及读写器实现的难易程度和设备的成本。

工作在不同频段或频点上的射频标签具有不同的特点。射频识别应用占据的频段或频点在国际上有公认的划分，即位于ISM波段之中。典型的工作频率有：125kHz，133kHz，13.56MHz，27.12MHz，433MHz，902～928MHz，2.45GHz，5.8GHz等。

4.2 射频识别标签/芯片

4.2.1 射频识别标签原理

1. 射频识别标签的构造

射频识别标签一般由天线、调制器、编码发生器、时钟及存储器组成，如图4-2所示。

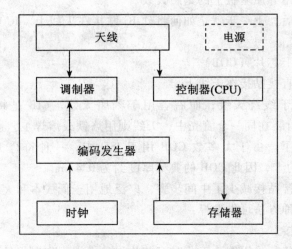

图4-2 射频识别标签

时钟把所有电路功能时序化,以使存储器中的数据在精确的时间内传输至读写器,存储器中的数据是应用系统规定的唯一性编码,在标签安装于识别对象(如:集装箱、车辆、动物等)前就已写入。数据读出时,编码发生器把存储器中存储的数据编码,调制器接收由编码发生器编码后的信息,并通过天线电路将此信息发射/反射至读写器。数据写入时,由控制器控制,将天线接收到的信号解码后写入存储器。

2. 射频识别标签的工作原理

(1)无源RFID标签的工作原理

无源RFID标签本身不带电池,依靠读卡器发送的电磁能量工作。由于它结构简单、经济实用,因而获得广泛的应用。无源RFID标签由RFID IC、谐振电容C和天线L组成,天线与电容组成谐振回路,调谐在读卡器的载波频率,以获得最佳性能。

生产厂商大多遵循国际电信联盟的规范,RFID使用的频率有6种,分别为135kHz、13.56MHz、43.3~92MHz、860~930MHz(即UHF)、2.45GHz以及5.8GHz。

RFID标签天线有两种天线形式:一是线绕电感天线,二是在介质基板上压印或印刷刻腐的盘旋状天线。天线形式由载波频率、标签封装形式、性能和组装成本等因素决定。例如,频率小于400kHz时需要mH级电感量,这类天线只能用线绕电感制作；频率在 4~30MHz 时，仅需几圈线绕的电感就可以，或使用介质基板上的刻腐天线。

选择天线后，下一步就是如何将硅 IC 贴接在天线上。IC 贴接也有两种基本方法：
- 使用板上芯片（COB）。
- 裸芯片直接贴接在天线上。

前者常用于线绕天线；而后者用于刻腐天线。CIB 是将谐振电容和 RFID IC 一起封装在同一个管壳中，天线则用烙铁或熔焊工艺连接在 COB 的 2 个外接端上了。由于大多数 COB 用于 ISO 卡，一种符合 ISO 标准厚度（0.76）规格的卡，因此 COB 的典型厚度约为 0.4mm。

裸芯片直接贴接减少了中间步骤，广泛地用于低成本和大批量应用。直接贴接也有两种方法可供选择：
- 引线焊接。
- 倒装工艺。采用倒装工艺时，芯片焊盘上需制作专门的焊球，材料是金的，然后将焊球倒装在天线的印制走线上。引线焊接工艺较简单，裸芯片直接用引线焊接在天线上，焊接区再用黑色环氧树脂密封。对小批量生产，这种工艺的成本较低；而对于大批量生产，最好采用倒装工艺。

无线 RFID 标签的性能受标签大小、调制形式、电路 Q 值、器件功耗以及调制深度的影响极大。下面简要地介绍它的工作原理。

RFID IC 内部备有一个 154 位存储器，用以存储标签数据。IC 内部还有一个通导电阻极低的调制门控管（CMOS），以一定频率工作。当读卡器发射电磁波，使标签天线电感式电压达到 V_{PP} 时，器件工作，以曼彻斯特格式将数据发送回去。

数据发送是通过调谐与去调谐外部谐振回路来完成的。具体过程如下：当数据为逻辑高电平时，门控管截止，将调谐电路调谐于读卡器的截波频率，这就是调谐状态，感应电压达到最大值。如此进行，调谐与去调谐在标签线圈上产生一个幅度调制信号，读卡器检测电压波形包络，就能重构来自标签的数据信号。

门控管的开关频率为 70kHz，完成全部 154 位数据约需 2.2ms。在发送完全部数据后，器件进入 100ms 的休眠模式。当一个标签进入休眠模式时，读卡器可以去读取其他标签的数据，不会产生任何数据冲突。当然，这个功能受到下列因素的影响：标签至读卡器的距离、两者的方位、标签的移动以及标签的空间分布。

(2) 有源 RFID 标签结构组成以及工作原理

有源电子标签又称主动标签，标签的工作电源完全由内部电池供给，同时标签电池的能量供应也部分地转换为电子标签与阅读器通信所需的射频能量。

半无源射频标签内的电池供电仅对标签内要求供电维持数据的电路或者标签芯片工作所需电压的辅助支持，本身耗电很少的标签电路供电。标签未进入工作状态前，一直处于休眠状态，相当于无源标签，标签内部电池能量消耗很少，因而电池可维持几年，甚至长达 10 年；当标签进入阅读器的读取区域时，受到阅读器发出的射频信号激励，进入工作状态时，标签与阅读器之间信息交换的能量支持以阅读器供应的射频能量为主（反射调制方式），标签内部电池的作用主要在于弥补标签所处位置的射频场强不足，标签内部电池的能量并不转换为射频能量。

相对无源电子标签而言，有源电子标签的特点是：
- 主动标签自身带有电池供电，读/写距离较远，体积较大，与被动标签相比成本更高，也称为有源标签，一般具有较远的阅读距离，不足之处是电池不能长久使用，能量耗尽后需更换电池。
- 无源电子标签在接收到阅读器（读出装置）发出的微波信号后，将部分微波能量转化为直流电供自己工作，一般可做到免维护，成本很低并具有很长的使用寿命，比主动标签更小也更轻，读写距离则较近，也称为无源标签。

相比有源系统，无源系统在阅读距离及适应物体运动速度方面略有限制。

3. 射频识别标签的功能

通常射频识别标签应具有如下功能：
- 具有一定容量的存储器，用以存储被识别对象的信息。
- 在一定工作环境及技术条件下，标签数据能被读出或写入。
- 维持对识别对象的识别及相关信息的完整。
- 数据信息编码后，工作时可传输给读写器。
- 可编程，且一旦编程后，永久性数据不能再修改。
- 具有确定的使用期限，使用期限内无需维修。
- 对于有源标签，通过读写器能显示出电池的工作状况。

4. 射频识别标签的选择原则

在工业、商业、服务业中，需要进行数据采集的每一个环节，都可以使用电子标签。目前电子标签的主要应用范围包括：仓储物流应用、物流的电子管理、资产管理、道路桥梁自动收费、不停车收费及公路收费、生产管理、图书馆管理、动物管理、门禁管理和身份识别、商品防盗、医疗和生命科学、食品安全与包装、电子证件、产品防伪等。在国内，随着信息技术的发展，电子标签的应用也越来越广泛，在商品防伪、危险品安全管理及物流通关等领域要求迫切，并在国家质检局和国家口岸通关部门的重视下有了实质性的发展。

当前，射频识别技术在国外发展很快，电子标签的种类繁多，各自有不同的特点。选择合适的电子标签需根据应用，至少需要确定以下几个问题：多远的工作距离？多快的通信速度？多少个标签能同时被处理？标签的成本是多少？对标签的工作环境和所附着物品的材料的要求是什么？标签的识别率是多少？而厂商提供的标签规格中一般具有电子标签的发射频率、接收频率、内存、多个标签处理能力、工作频率、唤醒频率、唤醒范围、标签读取范围、信号强度、电源、工作温度、存储温度、尺寸、重量等多个有关特性参数的数据。

首先是对频率的要求。下面主要从频率的角度来探讨电子标签的选择。

(1) 低频段电子标签

低频段电子标签一般为无源标签，其工作能量通过电感耦合方式从阅读器耦合线圈的辐射近场中获得。低频标签与阅读器之间传送数据时，低频标签需位于阅读器天线辐射的近场区内。低频标签的阅读距离一般情况下小于1m。

低频标签的典型应用有：动物识别、容器识别、工具识别、电子闭锁防盗（带有内置应答器的汽车钥匙）等。低频标签有多种外观形式，应用于动物识别的低频标签外观有：项圈式、耳牌式、注射式、药丸式等。

低频标签的主要优势体现在：标签芯片一般采用普通的 CMOS 工艺，具有省电、廉价的特点；工作频率不受无线电频率管制约束；可以穿透水、有机组织、木材等；非常适合近距离的、低速度的、数据量要求较少的识别应用（例如：动物识别）等。

低频标签的劣势主要体现在：标签存储数据量较少，只能适合低速、近距离识别应用；与高频标签相比标签天线匝数更多，成本更高一些。

(2) 中高频段射频标签

中频标签一般也采用无源为主，其工作能量同低频标签一样，也是通过电感（磁）耦合方式从阅读器耦合线圈的辐射近场中获得。标签与阅读器进行数据交换时，标签必须位于阅读器天线辐射的近场区内。中频标鉴的阅读距离一般情况下也小于1m。中频标签由于可方便地做成卡状，典型应用包括电子车票、电子身份证等。中频标准的基本特点与低频标准相似，由于其工作频率的提高，可以选用较高的数据传输速率。射频标签天线设计相对简单，标签一般制成标准卡片形状。

（3）超高频与微波标签

超高频与微波频段的电子标签，简称为微波电子标签，其典型工作频率为：433.92MHz，862（902）~928MHz，2.45GHz，5.8GHz。微波电子标签可分为有源标签与无源标签两类。工作时，电子标签位于阅读器天线辐射场的远区场内，标签与阅读器之间的耦合方式为电磁耦合方式。阅读器天线辐射场为无源标签提供射频能量，将有源标签唤醒。相应的无线射频识别系统阅读距离一般大于1m，典型情况为4~7m，最大可达10m以上。阅读器天线一般为定向天线，只有在阅读器天线定向波束范围内的电子标签才可被读/写。

由于阅读距离的增加，应用中有可能在阅读区域中同时出现多个电子标签的情况，从而提出了多标签同时读取的需求，进而这种需求发展成为一种潮流。目前，先进的无线射频识别系统均将多标签识读问题作为系统的一个重要特征。

以目前技术水平来说，无源微波电子标签比较成功的产品相对集中在902~928MHz工作频段上。2.45GHz和5.8GHz无线射频识别系统多以半无源微波电子标签产品面世。半无源标签一般采用纽扣电池供电，具有较远的阅读距离。

微波电子标签的典型特点主要集中在是否无源、无线读写距离、是否支持多标签读写、是否适合高速识别应用，读写器的发射功率容限，电子标签及读写器的价格等方面。对于可无线写的电子标签而言，通常情况下，写入距离要小于识读距离，其原因在于写入要求更大的能量。

微波电子标签的数据存储容量一般限定在2kbits以内，再大的存储容量似乎没有太大的意义，从技术及应用的角度来说，微波电子标签并不适合作为大量数据的载体，其主要功能在于标识物品并完成无接触的识别过程。典型的数据容量指标有：1kbits，128bits，64bits等。由Auto-ID Center制定的产品电子代码EPC的容量为：90bits。

微波电子标签的典型应用包括：移动车辆识别、电子身份证、仓储物流应用、电子闭锁防盗（电子遥控门锁控制器）等。相关的国际标准有：

ISO10374，ISO18000-4（2.45GHz）、ISO18000-5（5.8GHz）、ISO18000-6（860~930MHz）、ISO18000-7（433.92MHz），ANSI NCITS256-1999 等。

超高频射频应用是应用最广泛的频段具有如下特点：

- 在该频段，全球的定义不尽相同。欧洲和部分亚洲定义的频率为868MHz，北美定义的频段为902~905MHz之间，在日本建议的频段为950~956MHz之间。该频段的波长大概为30cm左右。
- 目前，该频段功率输出没有统一的定义，美国定义为4W，欧洲定义为500mW。可能欧洲限制会上升到2W EIRP。
- 超高频频段的电波不能通过许多材料，特别是水，灰尘，雾等悬浮颗粒物质。相对于高频的电子标签来说，该频段的电子标签不需要和金属分开来。
- 电子标签的天线一般是长条和标签状。天线有线性和圆极化两种设计，满足不同应用的需求。
- 该频段有好的读取距离，但是对读取区域很难进行定义。
- 有很高的数据传输速率，在很短的时间可以读取大量的电子标签。

主要应用如下：

- 供应链上的管理和应用。
- 生产线自动化的管理和应用。
- 航空包裹的管理和应用。
- 集装箱的管理和应用。
- 铁路包裹的管理和应用。
- 后勤管理系统的应用。

根据以上叙述，各频段电子标签按频率选择特点见表4-1。

表4-1　　　　　　　　各频段电子标签按频率选择特点

工作频率	协议	最大读写距离	受方向影响	芯片价格（相对）	数据传输速率（相对）	目前使用情况
125kHz	ISO11784/11785 ISO18000-2	10cm	无	一般	慢	大量使用

续表

工作频率	协议	最大读写距离	受方向影响	芯片价格（相对）	数据传输速率（相对）	目前使用情况
13.56MHz	ISO/IEC14443	10cm	无	一般	较慢	大量使用
	ISO/IEC15693	单向180cm 全向100cm	无	低	较快	大量使用
860~930MHz	ISO/IEC18000-6、EPCX	10cm	一般	一般	读快写较慢	大量使用
2.45GHz	ISO/IEC18001-3	10cm	一般	较高	较快	可能大量使用
5.8GHz	ISO/IEC18001-5	10cm以上	一般	较高	较快	可能大量使用

其次是对读写属性的要求。电子标签信息的写入方式大致可以分为以下三种类型：

(1) 电子标签在出厂时，已将完整的标签信息写入标签

这种情况下，应用过程中，电子标签一般具有只读功能。只读标签信息的写入，在更多的情况下是在电子标签芯片的生产过程中即标签信息写入芯片，使得每一个电子标签拥有一个唯一的标识 UID（如 96bits）。应用中，需再建立标签唯一 UID 与待识别物品的标识信息之间的对应关系（如车牌号）。只读标签信息的写入，也有在应用之前，由专用的初始化设备将完整的标签信息写入。

(2) 电子标签信息的写入采用有线接触方式实现

一般称这种标签信息写入装置为编程器。这种接触式的电子标签信息写入方式通常具有多次改写的能力。例如，目前在用的铁路货车电子标签信息

的写入即为这种方式。标签在完成信息注入后，通常需将写入口密闭起来，以满足应用中对其防潮、防水、防污等的要求。

（3）电子标签在出厂后，允许用户通过专用设备以无接触的方式向电子标签中写入数据信息

这种专用写入功能通常与电子标签读取功能结合在一起形成电子标签读写器。具有无线写入功能的电子标签也具有其唯一的不可改写的 UID。这种功能的电子标签趋向于一种通用电子标签，应用中，可根据实际需要仅对其 UID 进行识读，或仅对指定的电子标签内存单元（一次读写的最小单位）进行读写。

应用中，还广泛存在着一次写入多次读出 WORM（write once read many）的电子标签。这种 WORM 概念既有接触式改写的电子标签存在，也有无接触式改写的电子标签存在。这类 WORM 标签一般用在一次性使用的场合，如航空行李标签，特殊身份证件标签等。

4.2.2 射频识别标签分类

1. 按标签的工作频段分类

电子标签的工作频率不仅决定着无线射频识别系统的工作原理（是电感耦合还是电磁耦合）、识别距离，还决定着电子标签及读写器实现的难易程度和设备的成本。

工作在不同频段或频点上的电子标签具有不同的特点。无线射频识别应用占据的频段或频点在国际上有公认的划分，即位于 ISM 波段之中。典型的工作频率有：125kHz，133kHz，13.56MHz，27.12MHz，433MHz，902～928MHz，2.45GHz，5.8GHz 等。

（1）低频段电子标签

低频段电子标签简称为低频标签，其工作频率范围为 30～300kHz。典型工作频率有：125kHz，133kHz（也有接近的其他频率，如 TI 使用 134.2kHz）。低频标签一般为无源标签，其工作能量通过电感耦合方式从阅读器耦合线圈的辐射近场中获得。低频标签与阅读器之间传送数据时，低频标签需位于阅读器天线辐射的近场区内。低频标签的阅读距离一般情况下小于 1m。

（2）中高频段电子标签

中高频段电子标签的工作频率一般为 3～30MHz。典型工作频率为：13.56MHz。该频段的电子标签，从无线射频识别应用角度来说，因其工作

原理与低频标签完全相同,即采用电感耦合方式工作,所以将其归为低频标签类中。另外,根据无线电频率的一般划分,其工作频段又称为高频,所以也常将其称为高频标签。

(3) 超高频与微波标签

前面已经指出,超高频与微波频段的电子标签简称为微波电子标签,应该熟记其典型工作频率为:433.92MHz,862(902)~928MHz,2.45GHz,5.8GHz。具体工作原理不再重复。

2. 按标签的读写方式分类

标签按照的读写方式可分为:只读标签、可读写标签、一次写入只读标签、利用传感器实现的可读写标签、利用收发信机实现的可读写标签。

(1) 只读标签

这种标签通常内部只有只读存取器(ROM,Read Only Memory)用来存储标识信息,并且EPC由制造商在制造标签时写入,不可更改。这种类型的标签往往也被用来作为电子防盗器或电子物品监视器EAS(electronic article surveillance)的标签,其标签内无ID号,它们在通过读写器时,会被阅读器发现并被捕获到。

(2) 可读写标签

此类标签用户可通过访问其内部的存储器,对这种标签进行读写操作,因内含可编程记忆存储器。这种存储器除了有存储信息功能外,还可在适当条件下由用户写入数据。EEPROM(电可擦写可编程记忆存储器)是最典型的可读写标签。

(3) 一次写入只读标签

此标签内含ROM和随机存储器RAM(random access memory)。ROM用于存储发射器操作系统程序和安全性要求较高的数据,它与内部的处理器或逻辑处理单元完成内部的操作控制功能。只读标签ROM中还存储了标签的标识信息,这些信息在标签制造中由制造商写入,也可由客户自己写入,但一旦写入就不能修改。

(4) 利用传感器实现的可读写标签

此类标签内含一个片上传感器,用户可以记录参数(温度、压力、加速度)并写入标签存储器。因为这种标签的工作环境通常不在阅读器的工作范围内,故其标签必须是主动式或半主动式的。

(5) 利用收发信机实现的可读写标签

此类标签类似小型发射接收系统。可以同其他标签或器件进行数据通信,且不需要读写器的参与,还能把相关信息通过可编程的方式写入到自身的可编程存储器中。通常此类标签是有源的,可放入大自然或交通路口,监控各种微小的变化,又叫智能灰尘。

五种类型电子标签的比较见表4-2。

表4-2　　　　　　　　　　五种类型电子标签的比较

RFID 标签实例	存储器类型	供电形式	应用领域
EAS/EPC	只读	无源	防盗
EPC	可读写	任意	物流数据采集
EPC	一次写入只读	任意	身份识别
标签传感器(sensor tags)	可读写	半有源/有源	特殊物品运输监控
智能灰尘(smart dust)	可读写	有源	无人监控系统

3. 按标签的工作方式(调节方式)分类

标签按工作方式(调节方式)分类有主动式、被动式和半主动式。无源系统为被动式,有源系统为主动式和半主动式。

主动式的射频系统用自身的射频能量主动发送数据给读写器,调制方式为调幅、调频或调相。

被动式的射频系统往往使用调制散射的方式发射数据,它必须利用读写器的载波来调制自己的信号,在门禁或交通的应用中比较适宜,获得广泛应用,因为其读写器可确保只激活一定范围内的电子标签。被动式标签产生电能的典型装置是天线和线圈。当标签进入系统工作区域时,天线收到特定的电磁波,线圈就会产生感应电流,经过整流电路时就激活电路上的微型开关,给标签供电。

半主动的RFID标签系统通常被称为电池支援式反向射散调制系统。其标签本身也带有电池,只起到供电于标签内部数字电路作用,而不能通过自身的能量主动发送数据,只有在可识别范围内被阅读器的能量激活后,方可通过反向射散调制方式发送自己的数据。

主动式标签和被动式标签的性能比较见表4-3。

表 4-3　　　　　　　　主动式标签和被动式标签的性能比较

规格	主动式标签	被动式标签
能量来源	电池供电	外在电感应提供
工作距离	可达 100m	可达 3~5m　一般在 20~40cm
存储容量	160KB 以上	通常小于 128bit
信号强度要求	低	高
价格	高	低
工作寿命	2~4 年	维护好可 5 年以上

4. 按标签有无能源（供电方式）分类

标签按有无能源（供电方式）分类可分为有源标签和无源标签。

有源标签的特点主要有：使用标签内的电池能量，识别距离较长，几十米到上百米，但因依赖电池，故寿命有限，且成本较高，其体积较大，无法制成适合某些用途的薄卡。

反之，无源标签不含电池，但却利用耦合的读写器发射的电磁波能量作为自己的能量，且质量轻，体积小，寿命长，成本低，可制成薄卡或挂扣卡。缺点是：其被识别距离从几十厘米到几十米，需要较大的读写器发射功率才能被感应。

5. 按标签工作的距离分类

（1）远程标签

工作距离在 100cm 以上的标签称为远程标签。

（2）近程标签

工作距离在 10~100cm 的标签称为近程标签。

（3）超近程标签

工作距离在 0.2~10cm 的标签称为超近程标签。

6. 按封装形式进行分类

按封装形式进行分类可分为：圆形标签、玻璃管标签、线形标签、信用卡标签以及特殊用途的异形标签，如图 4-3 至图 4-6 所示。

图 4-3 圆形标签

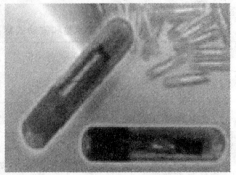
图 4-4 玻璃管标签

图 4-5 线形标签

图 4-6 智能卡标签

4.2.3 射频识别标签产品示例

1. RigidTag 超高频无源封装标签

RigidTag 超高频无源封装标签如图 4-7 所示。

图 4-7 RigidTag 超高频无源封装标签

第4章 射频识别技术产品

产品特征：
- 全球一致的 UHF 范围性能。
- Gen 2 和 ISO 18000-6B 版本。
- 采用不同材料，性能卓越。

可重复使用，每次使用成本更低的"耐用标签"RT（rigid tag）是一种无源的 UHF RFID 标签，在各种表面都能实现卓越性能。可支持 EPC Global Class 1，Generation 2（Gen 2）以及 ISO 18000-6B 协议，其适用范围广，小巧耐用，专为恶劣工业环境设计，可在最高 250°F（121℃）温度范围内使用。而且小型耐用标签具有宽频天线设计，可使单一标签在世界任何地方和各种表面上使用，包括金属、塑料和木材。

典型应用包括如下方面：
- 可重复使用塑料容器（RPC）。

图 4-8 为托盘容器/金属容器标签 Ragidtag。
- 金属框架。
- 货盘。
- 集装设备（unit loading device，ULD）。
- 气瓶。
- 啤酒瓶和其他商用饮料瓶。
- 危险物资容器。

图 4-8 托盘容器/金属容器标签 Ragidtag

- 化学容器。

安装方法：

可使用螺钉、铆钉、双面胶带或其他各种适合此应用的方法。每个标签还有两个安装孔，可使用 6 号硬件（本产品不含）进行安装。

2. 未封装 Inlay 标签

未封装 Inlay 标签如图 4-9 所示。

图 4-9　未封装 Inlay 标签

3. 不干胶电子标签

不干胶电子标签如图 4-10 所示。

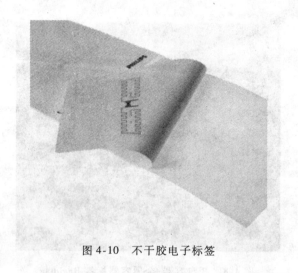

图 4-10　不干胶电子标签

4. ISO 资产标签

ISO 资产标签如图 4-11 所示。

图 4-11　ISO 资产标签

5. Gen2 行李分拣标签

Gen2 行李分拣标签如图 4-12 所示。

图 4-12　Gen2 行李分拣标签

6. ISO18000-6b 货架标签

ISO18000-6b 货架标签如图 4-13 所示。

图 4-13　ISO18000-6b 货架标签

7. 卡式硬质标签

卡式硬质标签如图 4-14 所示。

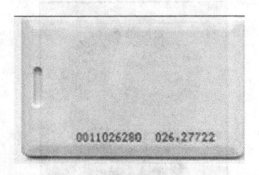

图 4-14　卡式硬质标签

8. 不干胶打印标签

不干胶打印标签如图 4-15 所示。

图 4-15　不干胶打印标签

9. 包装箱不干胶粘贴标签

包装箱不干胶粘贴标签如图 4-16 所示。

图 4-16　包装箱不干胶粘贴标签

10. 电子耳标

电子耳标如图 4-17 所示。

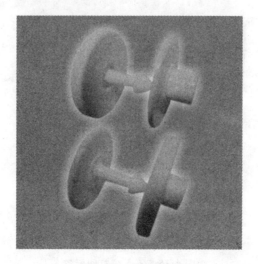

图 4-17　电子耳标

11. 汽车挡风玻璃标签

汽车挡风玻璃标签如图 4-18 所示。

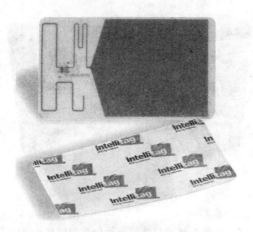

图 4-18　汽车挡风玻璃标签

12. 矿帽有源标签

矿帽有源标签如图 4-19 所示。

图 4-19 矿帽有源标签

4.3 射频识别读写产品

4.3.1 射频识别读写产品原理

1. 射频识别读写产品的组成

所有射频识别读写产品的读写器均可以简化为两个基本的功能块:控制系统和由发送器及接收器组成的高频接口。如图 4-20 所示中展示的是一个用于射频识别系统的读写器。右侧是高频接口,为了防止不希望出现的寄生辐射,用镀铂的铁皮外壳为它作了屏蔽。在读写器的左侧是控制系统,这里是采用 ASIC 组件和微控制器来实现的。为了将它集成到一个应用软件中,此读写器带有一个 RS232 接口,用于读写器和外部应用软件之间的数据交换。

(1)高频接口

读写器的高频接口担负有下列任务:

- 产生高频的发射功率,以启动射频识别标签并为它提供能量;
- 对发射信号进行调制,用于将数据传送给射频识别标签;
- 接收并解调来自射频识别标签的高频信号;
- 在高频接口中有两个分隔开的信号通道,分别用于往来于射频识别标签的两个方向的数据流。传送到射频识别标签中去的数据通过发送器分支,而来自于射频识别标签的数据通过接收器分支来接收。

(2)控制单元

读写器的控制单元担负着以下任务:

图 4-20 读写器产品示例（可以看见高频接口与控制系统）

- 与应用系统软件进行通信，并执行应用系统软件发来的命令；
- 控制与射频识别标签的通信过程（主-从原则）；
- 信号的编码与解码。

对于复杂的系统，其还有下列附加的功能：

- 执行反碰撞算法；
- 对射频识别标签与读写器之间要传送的数据进行加密和解密；
- 进行射频识别标签和读写器之间的身份验证。

为了完成这些复杂的任务，在绝大多数情况下控制单元都拥有微处理器作为核心部件。

读写器的控制单元电路图如图 4-21 所示。

应用系统软件与读写器之间的数据交换是通过 RS232 或 RS485 串口来进行的。这里同普通的 PC 机一样，使用的是 NRZ 编码（8 位异步）。

2. 射频识别读写产品的工作原理

虽然在耦合方式（电感-电磁）、通信流程（FDX, HDX, SEQ）、从射频识别标签到读写器的数据传输方法（负载调制、反向散射、高次谐波），特别是在频率范围等方面各种读写器产品有根本性的区别。但是，所有的读

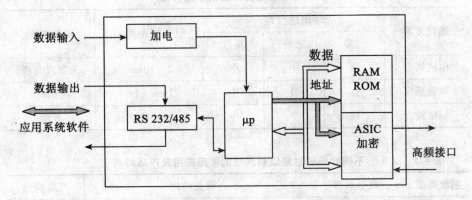

图 4-21 读写器的控制单元电路图（用串行口与上级应用系统软件进行通信）

写器在功能原理上，以及由此决定的构造设计上是很相似的，如图 4-22 所示。

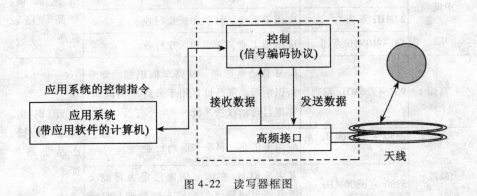

图 4-22 读写器框图

由图 4-22 可见，由控制系统与高频接口组成的读写器框图，整个系统的控制由一个外部应用系统通过控制指令来实现。

3. 射频识别读写设备的选择原则

在射频识别系统中，射频读写器与射频标签之间的通信方式通常有电磁耦合、电磁感应和微波三种，不同的通信方式适用于不同的工作频率、标签类型等，也直接影响系统的识别距离、环境适应性等特征。表 4-4 和表 4-5 分别给出了几种通信方式对应的系统特征及不同频段的射频识别系统的常见应用及产品特点，供使用者进行系统选择时参考。

表4-4　　　　　　　　　几种通信方式对应的系统特征

通信方式	环境适应性			识别距离	标签类型
	污染	磁场	高温		
电磁耦合	强	中	中	2~10mm	无源或有源
电磁感应	强	差	中	2mm~1m	无源
微波	强	中	中	0~3m或更远	有源

表4-5　　　　不同频段的射频识别系统的常见应用及产品特点

系统类型	典型频段	常见应用	产品特点
低频	≤135kHz系列	动物识别、门禁系统、物品追踪等管理	中短距识别、阅读速度慢、产品价格低廉
	1.95~8.2MHz系列	电子物品监视,零售业或物品防盗领域	
中低频	13MHz系列	小区物业管理、大厦门禁系统、电子物品监视及ISM(工业、科学和医疗行业)等	中短距识别、中速阅读、产品价格较低廉
	27MHz系列	应用于工业、科学和医疗行业	
	430~460MHz系列	应用于工业、科学和医疗行业	
高频	902~926MHz系列	GSM移动电话网、铁路车辆识别、集装箱识别等。部分地区用于公路车辆识别、管理与自动收费系统	长距识别、高速阅读、产品价格较贵
微波	2350~2450MHz系列	应用于工业、科研和医药行业	
	5800~6800MHz系列	其中5.8GHz在部分国家已定为智能交通系统用频段(如公路车辆管理与自动收费系统)	

4.3.2　射频识别读写产品示例

1. 读写器模块

(1) 产品示例：读写器(RD5000)如图4-23所示。详细参数见表4-6。

产品描述：RD5000出色的RFID功能，耐用精巧的设计和出色的移动功能，非常适合安装在叉车和夹重叉车、移动手推车、轻便式滑轮输送机的任何位置，甚至是在有线读写器无法安装的受空间限制的位置。结合移动数据终端,叉车操作员提起带有 RFID 标签的货盘时,就能获得更多的重要信息。设计坚固,不管是位于室内还是室外,都能够确保在最为苛刻的环境中连续作业。

图 4-23 读写器(RD5000)

表 4-6 读写器(RD5000)详细参数

硬件规格	CPU	Intel XScale Bulverde PXA270 处理器,624MHz
	操作系统	Microsoft Windows CE(V5.0)
	内存	Flash 64MB;DRAM 64MB
	静电放电(ESD)	+/-15kV 空气放电,+/-8kV 直接放电
	支持的标准	EPC G2
	额定读取范围	10 英尺/3.04m
	作用域	读取范围半读取功率角:+/-80°
	天线	内置集成,圆极化,每轴有效线性增益 1.5dB(额定);天线端口可支持今后使用外部天线
	输出功率	1 瓦(1.4 瓦 EIRP,带集成天线)
	数据速率	802.11a:高达 54Mbps;802.11b:高达 11Mbps;802.11g:高达 54Mbps
	PAN(支持蓝牙)	Bluetooth1.2 版,包括 BTExplore(管理器)
	电气安全	UL60950-1,CSA C22.2 No. 60950-1,IEC 60950-1

续表

硬件规格	WLAN 和蓝牙	USA-FCC Part 15.247, 15.407; Canada-RSS-210
	RF 曝光	USA-FCC Part 2, FCC OET Bulletin 65 Supplement C; Canada-RSS-102
	RFID	USA-FCC Part 15.247, 15.205, 15.209; Canada-RSS-210
	EMI/RFI	USA-FCC Part 15; Canada-ICES 0003 Class B
操作环境	工作温度	-20~50℃
	充电温度	0~40℃
	储存温度	-40~70℃
	湿度	5%~95% 无冷凝
	跌落规格	可承受 30 英寸/76.2cm 高度跌至水泥地面的冲击
	反复撞击	在 7g 冲击力下，可承受 3500 次撞击；在 60g 冲击力下，可承受 21600 次撞击
	环境密封	IP66
	静电放电（ESD）	+/-15kV 空气放电，+/-8kV 直接放电

（2）产品示例：RFID 无源标签读写器（RFS-2022）如图 4-24 所示。详细参数见表 4-7。

图 4-24 RFID 无源标签读写器（RFS-2022）

产品描述：RFID 无源标签读写器（RFS-2022）能够读写 ISO-18000-6 协议标签的 UHF 频段的电子标签。可广泛应用于车辆门禁、人员门禁、生产流水线等领域，与汽车衡、轨道衡等配套能够实现物流的管理。该型读写器能够接 2 个天线（2011 型 1 个天线），能够同时读写多个标签。

表 4-7　　　　RFID 无源标签读写器（RFS-2022）详细参数

硬件规格	频率	902～928MHz
	载波	广谱跳频
	最大射频输出功率	32dBm
	输出调节范围	27～32dBm，每步 1dBm
	协议	ISO-18000-6
	天线数量	2022 型 2 个，2011 型 1 个
	电源	直流 5V，4A
	电源功率	小于 20W
	通信接口	RS232/RS485；2 个 Wiegand26/34 口
	指示灯	电源，射频，通信
	读卡距离	大于 6m，与标签及天线有关
	读卡速率	每秒大于 20 张
操作环境	工作温度	-10～55℃
	存储温度	-20～80℃

（3）产品示例：超高频读写器（PSC Falcon 5500）如图 4-25 所示。详细参数见表 4-8。

产品描述：超高频读写器（PSC Falcon 5500）是一款集成了先进的 UHF 频段的非接触读卡器的数据终端，可支持 EPC Class 0 和 Class 1，升级支持 G2 标准，专业设计，合适供应链、物流、仓储、海关运输等应用领域。

图 4-25 超高频读写器（PSC Falcon 5500）

表 4-8　　**超高频读写器（PSC Falcon 5500）详细参数**

硬件规格	CPU	Intel Scale PXA255（400MHz）
	内存	RAM 64M FROM 64M
	RFID 频段	UHF 902～928MHz
	支持协议	EPC CLASS 0，CLASS 1，可升级支持 CLASS1 G2 标准
	条码识读器	半导激光
	扫描距离	60～910mm
	扫描频率	(35±5) 次/s
	显示屏	240 像素×320 像素 256-Level 灰度级
	通信接口	USB1.1，RS232，耳机插孔 PC Card Type II 插槽 IEEE802.11b Wireless LAN（可选）
	电池	可充电式锂离子电池组（2000mAh）
	操作系统	Microsoft Windows CE.NET 4.2
	开发环境	Embedded Visual C++、Visual C#.NET、Visual Basic.NET、Personal Java 1.1，RFBuilder 等
操作环境	操作温度	-20～50℃ 防水/防尘性符合 IP54 标准

2. 读写器天线

（1）产品示例：RFID 高性能天线如图 4-26 所示。详细参数见表 4-9。

产品描述：RFID 高性能天线功能多用，性能卓越，可以满足各种应用需要。与读取器一起使用时，将在读取器与 RFID 标签之间提供更加准确、快速和高效的通信。

图 4-26 RFID 高性能天线

表 4-9 RFID 高性能天线详细参数

硬件规格	尺寸	长：71.7cm 宽：31.7cm 厚：3.8cm
	外壳	含 PVC 塑料的铝外壳
	类型	双向/双极化定向天线
	极化	孔径 1：左旋圆 孔径 2：右旋圆
	额定阻抗	50Ω
	天线罩材料	塑料，符合 UL94 V0
	温度范围	-40～80℃
	正面风力载荷(125m/h)	20.4kg
	频率范围	900～925MHz
	增益	5.25dBi linear
	纵向比	20dB
	3dB 水平半功率角	70°
	3dB 垂直半功率角	70°
	电压驻波比（VSWR）	<1.5:1 跨频率范围
	最大输入功率	5W
操作环境	工作温度	0～50℃
	存储温度	-20～70℃

(2)产品示例:读写器天线(RI-ANT-T01A)如图4-27所示。详细参数见表4-10。

产品描述:读写器天线(RI-ANT-T01A)是一款频率为13.56MHz的单天线,防护等级达到了IP65,最大读取距离40cm,适合各种读取距离不远、环境较差的场合。

图4-27 读写器天线(RI-ANT-T01A)

表4-10 读写器天线(RI-ANT-T01A)详细参数

硬件规格	型号	RI-ANT-T01A
	尺寸	327mm×322mm×38mm
	防护等级	IP65
	重量	700g
	工作频段	13.56MHz
	读取距离	最大40cm
	接口	SMA male(50Ω)
	连接线	RG58(3,6m)
操作环境	工作温度	-25~55℃
	存储温度	-25~60℃

3. 读写器 IC 芯片

(1) 产品示例：读写器芯片（U2270B）如图 4-28 所示。详细参数见表 4-11。

产品描述：读写器芯片（U2270B）采用非接触式读写数据传输；工作频率范围为 100~150kHz；可兼容 e5550，T5551，T5557；32 位密码保护；32 位唯一的 ID 码；超低功耗。

图 4-28　读写器芯片（U2270B）

表 4-11　　　　　　　　读写器芯片（U2270B）详细参数

硬件规格	频率范围	125kHz
	可读/写	可读可写
	用户内存	224bit 可选更大
	系统内存	96bit 可选更大
	写保护	32 位密码保护
	协议标准	ISO11784/5 FDX-B
	调制方式	ASK
	编码方式	FSK，PSK，Manchester，Bi-phase，NRZ
	传输速率	RF/2 to RF/128
	内置电容	0 or75/210/250/330pF
	防冲撞	AOR（有请求时再回答）
	芯片数量	1 片 Wafer 有 1.1 万~1.5 万个

续表

硬件规格	焊接点	无/有焊点（需 PCB）
	读写次数	超过 10 万次
	读/写距离	10cm
	扫描时间	5.7ms
操作环境	工作温度	−40～85℃
	存储温度	−40～150℃

（2）产品示例：高频多协议非接触存储芯片如图 4-29 所示。详细参数见表 4-12。

产品描述：高频多协议非接触存储芯片是一款支持双向通信标准的非接触存储芯片，同时兼容 ISO14443B 和 ISO15693 标准。抗冲突能力多达 100 张芯片/s，通信距离可达 1.5m。

图 4-29　高频多协议非接触存储芯片

表 4-12　　　　高频多协议非接触存储芯片详细参数

硬件规格	工作频段	13.56MHz
	RFID 标准	ISO14443B；ISO15693
	波特率	26kbps ISO 15693106 kbps ISO14443 B
	抗冲突	当采用 ISO15693 标准时，为 50 张/秒 当采用 ISO14443 标准时，为 100 张/秒
	唯一序列号	64 位

续表

硬件规格	EEPROM 内存	2 Kbit 16×2 Kbit 或 2×16 Kbit
	内存管理方式	8 字节/块
	安全存储的数值区域	65534 单位
	可重置计数器	65535 次
	加密认证	64 位
	密钥区	密钥长度用于安全页面的借贷密钥
	带认证的读/写保护	有
	一次性写入区域	有
	EEPROM 擦写次数	大于 100K 周期
	EEPROM 数据保留时间	10 年
操作环境	工作温度	-40~70℃

(3) 产品示例：兼容卡（EM4100）如图 4-30 所示。详细参数见表 4-13。

产品描述：兼容卡（EM4100）是目前最为常用的标准射频卡之一，采用 PVC/ABS 封装，性能可靠稳定。采用 PVC/ABS 封装，防水防尘技术，符合 EM4100 兼容标准。适用于：考勤、门禁、身份识别、一卡通等应用。

图 4-30　兼容卡（EM4100）

表 4-13　　　　　　　兼容卡（EM4100）详细参数

硬件规格	工作频段	125kHz
	RFID 标准	EM4100 兼容
	尺寸	85.5mm×54mm
	读取距离	最远 10cm
	封装材料	PVC/ABS
	唯一序列号	40 位
操作环境	工作温度	-40~85℃
	存储温度	-55~100℃

4. 便携式读写设备

（1）产品示例：高频手持移动数据终端（CS8011）如图 4-31 所示。详细参数见表 4-14。

图 4-31　高频手持移动数据终端（CS8011）

产品描述：高频手持移动数据终端（CS8011）支持 MifareS50 及兼容卡片；界面友好，使用方便；可拆卸锂电池，工作时间长；支持目前常用的 MifareS50 及其兼容型电子卡片，并提供了优良的工作性能。

适用于：医疗保健、制药、游乐园、娱乐场所、电子票务、图书馆、特快包裹快递、仓储等行业。

表4-14　　高频手持移动数据终端（CS8011）详细参数

硬件规格	产品外形	长：200mm　宽：72mm　高：34mm
	CPU	ARM7，32bit RISC
	内存	8M SDRAM
	显示屏	LCD 160*128，4 Level Gray，EL back-light
	RFID类型	MifareS50及兼容卡片
	工作频率	13.56MHz
	识读距离	0~5cm
	读写方式	读写
	待机时间	240h
	重量	约350g
	电源	AC 127~220V，50~60Hz，DC5.6V，1.5A
	功耗	<1.5W（最大）
	电池	970mAH Li-Battery，同NOKIA3310，3330手机电池兼容
	键盘	23按键
操作环境	工作温度	-5~45℃
	工作湿度	5%~95%（非凝结）
	下落	从1.5m落至水泥地面无损

（2）产品示例：多功能UHF手持读写器如图4-32所示。详细参数见表4-15。

产品描述：多功能UHF手持读写器便携性和易用性结合在一起，1/4英寸的触摸屏可在日光下读写，带有背光的键盘和良好的键盘布局，简化了应用交互。

适用领域如下：

制造及供应链：库存管理、供应链管理、流水作业、安全测试、部件跟踪。

数字化仓储管理：拣选、包装、托盘追踪、运输管理、库存盘点、货架定位、堆场管理、商船管理。

商业零售：货架盘点、进货、价格查验、票据查验。

军用后勤：枪支弹药管理、军用物资运输管理、军用集装箱查验、身份识别。

警用稽查：车辆稽查、道路执法、车牌识别、危险品管理、身份识别。

图 4-32 多功能 UHF 手持读写器

表 4-15 多功能 UHF 手持读写器详细参数

硬件规格	CPU	Intel® XScale™ Bulverde™ PXA270 处理器 520MHz
	内存	128MB/128MB（最大 256MB）
	操作系统	Microsoft® Windows™ Mobile 5.0 Premium Edition
	扩展槽	一个 CF 卡扩展槽，一个 SD/MMC 扩展槽
	应用程序开发支持	提供 SDK 开发包
	天线	集成线性偏转天线
	频率范围	866～956MHz
	输出功率	4W EIRP
	GPS	SIRF3 模组
	环境密封	IP65 标准
	支持标准	EPC, ISO 18000-6B, Gen 2
	理论读取范围	5m

			续表
硬件规格	理论写入范围	读取距离的一半	
	有效区域	70°圆锥状从天线到设备（大约）	
	波段	声音/数据通信，GSM900/1800/2700 三波段频率	
	电源	主电池：锂离子可重复充电 3.7V 4400mAh，备份电池：锂离子可重复充电 3.7V 220mAh	
操作环境	工作温度	-4 ~ 122 ℉/-20 ~ 50℃	
	工作湿度	-40 ~ 158 ℉/-40 ~ 70℃	
	下落	1.5m 高跌落到水泥地面，每面 6 次跌落，3 个角度在超过运行温度的情况下	

（3）产品示例：手持工业级智能数据终端（MC9090-G RFID）如图 4-33 所示。详细参数见表 4-16。

图 4-33 手持工业级智能数据终端（MC9090-G RFID）

产品描述：手持工业级智能数据终端（MC9090-G RFID）支持目前广为流行的无线射频识别标准 – EPC Gen2 标准。完全融合了 RFID 识别、条码读取、成像技术、802.11 无线连接、全尺寸 QVGA 显示屏以及字母数字小键盘等多项技术，具有最大的灵活性和可靠性，使企业可以实时访问供应链中的关键信息。

表 4-16　手持工业级智能数据终端（MC9090-G RFID）详细参数

硬件规格	CPU	Intel XScale Bulverde PXA270 处理器 624MHz
	存储器	64MB/128MB
	操作系统	Microsoft Windows Mobile 5.0 Premium Edition
	扩展槽	SD/MMC
	应用开发	PSDK、DCP 和 SMDK
	外形尺寸	长：27.3cm　宽：11.9cm　高：19.5cm
	工作频段	902～928MHz 支持中国频段
	标准支持	EPC Gen 2
	额定读取范围	6.09～304.8cm
	额定写入范围	30.5～60.9cm
	作用域	从设备最前端：70 锥角（近似）
	天线	集成，线性极化天线
	输出功率	1 瓦（4 瓦 EIRP）
操作环境	工作温度	−20～50℃
	工作湿度	−40～70℃
	下落	多次从 1.8m 坠落至混凝土表面无损
	滚动指数	室温下，2000 次 1 米滚动（4000 次撞击）
	防尘防水	IP64（电子封装，显示屏和键盘）
	ESD（静电释放）	+／−15kV DC 空气放电

（4）产品示例：手持 RFID 读写器（IP30）如图 4-34 至图 4-36 所示，详细参数见表 4-17。

产品描述：手持 RFID 读写器（IP30）RFID 的强大功能完全可以在现在和将来立即添加，在任何地点支持室内和现场应用，例如仓库操作、运输过程可见性、直接货物配送和意外情况处理。紧密结合单品、货箱和托盘层次识别的互补解决方案转移。IP30 和 CK61ex 不仅为读写 RFID，也为在同一应用中从任意角度、无论远近读写 1D 和 2D 条码带来其所需的灵活性。

图 4-34　手持 RFID 读写器（IP30），与移动计算机分离使用

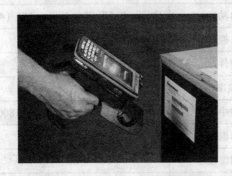

图 4-35　连接移动计算机 CN3 使用的 IP30

图 4-36　连接移动计算机 CK61 使用的 IP30

表 4-17　　**IP30 手持 RFID 读写器详细参数**

硬件规格	不含手持计算机的重量	含电池 430g
	带有 CN3 的重量	含电池 860g
	带有 CK61 的重量	含电池 1.16kg
	兼容的手持式计算机	CN3、CN3e、CK61、CK61ex
	标准接口　通信接口	蓝牙和 USB 配置
	天线	线性极化
	常规读取范围（依标签而不同）	6.09～304.8cm（0.2～10ft.）
	常规写入范围（依标签而不同）	30.5～60.9cm（1～2ft.）
	输出功率	欧洲-0.5W 其他地区-1W（4W EIRP）；
	电源	可更换的锂离子电池组
	附件	外置充电器
	RFID 频率范围	869 和 915MHz
	标签空中接口	EPCglobal UHF Gen 2、ISO 18000-6b、ISO 18000-6c
操作环境	操作温度	0～50℃（32～122℉）
	存储温度	-30～70℃（-22～158℉）
	湿度	10%～95%（无冷凝）
	密封	符合 IP64 标准
	抗冲击	30G，11ms，半正弦脉冲（操作）抗振动：三个轴向约可承受 2 小时 17.5G RMS 伪随机振动
	跌落承载	可承受从 4 英尺（1.3m）高度 26 次坠落至水泥地面
	非易燃（NI）选件	Class I-Div. 2 Groups A, B, C, D; Class II -Div. 2 Groups F, G; Class III -Div 2. T4

（5）产品示例：便携式 RFID 读写器（IP4）如图 4-37 所示，详细参数见表 4-18。

产品描述：IP4 读写器的手柄是一种易使用、高强度的塑料镁制板机操作附件。

IP4 通过一个附加手柄与移动计算机连接。通过集成了手持式移动计算设备及 PAN、LAN 和 WAN 无线技术,以及可在全球应用的多协议 RFID 无线通信技术。

IP4 的 RFID 无线电通信可通过软件配置,在多协议环境中工作,可以同时支持现有的 ISO 18000-6b、EPC UHF Generation 2 (Gen 2) 以及 ISO 18000-6c 标准。

IP4 在 UHF 频段下工作。在移动数据采集和传输的环境中,RFID 的无线电通信与 PAN、LAN 或 WAN 的数据传输不会相互干扰。

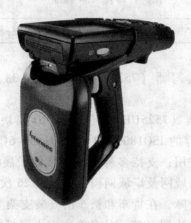

图 4-37　配合 700C 移动计算机使用的便携式 RFID 读写器 IP4

表 4-18　配合 700C 移动计算机使用的便携式 RFID 读写器 IP4 详细参数

硬件规格	重量(不含 700 系列彩色计算机)	0.48kg,含电池
	重量(含 700 系列彩色移动计算机)	1.04kg,含电池
	附加电池	重 68g
	天线	可选线性极化天线或圆形极化天线
	电源	独立可更换的锂离子电池组
	附件	外置充电器
	法规许可	FCC 第 15 部分;ETSI 300-220、ISO/IEC 18000 第 6b 和 6c 部分

续表

操作环境	工作温度	-20~55℃（-4~131℉）
	存储温度	-40~70℃（-40~158℉）
	湿度	10%~95%（非冷凝）
	抗冲击	20G，11ms，半正弦脉冲（工作中）
	抗振动	1.0GRMS。10 至 500Hz，3 轴（工作中）专为通过国际安全传输组织程序 1A 项目（National Safe Transit Association（NSTA）Procedure Project 1A）而设计。环境保护：符合 IP54 标准
	跌落承载	可承受从 1.2m 高度掉落到混凝土地面 26 次

（6）产品示例：读写器（7525UHF）如图 4-38 所示。详细参数见表 4-19。

产品描述：读写器（7525UHF）包含 RFID 模块 UHF EPC C1G2 的特性，支持使用 EPC 兼容的 ISO1800-6B 和 ISO1800-6C RFID 标签/货签的通用供应链和资产管理应用；支持多种现场安装的扩展模块，包括扫描引擎，图像捕捉引擎，无线局域网及广域网模块等；可 26 次从 1.5m（5 英尺）高度坠落到水泥地面无故障，在货车和铲车的安装支架上能承受持续的冲击和震动防水防尘工业标准达到 IP65，从各个方向上可抵挡溅水和扬尘。

图 4-38 读写器（7525UHF）

表 4-19　　读写器（7525UHF）详细参数

硬件规格	性能参数	描述：RFID 模块 UHF-CA1-A1（只限用于欧洲，线式天线） P/N：1004230-001 描述：RFID 模块 UHF-CA1-A2（只限用于欧洲，环状天线） P/N：1004232-001 描述：RFID 模块 UHF-CA2-A5（只限用于北美，线式天线） P/N：××××
	型号	WORKABOUT PRO C-Model 7527C-G2 WORKABOUT PRO S-Model 7527S－G2
	平台	PXA270 520MHz, 32bit RISC CPU 128MB flash, 128MB RAM
	操作系统	Microsoft® Windows® CE 5.0 Microsoft® Windows® Mobile® 6 Classic Microsoft® Windows® Mobile® 6 Professional
	RFID UHF 模块选项	CAEN A828 内置读取器 频率：902~928MHz 北美 868MHz 欧洲 输出功率：17dBm 耗电：200mA 100 针扩展模块上的串口连接 天线：集成，线状天线，环状天线，极化天线 标签协议：ISO 18000-6B, ISO 18000-6C, EPC Class1 Gen 1, Class1 Gen 2 封装：多用途顶盖
	可用扩展槽	一个 SD/MMC 记忆卡槽-外部，用户易使用 柔性电缆连接的强健接口：支持 POD 扫描引擎（串行）和 POD 图像捕捉引擎（USB）模块（除顶盖扫描引擎和图像引擎以外） 一个 TYPE II CF 卡槽

		续表
硬件规格	读写范围	以使用天线 A1 读取 CLASS1 GEN2 的标签为例 Short Dipole 93 mm×11 mm：up to 800 mm Web Tag 30 mm×50 mm：up to 600 mm Dog Bone 93 mm×23 mm：up to 950 mm
		以使用天线 A2 读取 CLASS1 GEN2 的标签为例 根据不同的标签封装可远至 200mm Class 1 Gen2 标签的可写距离大约是上述读取距离的 50%
	编程环境	HTML，XML 硬件开发工具包（HDK） 标准 APIs 协议 Windows® sockets（CE.net） 得逻辑移动设备 SDK 使用 Microsoft® Visual Studio® 2005 的 .NET 和 C++编程 Java 程序支持 JDK 1.2.2 及更高版本 得逻辑 RFID SDK 使用 Microsoft® Visual Studio® 2005 的 .NET 和 C++编程
	应用软件	用于读和写标签的 RFID 演示软件 RFID Wedge 模仿条码扫描输入
	使用环境	在开启时和有安装附件的状态下（例如：CF 无线模块，扫描引擎/图像引擎，和手枪式握柄），可承受 26 次（12 个边，8 个角，6 个面）从 1.5m（5 英尺）高度跌落到水泥地面无故障 防水/防尘：IP65，IEC 60529 操作温度：-20~50℃（-4~122℉） 5%~95% RH 无凝露 存储温度：-40~60℃（-40~140℉）

		续表
硬件规格	尺寸和重量	WORKABOUT PRO C: 10.39″×2.95″/3.94″×1.22″/1.65″（264mm×75/100mm×31/42mm） WORKABOUT PRO S: 9.49″×2.95″/3.94″×1.22″/1.65″（241mm×75/100mm×31/42mm） 重量（无电池组和天线 A1 和天线 A5）： WORKABOUT PRO C: 1.15lbs（520 g） WORKABOUT PRO S: 1 lb（455 g） 重量（无电池组和天线 A2）： WORKABOUT PRO C: 1.18 lbs（535 g） WORKABOUT PRO S: 1.04 lbs（470 g）
	认证	安全性：EN60950：2001 EN 50364：2001 EMC：FCC Part 15，Industry Canada EN 301 489-03 v1.4.1 EN 301 489-01 v1.6.1

5. 固定式读写设备

（1）产品示例：RFID 固定识读器如图 4-39 所示。详细参数见表 4-20。

图 4-39 RFID 固定识读器

产品描述：RFID 固定识读器一款多协议的 RFID 识读器，能准确跟踪企业中库存及资产的位置和状态。是目前市场上非常准确的 RFID 数据采集设备，提供在经营活动中可以信赖的实时数据。可扩展、开放的行业标准 Microsoft 操作系统，能够接纳并快速定制增强生产力的第三方软件工具，以支持业务运营。

适用于：库存、仓库管理、进货/出货管理、零部件/行李跟踪、物流/供应管理等。

表 4-20　　　　　　　　　RFID 固定识读器详细参数

硬件规格	操作系统	Microsoft Windows CE（V4.2.0）
	内存	Flash 64MB；DRAM 64MB
	固件升级	基于 Web 的远程固件升级能力
	管理协议	SNMP 支持以及未来的 MSP 支持
	网络	10/100 Base T 以太网 RJ45
	设备	控制 I/O 端口（12）DB15USB 主机硬件 USBRS232 串行控制台 DB9
	RF 连接器	反向 TNC
	读取点	4 个读取点（4 个发送点，4 个接收点）
	电源	24vDC
	频率范围	902～928MHz
	方法	调频扩频（FHSS）
	输出功率	4 瓦
	支持标准	EPC Gen 1（Class 0 & Class 1）和 EPC Gen 2
	同步	网络时间协议
	IP 寻址	静态和动态
	主机接口协议	XML 和字节流
操作环境	工作温度	-20～50℃
	存储温度	-40～70℃
	湿度	5%～95% 无冷凝
	振动	IEC 60068-2-6

（2）产品示例：桌面型 RFID 识读器（CS2000 系列）如图 4-40 所示，详细参数见表 4-21。

产品描述：桌面型 RFID 识读器（CS2000 系列）可支持目前防范使用的 EM4100 及兼容型芯片、Mifare1S50 及兼容芯片，并提供多种通信接口。

适用于：医疗保健、制药、游乐园、娱乐场所、电子票务、图书馆、特快包裹快递、身份识别等。

图 4-40　桌面型 RFID 识读器（CS2000 系列）

表 4-21　　桌面型 RFID 识读器（CS2000 系列）详细参数

硬件规格	产品外形	长：160mm　宽：82mm　高：25mm
	读卡类型	EM4100 及兼容卡片；Mifare1S50 及兼容芯片
	接口方式	RS232；USB；键盘仿真
	工作频率	125kHz；13.56MHz
	识读距离	2～8cm
	读写方式	只读；读写
	工作电压	DC 5V
	工作电流	＜80mA
操作环境	工作温度	0～50℃
	储存温度	-20～60℃
	工作湿度	10%～90%
	储存湿度	5%～90%

（3）产品示例：桌面型 RFID HF 高频识读器如图 4-41 所示，详细参数见表 4-22。

产品描述：桌面型 RFID HF 高频识读器融合了 RFID、条码读取、成像、802.11 无线连接、全尺寸 QVGA 显示屏以及字母数字小键盘等多项技术，具有极大的灵活性，使企业可以实时访问供应量中的关键信息。

图 4-41　桌面型 RFID HF 高频识读器

表 4-22　　　　　桌面型 RFID HF 高频识读器详细参数

硬件规格	CPU	Intel XScale Bulverde PXA270 处理器 624MHz
	操作系统	Microsoft Windows Mobile 5.0
	内存	64/128MB
	扩充	SD/MMC 卡
	应用程序开发	PSDK、DCP 和 SMDK
	条码选择	一维扫描引擎，全向式一维和二维成像引擎
	支持标准	EPC Gen 1（Class 0 & Class 1）和 Gen 2
	额定读取范围	6.09～304.8cm
	额定写入范围	30.5～60.9cm
	作用域	从设备最前端：70 锥角（近似）
	天线	线性极化天线
	输出功率	1W
	WLAN(无线局域网)	Symbol 802.11 b/g
	输出功率	100mW
	数据速率	802.11b：11Mbps；802.11g：54Mbps

续表

	天线	内置
硬件规格	PAN（支持蓝牙）	蓝牙 V1.2
	电气安全规范	符合 UL60950-1，CSA C22，2 No. 60950-1 规范，IEC 60950-1
	EM/RFI 无线电规范	FCC 第 2 部分（SAR），FCC 第 15 部分 RSS210
	激光安全规范	IEC 2 级/FDA II 级，遵守 IEC60825-1/EN60825-1
操作环境	工作温度	-20~50℃
	存储温度	-40~70℃
	湿度	5%~95% 无冷凝 R.H.
	跌落指数	多次从 1.8m 坠落至混凝土地面无损
	滚动指数	室温下，2000 次 1m 滚动（4000 次撞击）
	环境密封	IP64（电子封装）
	ESD（静电释放）	+/-15kV DC 空气放电、+/-8kV DC 直接放电、+/-8kV DC 非直接放电

（4）产品示例：串行 RFID 读写器（IF4）如图 4-42 所示，详细参数见表 4-23。

图 4-42 串行 RFID 读写器（IF4）

产品描述：串行 RFID 读写器（IF4）可减轻网络通信负担，并降低主机 PLC 的处理要求。读写 RFID 标签时，IF4 使用空中接口协议过滤不需要的标签数据。这些数据是由于多次读取应用中不需要的标签产生的。

表 4-23　　　　　　　串行 RFID 读写器（IF4）详细参数

硬件规格	尺寸	长:19.1cm(7.5″)　高:6.6cm(2.6″)　宽:13.5cm(5.3″)
	天线连接	4 个连接器-标准或反 SMA 接口； 输出功率可软件调整
	选件	RFID 频率选项 86MHz 频段 915MHz 频段
	通信接口	RS232
	法规许可和标准	ANS INCITS 256：1999（R2001）——第 2、3.1 和 4.2 部分 ANSI MH10.8.4 ISO/IEC 18000-4 ISO/IEC 18000-6b
操作环境	工作温度	-20~55℃（-4~131℉）
	存储温度	-40~85℃（-40~185℉）
	湿度（无冷凝）	10%~95% 抗冲击：10g，11ms，半正弦脉冲（工作中）
	抗振动	1.0GRMS。10~500Hz，3 轴（工作中）

（5）产品示例：工业级固定式读写器（IF30）如图 4-43 所示，详细参数见表 4-24。

产品描述：工业级固定式读写器（IF30）是一款具有成本效益的高性能固定式读写器，能在充斥"RF 噪声"的环境中对 UHF RFID 标签进行可靠读取和写入。IF30 的接收灵敏度高，可高速识别大批标签，最适于在通道门、出入口和传送器等工作场合使用。除了能够读取距离 15 英尺（4.6m）以外的标签外，IF30 还可以过滤标签数据以防止向主机系统发送冗余信息。

图 4-43 工业级固定式读写器（IF30）

表 4-24 工业级固定式读写器（IF30）详细参数

硬件规格	尺寸	长：32.35cm 宽：22.60cm 高：8.25cm 重：3.06kg
	天线连接	2 个连接器：FCC-反向 SMA。ETSI 标准 SMA，30dBm 至 10dBm RF 可软件控制输出功率
	电源	110～240V 交流电自动量程 内置交流电源
	工作周期	100%
	RFID 频率范围	865MHz、869MHz 和 915MHz
	标签空中接口	Fairchild G1、ISO 18000-6b、ISO 18000-6c Philips Version 1.19、EPCglobal UHF Gen 2
	应用程序协议	ANSI INCITS 256：2001、基本读写器接口（BRI）
	连接	以太网 IPv4 和 IPv6、RS232 用于设备配置
	软件	Syslog 客户端、HTTP/HTTPS 网络服务器 TFTP 客户端 DHCP 客户端 DNS 客户端 SNTP 客户端
	安全性	OpenSSL、Radius configuration login
	设备管理	SNMP SmartSystems™ 客户端 Wavelink Avalanche™ 客户端
	附件	天线、天线电缆及固定支架

硬件规格	标准	AIAG B-11、ANSI MH10.8.4、ISO/IEC WD18000 第 6 部分 IF30 采用 IM5 模块、该模块已获得 EPC 符合性及互操作性认证。
操作环境	工作温度	-20~55℃（-13~131°F）
	存储温度	-30~75℃（-22~167°F）
	湿度	10%~90%（非冷凝）

(6) 车载式读写设备

产品示例：车载式 RFID 读写器（IV7）如图 4-44 及图 4-45 所示，详细参数见表 4-25。

产品描述：车载式 RFID 读写器（IV7）可适应恶劣的工业环境，密封性能良好，符合 IP65 标准。CV60 作为 IV7 的本地主机，可提供网络管理和安全功能。内置 DC-DC 转换器，可以应付有噪声的输入电源环境。

IV7 在仓库领域应用时，货盘提起后，CV60 可以命令装有定位标签感应天线的 IV7 扫描 RFID 标签。IV7 不仅能知晓货盘提起的位置，而且货盘通道、叉车移动路径和货盘放下的位置也在其监控范围之内。

图 4-44 车载式 RFID 读写器（IV7）

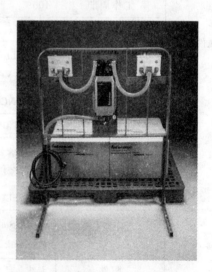

图 4-45 安装在叉车上的 IV7 和天线

IV7 的铸铝外壳具有嵌入式电缆解压功能（应为防止电缆被拉断的功能），并且底盘上预先钻有小孔，可通过 U 形螺栓或吊带灵活地装载到各式叉车上。IV7 可以安装在车上任何距车载电池或电源 3.5m 以内位置，例如位于端子板。可通过 RS232 电缆和连接与 CV60 通信。

表 4-25　　　　　　车载式 RFID 读写器（IV7）详细参数

硬件规格	尺寸	长：34.3cm（13.5″）　　高：9.5cm（3.75″）　　宽：23.6cm（9.3″）　　重：3.08kg（6.8lbs）
	标准特性	4 个天线接口、4 个通用输入/4 个输出
	电源	12 至 60V 车载直流电源，最大电流 4.5A
	软件	IV7 的应用软件会放在"主机"车载计算机上，如 CV60。开发员资料库可提供资源包，包括应用程序接口（API）、基本读写器接口（BRI）、演示和范例应用程序软件。
	通信接口	RS232
	附件	车载直流电源电缆包、天线和天线电缆
	安全和法规许可	ANS INCITS 256：1999（R2001）——第 2、3.1 和 4.2 部分 ANSI MH10.8.4 ISO/IEC CD18000 第 4 部分 ISO/IEC WD18000 第 6 部分 ● US/C UL 列名 ● TÜV/GS 认证 ● 符合 EN 60950 的 CB 报告，符合国家所有其他标准 ● FCC OET Bulletin 65，FCC Guidelines for Human Exposure to Radio Frequency Electromagnetic Fields（有关人体暴露于射频电磁场的 FCC 指南） ● CENELEC EN50364/EN50357，欧洲 RF Exposure standard（射频暴露标准） ● AS/NZS 27 72.1，澳大利亚/新西兰 RF Exposure standard（射频暴露标准） ● Mexico NOM 19
操作环境	工作温度	−25~55℃（−13~131℉）
	存储温度	−30~75℃（−22~167℉）
	防护等级	IP65
	湿度（无冷凝）	冲击和振动保护：可承受标准的材料储运车辆环境。达到或高于 MIL STD 810F 标准

（7）多功能一体化手持终端

产品示例：多功能一体化手持终端如图 4-46 所示，详细参数见表 4-26。

产品描述：这是一款具备多功能的高性能一体化手持终端，具备 UHF 标签读写功能、有源标签读写功能、手持终端之间数据传输交换功能、手持终端与固定设备之间数据交换功能、读取一维、二维条码功能，使其具备点对点的无线数据通信功能。同时实现近距离识别和远距离识别的综合应用中，广泛的应用在人员、车辆、资产等管理上，目前已经在物流、医疗、军队等行业得到广泛的应用。

同时设备本身具备的数传功能，能快速地实现设备的自组网应用，能最大限度地提高设备的组网应用，方便在各个应用环节中快速布置实施。

图 4-46　多功能一体化手持终端

表 4-26　　　　　　　　**多功能一体化手持终端详细参数**

硬件规格	UHF 射频频段	862~955MHz，能读取 18000-6B、GEN2 等标签
	UHF RFID 读取距离	90~100cm
	有源射频频段	433~450MHz
	有源射频通信距离	最大 600m 与固定设备，与手持设备之间通信 200m
	有源 RFID 读写距离	最大 100m（与标签）

续表

硬件规格	条码扫描	可识读一维、二维条码
	条码扫描距离	约 7~335mm
	CPU	Intel XScale® microarchitecture PXA270 520MHz CPU
	内存	128MB SDRAM 32MB Flash
	操作系统	Windows CE.NET 简体中文版
	LCD	3.5′半反半透式 TFT 彩色触摸屏 240 像素×320 像素 16 位真彩色+背光（外接）
	条码扫描	PDF417，MicroPDF417，MaxiCode，Data Matrix，QR Code，Aztec，Aztec Mesa，Code 49，UCC Composite
	标准	ISO18000-7 及军用无线电标准
	调制方式	FSK
	其他功能	同一时间内最大读取电子标签数量：50 个

(8) SDIO 接口多协议 RFID 读写器

产品示例：SDIO 接口多协议 RFID 读写器如图 4-47 所示，详细参数见表 4-27。

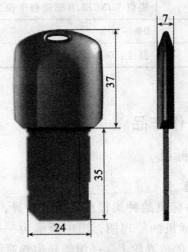

图 4-47　SDIO 接口多协议 RFID 读写器

产品描述：该读写器在支持 SDIO 接口的掌上电脑或智能手机上使用，实现对 13.56MHz（ISO15693、ISO14443A/B 等多种协议）RFID 电子标签的读写。具有插拔方便、尺寸较小、利用依托设备取电等特点。是当前市场上唯一国产 SDIO 接口 RFID 读写器。

适用范围：以具备 SDIO 接口的 PDA、掌上电脑、智能手机为基础实现的 RFID 手持终端。可以满足于移动巡检、商业物流、电子票据、新一代智能信用卡、产品防伪、POS 及银行卡终端等应用。

表 4-27　　　　　　　SDIO 接口多协议 RFID 读写器详细参数

硬件规格	支持读写	符合 ISO15693、ISO 18000-3、ISO14443A、ISO14443B、SONY Felica、Inside PicoPass 等标准协议的 HF 频段 RFID 电子标签
	工作频率	HF 频段 13.56MHz
	天　　线	全内置
	读写距离	读取距离 6cm(ISO15693)，写入距离 4cm(ISO15693)
	设备接口	SDIO1.10、SDIO1.20 标准、SPI、1Bit、4Bits 数据传输模式
	工作电压	3.3V（SDIO 接口取电）
	二次开发	提供 WINCE5.0 驱动程序和二次开发 SDK
操作环境	相对湿度	0% ~ 80%
	工作环境	温度：0 ~ 40℃

4.4　射频识别制作产品

4.4.1　电子标签贴标机

1. 工作原理及构造

不干胶标签自动贴标机的种类很多，功能各异，但基本原理都是相似的。图 4-48 为平式贴标机的原理图，图中所示为一平面物体的贴标过程：一卷标签安放在贴标机的放卷轮上，一组辊轮使卷筒标签粘贴、停止，并控制卷筒材料的松紧张力。各部件的功能如图 4-48 所示。

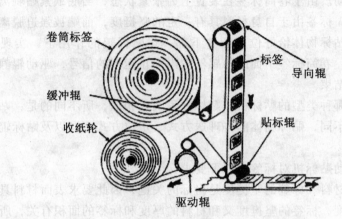

图 4-48 电子贴标机原理图

(1) 放卷轮（图中未画出）

为被动轮，用于安放卷筒标签。通常装有可调节摩擦力的摩擦制动装置，目的是控制卷筒速度及张紧力，保持平稳输纸。

(2) 缓冲辊

工同弹簧相连。可往复摆动。目的是当装置启动时能吸收卷筒材料的张紧力，保持材料同各辊接触，防止材料断裂。

(3) 导向辊

由上下两个组成，起卷筒材料的导向和定位作用。

(4) 驱动辊

由一组主动的摩擦轮组成。通常一个为橡胶辊，一个为金属辊，底纸在其间通过。作用是驱动卷筒材料，实现正常贴标。

(5) 收纸轮

为带摩擦传动装置的主动轮，作用是复卷贴标后的底纸。收纸轮的转动收纸同驱动辊的相关纸互不干扰，同步传动由摩擦装置调节。

(6) 剥离板（图中无画出）

离板一端有一角度（一般小于 30°），目的是使底纸在经过剥离板改变方向时，标签便于出标、脱离底纸，实现同贴标物体接触。

(7) 贴标辊

将脱离底纸的标签均匀、平整地贴敷在待贴底纸上。

自动贴标的过程为：当传感器发出贴标物准备贴标的信号后，贴标机上的驱动辊转动。由于卷筒标签在装置上为张紧状态,当底纸紧贴剥离板改变方向运行时,标签由于自身材料具有一定的坚挺度,前端被强迫脱离、准备贴标。此时贴标物体恰好位于标签下部,在贴标辊的作用下,实现同步贴标。贴标后,卷筒标签下面的传感器发出停止运行的信号,驱动辊静止,一个贴标循环结束。

无论是哪种类型的贴标机,贴标过程大致相似,所不同的是:贴标装置的安装位置不同,贴标物体的办理送方式、定位方式不同以及贴标辊的形式不同。

一般自动贴标机对标签有以下要求:

• 表面材料。标签的坚挺度是出标的关键,因此要求表面材料具有一定的强度和硬度,标签的坚挺度又和材料的厚度和标签的面积有关,所以使用柔软的薄膜材料时,要适当增加其厚度,一般控制在 $100\mu m$ 以上。薄的纸张类材料,如 $60\sim70g/m^2$ 的贴标纸,一般不适合做大标签,而适合加工成小标签,如标价枪上使用的价格标签。标签的坚挺度差会导致贴标时不出标,或标签同底纸一同复卷,使自动贴标失效。

• 离型力。也称剥离力,是标签脱离底纸时的力。离型力与粘合剂的种类、厚度及底纸表面的涂硅情况有关,还和贴标时的环境温度有关。离型力太小,标签在输送过程中容易掉标(脱离底纸);离型力太大,标签脱离底纸困难,无法出标。应综合控制各项技术指标,使离型力保持在一合理的范围内。

• 底纸。也是控制自动贴标的重要指标。要求底纸表面涂硅均匀,离型力一致;厚度均匀,有好的抗拉强度,确保贴标时不断裂;厚度均匀,有好的透光性,确保传感器正确识别标签的位置。

• 加工质量。要求分切后底纸两侧平整、无破口,避免张力变化时底纸断裂。模切时要避免切穿底纸或破坏涂硅层,底纸和涂硅层被破坏,容易出现底纸拉断或标签内的粘合剂渗入底纸,出现不出标和撕裂底纸现象。此外,在贴标前要消除卷筒纸标签内的静电,因为静电会造成贴标时不出标或出现贴标不准的现象。

2. 产品示例

(1) 产品示例:上贴式不干胶自动贴标机(J800 型)如图 4-49 所示,详细参数见表 4-28。

产品描述:上贴式不干胶自动贴标机(J800 型)可实现在扁平物体上贴标,电眼检测,旋转编码器追踪,确保出标速度与输送速度精确同步,同时速度随意可调,也可实现封口,凹陷部位的贴标。

产品特征:可使用国产材料制作的标签,大大降低标签成本;操作简单,调校方便;具有计数功能;可单机或衔接流水线操作;选用进口电气元件。

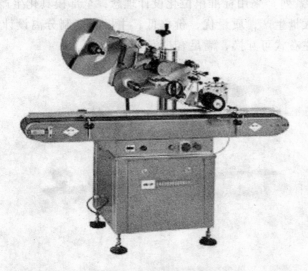

图 4-49 上贴式不干胶自动贴标机(J800 型)

表 4-28　　上贴式不干胶自动贴标机(J800 型)详细参数

	适用物品	扁平物体
	容器范围(mm)	宽 15~150　厚 10~130
	标签范围(mm)	长 15~300　高 15~130
硬件规格	贴标速度(与被贴物和标签大小有关)(件/分钟)	0~120
	贴标精度(mm)	±1
	电源	220V 50/60Hz 0.24kW
	重量(kg)	140
	体积(长×宽×高)	1600mm×600mm×1500mm
	选购配件	J-9 色带打码机、透明标签传感器

（2）产品示例：微电脑自动贴标机（LM-230 系列）如图 4-50 所示。详细参数见表 4-29。

产品描述：微电脑自动贴标机（LM-230 系列）适合贴附不干胶标签于各种平面容器或安装于自动生产线，饮料充填包装线使用。微电脑自动贴标机（LM-230 系列）采用标准单位化设计理念，全部模具化生产及 CNC 精密加工制作，大量生产，质量优，价格低，主机与控制分离设计，结构轻巧，调整容易，左右式可互换，满足客户安装需求。

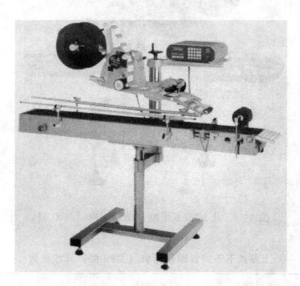

图 4-50　微电脑自动贴标机（LM-230 系列）

表 4-29　　微电脑自动贴标机（LM-230 系列）详细参数

	型号	LM-230S	LM-230M	LM-230L
硬件规格	驱动方式	Step motor drived		
	操作方式	right/left		
	最高速限	20m/30m/50m		
	贴标速度	MAX：200pcs/min	MAX：200pcs/min	MAX：200pcs/min
	标签宽度	10～60mm	10～100mm	10～150mm
	贴标精度	+/-1mm	+/-1mm	+/-1.5mm
	标签卷最大外径	max：300mm Ø		

续表

硬件规格	标签卷内径	Stander：75mmØ（3″）		
	本机尺寸	Refence fig 1.		
	重量	65kg	68kg	75kg
	电源	AC 110V／220V（signal phase）×0.5kW		
	印字装置	HP-7001A（Penumatic）		
	装置架	Top/Side		
	输送机	200mm（W）×1500mm（L）×800（+／-100mm）（H）		

4.4.2 电子标签打印机

1. 工作原理

　　智能标签制作与传统标签的印刷有着很大的区别，目前，我国传统的标签印刷技术已具有很高的水平。商标印刷业中不乏有丰富经验的企业，它们已生产出许多设计精美和高品质的产品，但对于智能标签，有人认为它并无特殊之处，只要用普通标签给它外覆一件美丽的外衣，这对于高品质标签的制印企业来说并不困难。但这种单纯地添加美丽外衣的智能标签，对于它的高附加值却是令人担忧的。那么，与传统标签印刷相比，智能标签印刷有什么特点呢？首先，从智能标签的定义上来看，智能是由芯片、天线等组成的射频电路；而标签是由标签印刷工艺使射频电路具有商业化的外衣。从印刷的角度来看，智能标签的出现会给传统标签印刷带来更高的含金量。智能标签的芯片层可以用纸、PE、PET甚至纺织品等材料封装并进行印刷，制成不干胶贴纸、纸卡、吊标或其他类型的标签。由于芯片是智能标签的关键，由其特殊的结构决定，不能承受印刷机的压力，所以，除喷墨印刷外，一般是采用先印刷面层，再与芯片层复合、模切的工艺。

（1）印刷方法

　　印刷多以丝网印刷为首选，这主要是因为丝网印刷在集成电路板、薄膜开关等方面的印刷质量是其他印刷方法所无法企及的。在智能标签印刷中，要使用导电油墨，而印刷导电油墨较好的丝网是镍箔穿孔网，它不是由一般的金属或尼龙等丝线编织成的丝网，而是由镍箔钻孔而成的箔网，网孔呈六角形，也可用电解成形法制成圆孔形。整个网面平整匀薄，能极大地提高印迹的稳定性和精密性，用于印刷导电油墨、晶片及集成电路等高技术产品效果较好,能分辨 0.1mm 的电路线间隔,定位精度可达 0.01mm。

(2) 导电油墨的应用

导电油墨属于特种油墨,它可在 UV 油墨、柔版水性油墨或特殊胶印油墨中加入可导电的载体,使油墨具有导电性。导电油墨主要是由导电填料(包括金属粉末、金属氧化物、非金属和其他复合粉末)、连接剂(主要有合成树脂、光敏树脂、低熔点有机玻璃等)、添加剂(主要有分散剂、调节剂、增稠剂、增塑剂、润滑剂、抑制剂等)、溶剂(主要有芳烃、醇、酮、酯、醇醚等)等组成,导电油墨是一种功能性油墨,在印刷中主要有碳浆、银浆等导电油墨。

碳浆油墨是一种液态热固型油墨,成膜固化后具有保护铜箔和传导电流的作用,具有良好的导电性和较低的阻抗;它不易氧化,性能稳定,耐酸、碱和化学溶剂的侵蚀;具有耐磨性强,抗磨损,抗热冲击性好等特点。银浆油墨是由超细银粉和热塑性树脂为主体组成的一种液态油墨,在 PET、PT、PVC 片材上均可使用,有极强的附着力和遮盖力。低温固化,可控导电性和很低的电阻值。另外,将具有导电性的纳米级碳墨加入油墨制成的导电油墨,也可将导电油墨中金属粉(如银粉)制成纳米级银粉来制造导电油墨,这种导电油墨不仅印刷的膜层薄且均匀光滑,性能优良,而且还可大量节省材料。

在智能标签制印中,导电油墨主要用于印制 RFID 天线,替代传统的压箔法或腐蚀法制作的金属天线。它具有两个主要的优点:首先,传统的压箔法或腐蚀法制作的金属天线,工艺复杂,成品制作时间长,而应用导电油墨印刷天线是利用高速的印刷方法。高速,是印刷天线和电路中首选的既快又便宜的方法。如今,导电油墨已开始取代各频率段的蚀刻天线,如超高频段(860~950MHz)和微波频段(2450MHz),用导电油墨印刷的天线可以与传统蚀刻的铜天线相比拟,此外,导电油墨还用于印制智能标签中的传感器及线路;其次,传统的压箔法或腐蚀法制作的金属天线要消耗浪费金属材料,成本较高,而导电油墨的原材料成本要低于传统的金属天线,这对于降低智能标签的制作成本有很大的意义。

(3) 独特的工艺要求

在智能标签制印中,对制作工艺有其独特的要求,主要应注意高成品率、厚纸印刷和复合加工。

在高成品率上,由于智能标签本身的价值要高于普通印刷标签许多倍,所以在给企业带来高利润的同时,印刷品高成品率尤为重要。尤其是许多产品都要求多色 UV 墨印刷、上光、上胶，印量大的标签大多数还采用卷到卷印刷或无接口印刷（通花）等方式加工，由于加工工序多，也加大了成品的筛选难度。

对于厚纸印刷，在卡纸加工中，必须注意设备对 350g 厚的卡纸要有良好的印刷适性，卡纸印刷中要保持纸带的张力稳定，保证印刷累计套印误差降到最小，因此如果每个画面都套印很准，但是画面之间的间距产生误差较大，也会给智能标签印刷后的复合和模切工序造成麻烦。

至于复合加工，它是智能标签加工中的关键工序，在复合加工中不仅要求每个标签之间的尺寸不会因为张力变化而改变，而且对于薄膜类材料，还要考虑拉伸变形造成标签间距增加程度，并做适当调整。

2. 产品示例

（1）产品示例：电子标签打印机（DYMO 330）如图 4-51 所示。

产品描述：电子标签打印机（DYMO 330）有多种标签通过计算机直接打印：即时地址（stant address），装运，名称标志和杠杆拱形文件（leverarch file）。

产品特征：300dpi 分辨率、每分钟打印 32 个标签、最大标签尺寸为 56mm（16 标准格式）、直接加热技术，无需墨水、网络兼容、USB 或串行连接。可用标签纸见表 4-30。

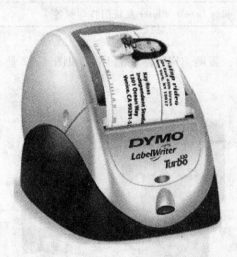

图 4-51 电子标签打印机（DYMO 330）

表 4-30　　　　　　　　　　　　可用的标签纸

编号	规格说明	包装	数量
99010	89mm×28mm Address Labels 地址用打印标签　白色	2 卷/盒	130 张/卷
99011	89mm×29mm Address Labels Y/P/B/G 地址用打印标签　黄/粉红/蓝/绿	4 卷/盒	130 张/卷
99012	89mm×36mm Address Labels Paper 地址用打印标签　白色纸质	2 卷/盒	260 张/卷
99014	101mm×54mm Shipping/Name Badeg 货物/名片用打印标签　白色	1 卷/盒	220 张/卷
99019	190mm×59mm Lever arch Large 包胶文件夹用打印标签（大）	1 卷/盒	110 张/卷
11351	54mm×11mm Jewelry（Barbell style）珠宝标签（杠铃式）	1 卷/盒	1500 张/卷
11354	57mm×32mm Multi-purpose 多功能打印标签	1 卷/盒	1000 张/卷
14681	57mm CD/DVD Label 光碟用打印标签	1 卷/盒	160 张/卷
*LW30252	89mm×28mm Address Labels 地址用打印标签　白色	2 卷/盒	350 张/卷
*LW30321	38mm×89mm Large Address Labels Whiter 地址用打印标签　白色	2 卷/盒	520 张/卷
*LW30256	Large Shipping Labels Whiter 发货用打印标签	1 卷/盒	

（2）产品示例：智能 RFID 标签打印机如图 4-52 所示，详细参数见表 4-31。

图 4-52　智能 RFID 标签打印机

产品描述：是一款面向 RFID 应有多功能的标签打印机。无需主机系统编程便可同时对 RFID 标签编码和进行条码、文字、图形打印。可脱机工作，独立完成打印和编码任务。此外，还可选配各种工业 I/O 卡、通信接口卡和无线网络接口卡。充分保证 Intellitag PM4i 打印机适用于各种应用环境。

表4-31　　　　　　　　智能 RFID 标签打印机详细参数

硬件规格	RFID 规格支持	EPC Classes
	打印方式	热敏/热转印
	标准内存	8MB SDRAM/4MB Flash，并可扩充为 16MBSDRAM/16MB Flash；CF 卡可扩充到 1GB
	打印精度	203dpi（8 点/mm）或 300dpi（11.8 点/mm）
	支持 RFID 标准	13.56 MHz ISO 15693；860-915 MHz ISO 18000 6-b；Upgradeable to UHF Generation 2
	标准接口	RS232 和 USB 1.1；EasyLAN 10/100BaseT 以太网
	体积重量	405mm×178mm×244mm；8.0kg
	标签定位	穿透式和黑标
	条码支持	所有标准条码及二维条码
	软件语言	IPL3，FingerPrint，Direct Protocol
	标准字库	15 种矢量字体，21 种点阵字体
	选件配置	分离器和回绕器、自动切刀、IEEE1284、工业 I/O、Twinax/Coax 卡、无线网卡
	打印宽度	104mm（203DPI）；106mm（300DPI）
	打印速度	51～203mm/s
操作环境	工作环境	0～40℃
	存储温度	-30～75℃

3. 如何挑选合适的标签打印机

很多企业由于对打码机不太熟悉，在选择打码机的时候往往不知道该如何去选择，那么，用户应该如何选择适合自己企业所使用的标签条码打印机呢？

在这里，对如何选择打码机给客户提供几个依据。选择标签条码打印机时，应该考虑以下问题：

（1）打印的数量

如果你每天需打印 1000 个以上的标签，你便需要一台坚固带金属外壳的高用量工业级打印机，如 SATO CL408e/412e、CL608e/612e 等。打印数量较小的，则可采用桌面型个人打印机系列，如 CT-400/410 等。

（2）标签的大小

一般的条码打印机可打印 $4'' \times 6''$ 的标签，这正切合现时货运标签的规格。你也可根据自己的需要灵活地打印出不同大小的标签，如需打印更宽的标签，可选择 CL608e/CL612e 型。

（3）标签的内容

如果你只需打印条码及文字，一般的条码打印机即可胜任。但如果你需要每张标签均打印不同的条码（如货品编号）或文字（如货运标签），而又不想中途停止打印，你便需要一台备有 32 位处理器的打印机，这样可大大提高生产效率。

（4）标签的质量

标签打码机的打印分辨率一般分为 203dpi，300dpi，600dpi。dpi 的数值越大，表明它的打印效果越好。如果你想在标签上打印高质量的图像，可考虑选用 300dpi 的打印头。

（5）打印的速度

不同款式的打印机有不同的打印速度，需视用户对速度的要求。一般条码打印机的打印速度为每秒 $2'' \sim 6''/s$，而速度较高的打印机（如 M8400RVe）打印速度可达 $10''/s$，若需在短时间内印制大量标签，就应该选用高速的打印机。

（6）不同行业的应用

在生产线上或货仓内使用的打印机应选择带金属外壳的型号，这种型号的打印机较为坚固，如 SATO408e/412e；而在销售点或办公室内可选择桌面型个人打印机系列，如 CT-400/410 等，因为所需空间较少，且便于移动；若是服装加工型企业，最好选用 XL400E/410E，此款打码机是专门为服装生产型企业设计的。

4.4.3 电子标签生产和封装设备

1. 概述

印刷天线与芯片的互联方面，因 RFID 标签的工作频率高、芯片微小超薄，最适宜的方法是倒装芯片（Flip Chip）技术，它具有高性能、低成本、微型化、高可靠性的特点，为适应柔性基板材料，倒装的键合材料要以导电胶来实现芯片与天线焊盘的互联。

柔性基板要实现大批量低成本的生产，以及为了更有效地降低生产成本，采用新的方法进行天线与芯片的互联是目前国际国内研究的热点问题。

为了适应更小尺寸的 RFID 芯片，有效地降低生产成本，采用芯片与天线基板的键合封装分为两个模块分别完成是目前发展的趋势。其中一具体做法（中国专利）是：大尺寸的天线基板和连接芯片的小块基板分别制造，在小块基板上完成芯片贴装和互联后，再与大尺寸天线基板通过大焊盘的粘连完成电路导通。

与上述将封装过程分两个模块类似的方法，是将芯片先转移至可等间距承载芯片的载带上，再将载带上的芯片倒装贴在天线基板。该方法中，芯片的倒装是靠载带翻卷的方式来实现的，简化了芯片的拾取操作，因而可实现更高的生产效率。特别是目前正在研究发展中的流体自装配（FSA）、振动装配（Vibratory assembly）等技术，理论上可以实现微小芯片至载带的批量转移，能极大地提高芯片与天线的封装效率。

2. 封装关键工艺

RFID 标签因不同的用途呈现多种封装形式，因而在天线制造、凸点形成、芯片键合互联等封装过程工艺也呈多样性。

（1）凸点的形成

目前 RFID 标签产品的特点是品种繁多，但并非每个品种的数量都能形成规模。因此，采用柔性化制作凸点技术具有成本低廉，封装效率高、使用方便、灵活、工艺控制简单、自动化程度高等特点。这不仅可解决微电子工业中可变加工批量、高密度、低成本封装急需的难题，还为目前正蓬勃兴起的 RFID 标签的柔性化生产提供条件。

（2）RFID 芯片互联方法

RFID 标签制造的主要目标之一是降低成本。为此，应尽可能减少工序，选择低成本材料，减少工艺时间。从材料成本角度，应优先考虑 NCA 互联，且可以同点胶凸点相配合实现低成本制造。采取 ACA 互联在技术上是成熟的，但其缺点在于：目前市场上的 ACA 材料价格仍然较为昂贵，而且都是针对细间距、高密度、高 I/O 数互联而研制的。如果能够自制出成本低廉的满足 RFID 互联的导电胶，ACA 互联也能够成为低成本的选择。ICA 互联的缺点在于工艺步骤相对较多，固化时间相对较长。

3. 标签关键封装设备

RFID 封装设备由一系列工艺装备组成的自动化生产线，各工艺环节相对独立，同时又相互制约，要实现高效率的生产，必须综合考虑各个工艺环节的要求；从技术的角度，它是集光、机、电、气、液于一体的高精技术装备，涉及时间、压力、温度等多物理场的各种物理现象，需要解决速度、精度、效率、质量、可靠性、成本等多方面的因素的影响。开发高性能低成本的 RFID 制造装备一直是业界关注的焦点问题。

目前 RFID 产品的封装设备只有国外一些厂商提供，柔性基板的标签均选用从卷到卷的生产方式，该生产线包括基板进料、上胶、芯片翻转贴装（倒装）、热压固化、测试、基板收料等工艺流程。另一种生产方式为先制造 RFID 模块，然后将其与天线基板进行键合组装。该方法由独立的可精密定位的芯片转移设备将芯片置于载带构成芯片模块，再由芯片模块将芯片转移至天线基板，其优点是两次转移可独立并行执行，芯片翻转通过载带的盘卷方式实现，因而生产效率得以提高。

RFID 封装设备的核心内容是如何在多物理因素作用下，使键合机及相关工艺受控完成高质量的接合界面。通常涉及以下几方面的关键技术：多自由度柔性、灵活的执行机构，基于视觉信息引导的识别与定位，胶固化及滴胶过程的时间、温度和压力控制，不同工艺单元技术的集成等。

国内拥有自主知识产权的倒装封装设备几乎是空白，而国外厂商设备价格非常昂贵，一般需要上百万美元。如果直接购买进口设备，势必大大增加生产成本。特别需要指出的是，目前 RFID 封装设备的技术工艺还在不断地发展，现有的国外制造装备的技术水平依然无法满足人们对 RFID 产品低成本制造的要求。目前，国内一些研究机构正在从事电子制造装备与技术的研发工作，并在 RFID 制造相关技术取得了突破。充分利用国内现有的基础以及 RFID 发展的契机，鼓励发展具有自主知识产权的 RFID 封装设备，对实现 RFID 的低成本和电子制造装备产业都是非常有意义的。

4. 产品示例

（1）产品示例：电子标签封装机（rfid-m-auto-01a），如图 4-53、图 4-54 所示。详细参数见表 4-32。

产品描述：电子标签封装机（rfid-m-auto-01a）是半自动 rfid 电子标签芯片绑定机，该设备既适用于打样也可以用于批量的正常生产。

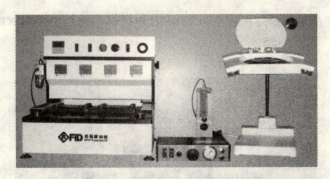

图 4-53 电子标签封装机（rfid-m-auto-01a）（正面）

图 4-54 电子标签封装机（rfid-m-auto-01a）（侧面）

表 4-32 电子标签封装机（rfid-m-auto-01a）详细参数

硬件规格	设备功能	把芯片通过导电胶倒贴到天线基板上
	粘合压力	(1.6~6.5±0.1) N
	粘合温度	0~200℃
	温度精度	±1℃（任意可调）
	电源电压	AC220V 50/60Hz
	设备功率	0.6kW
	压缩空气	4~5kg/cm
	生产速度	400~500 张/h
	控制方式	自动双头工作
	外形尺寸	L500mm × W420mm × H400mm

(2)产品示例:高性能全自动 RFID 电子标签封装机(WINTEEN-RFID-HAIE2005)如图 4-55 所示。

图4-55 高性能全自动 RFID 电子标签封装机(WINTEEN-RFID-HAIE2005)

高性能全自动 RFID 电子标签封装机(WINTEEN-RFID-HAIE2005)集机、电、数学、视觉、无线电、自动控制、计算机软硬件以及半导体技术工艺等多种学科为一体,具有高速高精和高智能化的特点,是一条能够大批量、低成本、高质量地制造电子标签的生产线中的关键设备。

它以成卷的天线基板(纸或 PET 为基带、基带上载有蚀刻或印刷好的天线)、划好片的晶圆(wafer)以及导电胶或不导电胶这三种材料为原料,在机器视觉的引导下,将芯片从 wafer 上取下来,用导电胶(ICA、ACA)或不导电胶(NCA)的互联工艺,将芯片倒装贴片并封装到天线基板上,制成 RFID 业界所说的应答器(transbander)、或非接触 IC 卡制卡行业所说的阴内(inlay)。由于原材料之一的天线基板是成卷的,制成的 transbander 或称 inlan 也是成卷的,因此它完成的是一个卷到卷的自动化生产过程。在半导体制造业内,它是一个高速高精的芯片(chip、die)级的半导体封装生产线。

需突破的关键技术:
- 点胶过程中非牛顿流体建模与精确控制技术;
- 高加速度、高精度和快响应应力传感及力/位混合控制方法与技术;
- 飞行视觉引导下的高速高精运动控制;
- 热、力、位移等多物理量检测与控制技术;

- 多模块并行检测算法与技术等。

4.5 射频识别软件产品

4.5.1 中间件原理

1. 中间件的概念

随着计算机技术的飞速发展，各种各样的应用软件需要在各种平台之间进行移植，或者一个平台需要支持多种应用软件和管理多种应用系统，软、硬件平台和应用系统之间需要可靠和高效的数据传递或转换，使系统的协同性得以保证。

这些，都需要一种构筑于软、硬件平台之上，同时对更上层的应用软件提供支持的软件系统，而中间件正是在这个环境下应运而生。

由于中间件技术正处于发展过程之中，因此目前尚不能对它进行精确的定义。

比较流行的定义是：中间件是一种独立的系统软件或服务程序，分布式应用软件借助这种软件在不同的技术之间共享资源。中间件位于客户机/服务器的操作系统之上，管理计算资源和网络通信。

从中间件的定义可以看出，中间件是一类软件，而非一种软件；中间件不仅仅实现互联，还要实现应用之间的互操作；中间件是基于分布式处理的软件，定义中特别强调了其网络通信功能。

2. 中间件的特点及优势

通常意义下，中间件应具有以下的一些特点：能够满足大量应用的需要；可以运行于多种硬件和 OS 平台；支持分布式计算，提供跨网络、硬件和 OS 平台的透明性的应用或服务的交互功能；支持标准的协议；支持标准的接口。

程序员通过调用中间件提供的大量 API，实现异构环境的通信，从而屏蔽异构系统中复杂的操作系统和网络协议。

中间件提供客户机与服务器之间的连接服务，这些服务具有标准的程序接口和协议。针对不同的操作系统和硬件平台，它们可以有符合接口和协议规范的多种实现途径。

由于标准接口对于可移植性和标准协议对于互操作性的重要性，中间件已成为许多标准化工作的主要部分。对于应用软件开发，中间件远比操作系统和网络服务更为重要，中间件提供的程序接口定义了一个相对稳定的高层应用环境，不管底层的计算机硬件和系统软件怎样更新换代，只要将中间件升级更新，并保持中间件对外的接口定义不变，应用软件几乎不需任何修改，从而保护了企业在应用软件开发和维护中的重大投资。

中间件是一种独立的系统软件或服务程序，分布式应用软件借助这种软件在不同的技术之间共享资源。中间件软件管理着客户端程序和数据库或者早期应用软件之间的通信。

中间件在分布式的客户和服务之间扮演着承上启下的角色，如事务管理、负载均衡以及基于 Web 的计算等。

利用这些技术有助于减轻应用软件开发者的负担，使他们利用现有的硬件设备、操作系统、网络、数据库管理系统以及对象模型创建分布式应用软件时更加得心应手。由于中间件能够保护企业的投资，保证应用软件的相对稳定，实现应用软件的功能扩展；同时中间件产品在很大程度上简化了一个由不同硬件构成的分布式处理环境的复杂性，所以它的出现正日益引起用户的关注。

世界著名的咨询机构 The Standish Group 在一份研究报告中归纳了中间件的十大优越性：

（1）应用开发

The Standish Group 分析了 100 个关键应用系统中的业务逻辑程序、应用逻辑程序及基础程序所占的比例；业务逻辑程序和应用逻辑程序仅占总程序量的 30%，而基础程序占了 70%，使用传统意义上的中间件一项就可以节省 25%~60% 的应用开发费用。

（2）系统运行

没有使用中间件的应用系统，其初期的资金及运行费用的投入要比同规模的使用中间件的应用系统多一倍。

（3）开发周期

基础软件的开发是一件耗时的工作，若使用标准商业中间件则可缩短开发周期 50%~75%。

（4）减少项目开发风险

研究表明，没有使用标准商业中间件的关键应用系统开发项目的失败率高于 90%。企业自己开发内置的基础（中间件）软件是得不偿失的，项目总的开支至少要翻一倍，甚至会十几倍。

（5）合理运用资金

借助标准的商业中间件，企业可以很容易地在现有或遗留系统之上或之外增加新的功能模块,并将它们与原有系统无缝集合。依靠标准的中间件,可以将老的系统改头换面成新潮的 Internet/Intranet 应用系统。

(6) 应用集合

依靠标准的中间件可以将现有的应用、新的应用和购买的商务构件融合在一起进行应用集合。

(7) 系统维护

需要一提的是,基础(中间件)软件的自我开发是要付出很高代价的,此外,每年维护自我开发的基础(中间件)软件的开支则需要当初开发费用的 15%~25%,每年应用程序的维护开支也还需要当初项目总费用的 10%~20%。而在一般情况下,购买标准商业中间件每年只需付出产品价格的 15%~20% 的维护费。当然,中间件产品的具体价格要依据产品购买数量及哪一家厂商而定。

(8) 质量

基于企业自我建造的基础(中间件)软件平台上的应用系统,每增加一个新的模块,就要相应地在基础(中间件)软件之上进行改动。而标准的中间件在接口方面都是清晰和规范的。标准中间件的规范化模块可以有效地保证应用系统质量及减少新旧系统维护开支。

(9) 技术革新

企业对自我建造的基础(中间件)软件平台的频繁革新是极不容易实现的(不实际的)。而购买标准的商业中间件,则对技术的发展与变化可以放心,中间件厂商会责无旁贷地把握技术方向和进行技术革新。

(10) 增加产品吸引力

不同的商业中间件提供不同的功能模型,合理使用,可以让你的应用更容易增添新的表现形式与新的服务项目。从另一个角度看,可靠的商业中间件也使得企业的应用系统更完善、更出众。

具体地说,中间件屏蔽了低层操作系统的复杂性,使程序开发人员面对一个简单而统一的开发环境,减少程序设计的复杂性,将注意力集中在自己的业务上,不必再为程序在不同系统软件上的移植而重复工作,从而大大减少了技术上的负担。

中间件带给应用系统的不只是开发的简单、开发周期的缩短,也减少了系统的维护、运行和管理的工作量,还减少了计算机总体费用的投入。The Standish Group 的调查报告显示,由于采用了中间件技术,应用系统的总建设费用可以减少 50% 左右。在网络经济大发展、电子商务大发展的今天,从中间件获得利益的不只是 IT 厂商，IT 用户同样是赢家，并且是更有把握的赢家。

中间件作为新层次的基础软件，其重要作用是将不同时期、在不同操作系统上开发应用软件集成起来，彼此像一个天衣无缝的整体协调工作，这是操作系统、数据库管理系统本身做不了的。中间件的这一作用，在技术不断发展之后，使以往在应用软件上的劳动成果仍然物有所用，节约了大量的人力、财力投入。

3. 如何选择中间件

企业在使用中间件的时候必须作出选择，选择应该从以下几方面进行。由于中间件的种类较多，企业在使用中间件的时候必须作出选择。选择应该从以下几方面进行。

(1) 选择种类：先确定类别再确定产品

中间件的特殊性使得企业在选择具体的中间件产品以前，必须确定企业的应用类型或具体需求，进而仔细确定选择使用哪一类中间件。这一点非常重要。比如，企业的应用类型如果只是传递消息，而对高可靠、高并发、高效率无特殊要求，就应该选择消息中间件而非交易中间件。如果是典型的关键任务的联机事务处理系统，就应该选择交易中间件。如果要建立分布式构件应用，企业就应该选择基于对象的中间件。如果想基于 Web 建立应用，最好选用 Web 应用服务器。下面给出一个选择的流程图，如图 4-56 所示。

当然，实际情形远非图中描述的那么简单。中间件的功能经常是相互交叉的，比如有的交易中间件包含有消息传递的功能；有些对象中间件继承了交易中间件的特性；而有的应用服务器，可以把交易管理中间件或消息中间件作为它的一种服务，等等。因此，除了技术上的界定以外，还要考虑以下因素：

• 技术成熟度。不同的中间件的发展历史都不同。由于中间件涉及的技术面广，与操作系统、网络、数据库、应用都有关系，因此中间件从诞生到成熟需要 2~3 年的时间。中间件的技术成熟度是一个很需要关注的问题。

• 与遗留应用的结合度。如果你选用中间件构造的应用与传统的遗留应用要建立联系的话，就需要考虑这个问题。

• 使用的难易程度。每类中间件使用的难度也不尽相同。有些中间件只是你应用的一部分，而有些中间件将会给你的应用一个新的体系结构。应用的现状、应用开发队伍的水平、中间件本身的复杂程度等，都会影响中间件的使用效果。

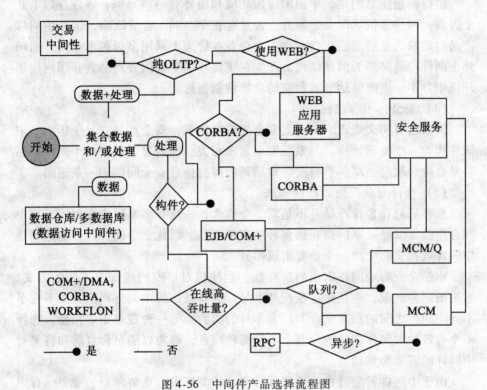

图 4-56 中间件产品选择流程图

- 成本。不同类的中间件的成本不同,如把消息中间件只是用在局域网上实现数据访问显然代价太大。把交易中间件用在非交易处理类系统中去传递消息同样不足取。另外,也要考虑技术培训对开发成本所带来的影响。
- 技术方向。有的中间件比较传统,而有的中间件是发展方向,中间件的选择同你对软件技术发展趋势的把握紧密相关。如果企业已决定用构件技术或 Web 技术,你就要选择相关的中间件。

(2) 选择服务:影响成败

中间件处在"顶天立地"的地位,决定了中间件与应用软件、操作系统、数据库系统密切相关,中间件的技术服务需要深度和广度。因此,要求一个中间件厂商不仅要了解中间件本身,还必须具备全面的技术能力,尤其是要熟悉应用,否则是做不好技术服务的。一个好的产品也许会由于缺乏高质量的技术服务而导致整个系统运转不灵。

(3) 注意应用环境:软件确实有国情

值得特别注意的是，中国的应用环境和国外有一些差别，表现在以下几个方面：网络通信状况参差不齐，大量存在 9600bps 通信线路，国外中间件产品对此缺乏足够的适应性；许多大企业在管理上采用多级树形结构，而国外中间件产品又多为网状结构。产生在优良环境里的国外产品，在国内应用环境中并不一定能够达到其预期的功能性能指标。

（4）安全：不容忽视

国家已有明文规定，要建立安全的信息体系，安全产品立足于国内。中间件作为一个支撑软件，与系统安全紧密相关。国内自主版权的中间件产品将是金融、政府、军队、公安等敏感部门解决信息安全问题的一条道路。

（5）选择专业厂商：选择未来

选择厂商和选择产品并不是同一个概念，一是有多家厂商在做同一种中间件产品，二是一家厂商在做多种中间件产品。因此，中间件厂商的选择是中间件选择策略中的一个重要组成部分。

由于企业对中间件需求的多样性，也使得对厂商的选择有不同的方式。常见的两种现象，一是更注重产品本身，选择最好的中间件产品，而不在乎不同中间件之间的相互配合和厂家本身的实力。另一种观点正好相反，选择一个有各种中间件产品的厂商。不管哪种观点，都应以满足你目前和将来对中间件的需求为基础。

由于中间件目前处在快速发展时期，种类繁多，竞争激烈，需要强有力的支持服务，因而选择一个专业从事中间件的厂商总是有益的，否则会对未来的发展带来影响。试想，一个厂商自己都不把你要选择的中间件作为其主导性发展方向，怎么能成为你可信赖的长期合作伙伴呢？

（6）测试：合脚才是好鞋

测试是一个直接有效的手段，建立一个与你的实际应用环境类似的模拟环境，编写模拟测试程序，在实际应用中对中间件的功能和性能进行逐项测试。测试应包括功能测试、适应性测试、扩展性测试、压力测试、边界测试、破坏测试、连续运行测试等。不同类型的中间件测试方法不尽相同。但必须能模拟出使用中间件的真实情况。

（7）考察：让事实说话

如果测试还不能让你拿定主意的话，你也可以去考察实际应用案例，并倾听中间件使用者的感受。当然考察的时候要非常仔细，包括应用环境、应用类型、业务量、中间件的工作状况、配置、中间件开发和使用的难易度、厂家的支持服务、价格等。

4.5.2 打印中间件

1. 概述

随着互联网的高速发展,互联网应用的有效性、方便性和快捷性正逐步提高,互联网相关的应用软件和应用系统也进入高速发展时期,大量的信息化系统被开发和应用起来。为提高开发效率,让软件开发人员从技术性和专业性强的工作中解脱出来。应用这些中间件,软件开发人员能轻易地解决各种技术问题,将节省出来的宝贵时间专注于开发的其他方面,从而快捷高效地完成软件开发任务。

2. 产品示例

(1) 产品示例:标签打印中间件

打印中间件能够将几乎所有来自主机系统的字符串进行映射,然后打印条码标签,因此,可以从主机系统打印标准的标签格式,无须在主机一侧进行任何编程。

作为一个多线程的应用程序运行在基于 WINDOWS 的服务器上,它能够处理成百上千的打印请求,并将打印任务分配到众多的打印机,是企业级标签打印的强大软件工具。在 ERP、MRP II 或 WMS 等应用系统环境下,作为打印中间件,提供最大程度的方便和灵活性。

(2) 产品示例:打印软件中间件

打印软件中间件是一个基于 Java 的应用软件,它构建了 Loftware LPS (Loftware Print Server) 和 Unix 应用系统之间的一个快速桥梁通道。智能化的数据过滤和决策工具大大简化了海量打印任务的复杂性。

打印软件中间件具有智能化的排队和执行功能,它可以同时处理企业内部成千上万的打印机的各种任务。

4.5.3 RFID 中间件

1. 概述

RFID 中间件扮演 RFID 标签和应用程序之间的中介角色,从应用程序端使用中间件所提供一组通用的应用程序接口(API),即能连到 RFID 读写器,读取 RFID 标签数据。这样一来,即使存储 RFID 标签情报的数据库软件或后端应用程序增加或改由其他软件取代,或者读写 RFID 读写器种类增加等情况发生时,应用端不需修改也能处理,省去多对多连接的维护复杂性问题。

2. 产品示例

（1）产品示例：RFID 中间件如图 4-57 所示。

图 4-57　RFID 中间件

产品描述：RFID 中间件在具有一般中间件数据处理功能外，更兼具主动控制和管理 RFID 设备、网络安全管理、智能区域化管理、标准和数据管理的特点。

（2）产品示例：RFID 通用中间件如图 4-58 所示。

图 4-58　RFID 通用中间件

产品描述：RFID 通用中间件支持不同频段不同厂商的 RFID 读写设备及不同的通信协议、可实现与其他应用软件无缝隙连接、提供图形化的操作界面，方便使用、提供分布式的网络架构，不受地域限制、支持多个操作系统。

通用中间件的总体框架图如图 4-59 所示。

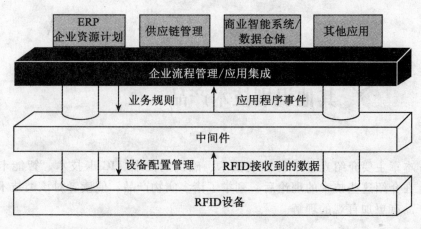

图 4-59　KTI 通用中间件的总体框架图

思 考 题

1. 请简述射频识别技术的工作原理。
2. 请列举 2~3 款射频识别技术产品，描述并比较它们的主要特点和差异。
3. 请简述射频识别产品中间件的原理。
4. 请简述射频识别标签的分类。

第 5 章 其他识别技术产品

本章主要介绍光学字符识别技术、磁识别技术、IC 卡技术、智能卡技术。在介绍这些技术的理论后,列举了诸多实物产品,使读者对该类技术及其产品有更加直观的理解。

5.1 光学字符识别产品

5.1.1 基本原理

光学字符识别 OCR（optical character recognition）已有 30 多年历史,近年来又出现了图像字符识别 ICR（image character recognition）和智能字符识别 ICR（intelligent charater recognition）,实际上,这三种自动识别技术的基本原理大致相同。

OCR 的三个重要的应用领域:办公室自动化中的文本输入、邮件自动处理、与自动获取文本过程相关的其他要求。这些领域包括:零售价格识读,订单数据输入,单证、支票和文件识读,微电路及小件产品状态特征识读等。

1. OCR 识别概念

OCR 的中文意思是通过光学技术对文字进行识别。

这种技术能够使设备通过光学的机制来识别字符。人类用眼睛来识别许多事物,其方式就是一种光学机制。但是,当我们的大脑意识到外界事物的总信息输入时,每个人会因为许多因素而使得他对这些信息的理解能力有所不同。通过分析这些变化因素,我们可以理解在 OCR 技术发展中所面对的巨大挑战。

首先,如果我们阅读一篇用并非自己知道的语言所写的文章,我们能大概地分辨不同的字母,但却不能理解其意义。然而,对于这样的文章,我们通常能够理解其中的数字符号，因为它们是我们所广泛使用的，同样的道理可以解释为什么许多OCR系统只能辨认数字，或者只能相对较少地辨认数字与字母的组合物。

其次，在字母与数字中有许多相似的地方，比如，在识读到字母与数字的组合字的时候，你几乎很难分辨出字母"O"与数字"0"的区别。作为人类，我们是可以通过阅读句子和段落来了解其精确的意思的，但对于机器设备来说，这个过程实在是太困难了。

最后，我们要依靠对照来帮助分辨字符。对于那些出现在很黑的底板或其他字词和图画上的字符，我们很难阅读，同样的道理，设计一套能够理解所需要的数据而舍弃无用信息的字符识别系统也是一项艰难的任务。

2. OCR 的历史

自动识别已打印的字符这项工程技术始于第二次世界大战前，但是直到20世纪80年代各商业公司才对建立基金支持该项技术发展取得一致。这种基金是由美国银行业协会和金融服务工作组织提供的。他们向当时大多数的设备供应商挑战地提出了"通用语言"这一概念，目的是自动处理支票。战后，支票处理成为了全世界最广泛的自动处理应用。尽管银行业最终没有选择OCR，但是部分自动信贷机仍然应用光字符识别技术。

早期的OCR设备的"眼睛"使用光线、平面镜以及让反光光线通过的裂缝，反射回来的图像被分解成发散的黑白点，这些点被传送给图像放大管，并被转化成电子数字。OCR的逻辑处理部分要求黑白数据点按照预定的程序出现或消失，这种方式使得OCR辨识很有限，特别是那种预设字符的设备，识读更是有限。

为了达到识读目的，处理单元要求文件传送必须过程化，以稳健的速度运行，并且已打印的数据必须出现在每一个表格的固定位置。

我国在OCR技术方面的研究工作起步较晚，在20世纪70年代才开始对数字、英文字母及符号的识别进行研究，70年代末开始进行汉字识别的研究，到1986年汉字识别的研究进入一个实质性的阶段，取得了较大的成果，不少研究单位相继推出了中文OCR产品。我国的一些研究部门在80年代初就开始对OCR识别进行研究，从80年代开始，OCR的研究开发就一直受到国家"863"计划的资助支持，我国在信息技术领域付出的努力，已经有了初步的回报。目前我们正在实现将OCR软件针对表格形式的特征设计了大量的优化功能，使得识别精度更高、识别速度更快，并且为适应不同环境的使用提供了多种识别方式选项，支持单机和网络操作，极大地方便了使用，使应用范围更加广泛，能达到各种不同用户的应用要求。我们相信，经过众多专家或专业人士的努力和国家在信息产业领域的大力资助，OCR 能够进入到网络的各个领域，会有更多的新品种奉献给广大用户，OCR 技术将会有一个质的飞跃。

3. OCR 识别技术的发展方向

排列浏览方法的出现，以及高速计算机的出现，产生了图像处理过程这一概念。"图像处理过程"并不要求光学识别成功地派上用场，举个例子，OCR 系统将文件转变成电子数字条目的能力，将有效地取代显微胶片。相对于处理现实中的文件式显微胶片的图片，这种系统能为用户提供更方便的整理图像的方法。

通过上述的排列浏览方法生成 OCR 逻辑单元后，图像处理可以采用"离线"方式而不是过去的实时方式。这是区别于早期 OCR 系统的最大优点，现在的 OCR 能够允许强有力的逻辑系统持续工作，并且不再对要浏览的字符的大小字体及数据位置两方面信息作出严格的要求。金融服务业的支票处理服务的"便捷图像数据辨别"就是这样的例子，而且这种应用将是第一项可实行的磁性墨水字符识别（MICR）与光学字符识别（OCR）技术相结合的新技术。

5.1.2 典型产品

1. 软件产品

我们在购买扫描仪的时候，一般都会随机获赠一款 OCR 识别软件。下面就介绍两款主流 OCR 软件产品。

（1）紫光 OCR

清华紫光 OCR V7.5，32 位专业版是紫光系列扫描仪随机附赠的 OCR 软件，它具有支持的图像格式多、识别率高以及支持表格识别等特点，是一款不错的 OCR 软件。但它只支持紫光系列的扫描仪，如果在其他品牌的扫描仪上使用，它会显示出错信息，并拒绝工作。

（2）尚书 OCR

尚书 5.0 OCR 识别软件，具有识别率高、界面简单友好的特点，特别适合于初学者。它适用于 MicroTEK、N—TEK、ScanPAQ、ScanPORT 系列扫描仪，该软件只识别自己扫描的图像，很不方便。

解决方法：我们可以使用其他图像处理软件来进行扫描，只要扫描得到的图像格式能够被 OCR 软件所支持、识别就可以了。这里介绍一款专为

OCR 软件设计的图像增强软件——扫描小精灵,它能有效地提高输入图像质量,它提供的全自动扫描方式、自动存盘功能,特别适合于需要大量处理文稿的用户。根据实验,扫描小精灵的 TIF 图像输出格式可全面兼容紫光 OCR V7.5 32 位专业版、汉王 OCR 5.0、尚书 5.0、北信 OCR(WPS2000 手写系统中携带的)等。

2. 硬件产品

(1) 产品示例:文本扫描仪如图 5-1 所示。

产品描述:全智能识别核心,识别速度快,识别效率高;用户可根据工作需要或个人习惯选择自动、单步智能工作模式;智能分析各种中、英、繁、表、图混排格式的文本,无需过多人工干预;多样化的表格判识,可以精确的表格还原,瞬间即可转化成为可任意编辑的电子表格。

图 5-1 文本扫描仪

(2) 产品示例:名片通精装版如图 5-2 所示。

图 5-2 名片通精装版

产品描述：名片通精装版可以不受名片版面限制，自动识别理解简繁体中文、英文、数字混排名片；准确识别近百种印刷字体，识别简体字、繁体字达12000多字，识别率高，速度快；强大的应用支持，可直接将名片数据发送到OutLook、Outlook Express的联系人栏目中；以及商务通、名人、联想、Pocket PC、Palm等设备中；可以备份和恢复名片数据；还可将名片信息以Csv、Vcard、Excel、HTML等格式文件输出。

5.2 磁识别产品

5.2.1 基本原理

磁卡是一种磁记录介质卡片。它由高强度、耐高温的塑料或纸质涂覆塑料制成，能防潮、耐磨且有一定的柔韧性，携带方便、使用较为稳定可靠。通常，磁卡的一面印刷有说明提示性信息，如插卡方向；另一面则有磁层或磁条，具有2~3个磁道，以记录有关信息数据。

磁卡最早出现在20世纪60年代，当时伦敦交通局将地铁票背面全涂上磁介质来储值。后来，随着技术的进步，改进了系统，缩小了面积，成了现在的磁条。

信用卡是磁卡较为典型的应用。发达国家从20世纪60年代就开始普遍采用金融交易卡支付方式。其中，美国是信用卡的发祥地；日本首创了用磁卡取现金的自动取款机及使用磁卡月票的自动检票机。1972年，日本制定了磁卡的统一规范，1979年又制定了磁条存取信用卡的日本标准JIS-B-9560、9561等。国际标准化组织对磁卡也制定了相应的标准。

在整个80年代，磁卡业务已深入发达国家的金融、电信、交通、旅游等各个领域。以美国为例，两亿多人口就拥有10亿张信用卡，持卡人为1.1亿人，全国人均5张，消费额约4695亿美元。其中，相当部分的信用卡由磁卡制成，产生了十分明显的经济效益和社会效益。

由于磁卡价格合理、使用方便，在我国也得到迅速的发展。1985年由中国银行珠海分行推出了第一张信用卡，至2008年第三季度末，全国累计已发行信用卡1.32亿张。

用磁卡识别技术简化数据录入的应用，首先源于金融业，在银行现金存款的业务实现计算机化管理后不久，即出现了账户卡，随着用户提款机（ATM）的出现得到了广泛应用。尤其在欧美发达国家，大部分证卡均配以磁卡，以利于检索之用。

目前，国际性的磁条标准已有几个小组在开展研究。这些小组包括 ANSI（美国国家标准学会）、ISO（国际标准化组织）、CEN（欧洲标准化委员会）、AIM（美国自动识别制造商协会）和 AAMVA（美机动车管理协会）等组织。

1. 磁卡相关概念

磁条从本质意义上讲和计算机用的磁带或磁盘是一样的，它可以用来记载字母、字符及数字信息。磁条通过粘合或热合与塑料或纸牢固地整合在一起，形成磁卡。

磁条记录信息的方法是变化小块磁物质的极性。在磁性氧化的地方具有相反的极性（如 S-N 和 N-S），识读器材能够在磁条内分辨到这种磁性变换。这个过程被称作磁变。一部解码器识读到磁性变换，并将它们转换回字母和数字的形式，以便由一部计算机来处理。

磁条有两种形式：普通信用卡式的磁条和强磁（HiCo）式。强磁式由于降低了信息被涂抹或损坏的机会而提高了可靠性。大多数卡片和系统的供应商支持这两种类型的磁条。

最著名的磁卡应用是自动提款机信贷卡。磁卡还使用在保安建筑、旅馆房间和其他设施的进出控制方面。其他应用包括时间与出勤系统、库存追踪、人员识别、娱乐场所管理、生产控制、交通收费系统和自动售货机等。

磁卡技术能够在小范围内存储较大数量的信息。一个单独的磁条可以存储几道信息。不像其他信息存储方法那样，在磁条上的信息可以被重写或更改。已有数家公司提供高保密度的磁卡和提高保密度的方法。这些系统能够为今天的应用提供信息的安全保证。

磁条标准在两个主要方面有所发展：物理标准和应用标准。物理标准规定记录磁条的位置、编码方法、信息密度和磁条记录的质量；应用标准是有关不同市场使用的信息内容和格式。另外，测试仪器和磁条材料（特别是强磁磁条）的标准和指导，包括非金融应用，正在起草阶段。目前，卡片被使用在金融系统中，遵守这些标准的要求是强制性的，但是在其他应用领域中，也许是自愿的。

一种快速发展的应用是在政府福利服务中使用磁卡来批准和支付福利金、食品券和其他服务。另一项发展中的应用是存储倾向价值的卡片。这种卡片是事先付款的，通过卡中编码存储一定的货币价值，用户使用它来购买商品或服务。卡片的价值在每次使用时得到磁性消减。目前，两种理想的应用已经流行起来，一是电话卡，二是多次使用的交通票证。其他应用包括学生就餐证、桥梁、通道和道路的过路费、多次使用的交通票证、录影带出租证、自动售货机、带有一定价值的驾驶证，可以用来购买商品或服务。每年有100多亿张磁卡在各种应用中使用，应用的范围还在不断扩大中。

2. 磁卡技术的特点

磁条的特点是：数据可读写，即具有现场改变数据的能力；数据的存储一般能满足需要；使用方便、成本低廉。这些优点使得磁卡的应用领域十分广泛，如信用卡、银行ATM卡、会员卡、现金卡（如电话磁卡）、机票、公共汽车票、自动售货卡等。

磁卡技术的限制因素是数据存储的时间长短受磁性粒子极性的耐久性限制，另外，磁卡存储数据的安全性一般较低，如磁卡不小心接触磁性物质就可能造成数据的丢失或混乱，要提高磁卡存储数据的安全性能，必须采用另外的相关技术，这就要增加成本。随着新技术的发展，安全性能较差的磁卡有逐步被取代的趋势，但是，在现有条件下，社会上仍然存在大量的磁卡设备，再加上磁卡技术的成熟和低成本，在短期内，磁卡技术仍然会在许多领域应用。

5.2.2 典型产品

1. 工作原理

磁卡上面剩余磁感应强度 B 在磁卡工作过程中起着决定性的作用。磁卡以一定的速度通过装有线圈的工作磁头，磁卡的外部磁力线切割线圈，在线圈中产生感应电动势，从而传输了被记录的信号。

2. 构造

（1）磁卡的物理结构及数据结构

一般而言，应用于银行系统的磁卡上的磁带有3个磁道，分别为Track1，Track2及Track3。每个Track都记录着不同的信息，这些信息有着不同的应用。此外，也有一些应用系统的磁卡只使用了两个磁道（Track），甚至只有1个Track。在我们所设计的应用系统中，根据具体情况，可以使用全部的3个Track或是2个或1个Track。

图5-3所示是符合ANSI及ISO/IEC标准的磁卡的物理尺寸定义。这些尺寸的定义涉及磁卡读写机具的标准化。在对磁卡上Track1（或Track2或Track3）进行数据编码时，其数据在磁带上的物理位置偏高或偏低了哪怕几毫米，则这些已编码的数据信息偏移到了另外的Track上了。

其中：Track1，Track2，Track3的每个磁道宽度相同，大约为2.80mm

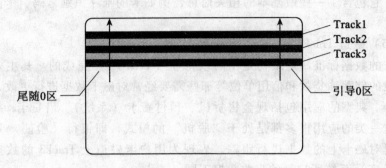

图 5-3 磁卡的物理结构

(0.11 英寸),用于存放用户的数据信息;相邻两个 Track 约有 0.05mm (0.02 英寸) 的间隙 (gap),用于区分相邻的两个磁道;整个磁带宽度在 10.29mm (0.405 英寸) 左右 (如果是应用 3 个 Track 的磁卡),或是在 6.35mm (0.25 英寸) 左右 (如果是应用 2 个 Track 的磁卡)。实际上我们所接触看到的银行磁卡上的磁带宽度会加宽 1~2mm,磁带总宽度在 12~13mm 之间。

(2) 磁道 Track 上的标准定义

磁道 Track 的应用分配一般是根据特殊的使用要求而定制的,比如银行系统、证券系统、门禁控制系统、身份识别系统、驾驶员驾驶执照管理系统等,都会对磁卡上的 3 个 Track 提出不同的应用格式要求。在此,我们主要研讨的是符合国际流通的银行/财政应用系统的银行磁卡上的 3 个 Track 的标准定义,这些定义已经广泛适用于 Visa 信用卡、MasterCard 信用卡等我们常用的一些银行卡。

(3) 磁道 Track1

它的数据标准制定最初是由"国际航空运输协会"IATA (international air transportation association) 完成的。Track1 上的数据和字母记录了航空运输中的自动化信息,例如货物标签信息、交易信息、机票订票/订座情况,等等。这些信息由专门的磁卡读写机进行数据读写处理,并且在航空公司中有一套应用系统为此服务。应用系统包含一个数据库,所有这些磁卡的数据信息都可以在此找到记录。

(4) 磁道 Track2

它的数据标准制定最初是由"美国银行家协会"ABA (american bankers association) 完成的。该磁道上的信息已经被当今很多的银行系统所采用。它包含了一些最基本的相关信息，例如卡的唯一识别号码、卡的有效期等。

（5）磁道 Track3

它的数据标准制定最初是由财政行业（THRIFT）完成的。其主要应用于一般的储蓄、贷款和信用单位等那些需要经常对磁卡数据进行更改、重写的场合。典型的应用包括现金售货机、预付费卡（系统）、借贷卡（系统）等。这一类的应用很多都是处于"脱机"的模式，即银行（验证）系统很难实时对磁卡上的数据进行跟踪，表现为用户卡磁道上 Track3 的数据与银行（验证）系统所记录的当前数据不同。

磁道（Track1，Track2，Track3）上允许使用的数字和字符磁卡上的 3 个 Track 一般都是使用"位"（bit）方式来编码的。根据数据所在的 Track 不同，5 个 bit 或 7 个 bit 组成一个字节。

（6）Track1（IATA）

记录密度为 210BPI；可以记录 0～9 数字及 A～Z 字母等；总共可以记录多达 79 个数字或字符（包含起始结束符和校验符）；每个字符（一个字节）由 7 个 bit 组成。由于 Track1 上的信息不仅可以用数字 0～9 来表示，还能用字母 A～Z 来表示信息，因此 Track1 上一般记录了磁卡的使用类型、范围等一些"标记"性、"说明"性的信息。例如银行用卡中，Track1 记录了用户的姓名、卡的有效使用期限以及其他的一些"标记"信息。

（7）Track2（ABA）

记录密度为 75BPI，可以记录 0～9 数字，不能记录 A～Z 字符；总共可以记录多达 40 个数字（包含起始结束符和校验符）；每个数据（一个字节）由 5 个 bit 组成。

（8）Track3（THRIFT）

记录密度为 210BPI；可以记录 0～9 数字，不能记录 A～Z 字母；总共可以记录多达 107 个数字或字符（包含起始结束符和校验符）；每个字符（一个字节）由 5 个 bit 组成。

由于 Track2 和 Track3 上的信息只能用数字 0～9 等来表示，不能用字母 A～Z 来表示信息，因此在银行用卡中，Track2、Track3 一般用于记录用户的账户信息、款项信息等。不言而喻，还有一些记录银行所要求的特殊信息等。

在实际的应用开发中，如果我们希望在 Track2 或 Track3 中表示数字以外的信息，例如"ABC"等，一般应采用按照国际标准的 ASCII 表来映射。

例如,要记录字母"A"在Track2或Track3上时,则可以用"A"的ASCII值"0x41"来表示。"0x41"可以在Track2或是Track3中用两个数据来表示:"4"和"1",即"0101"和"0001"。

3. 产品示例

示例卡分别如图5-4至图5-7所示。

图5-4 示例卡1

图5-5 示例卡2

图5-6 示例卡3

图5-7 示例卡4

5.3 IC卡产品

5.3.1 基本原理

IC卡最初出现于1974年,当时的法国政府、法国银行和布尔公司一起协作解决法国银行信用卡所存在的舞弊现象,结果由Roland Moreno提出的将微处理器镶嵌于塑料基片中的设想得到了广泛的接受。由于其具有完善的密码保护功能，从而有效地遏制了信用卡的假冒和欺诈。从此以后，IC卡工业得到了迅速发展，目前IC卡已遍布社会的方方面面。

我国IC卡行业的发展始于1993年左右，当时的中央领导高度重视IC卡行业，指示要大力发展我国自己的IC卡事业，建立"金卡工程"。至今，已取得了巨大的成就，现已研制成功我国自主版权的较大容量的存储卡、逻辑加密卡以及非接触射频卡等。"金卡工程"的实施，大大加快了金融电子化、商业和流通领域电子化发展的步伐，提高了人们生活和工作的现代化程度。

IC是integrated circuit的缩写，自IC卡出现以后，国际上对它有多种叫法。英文名称有Smart Card，IC Card等；在亚洲特别是我国香港、台湾地区，多称为"聪明卡"、"智慧卡"、"智能卡"等；在我国一般简称为"IC卡"，全称是"集成电路卡"。

IC卡的规格与普通磁卡十分相似，只是略厚且硬一些。它的外形由一块柔软易折的塑料制成，卡面通常印有文字、号码和图案，称做"卡基"；在"卡基"的固定位置上嵌入一种特定的IC芯片，就成为我们通常所说的IC卡了。

1. IC卡分类

（1）根据卡与设备进行数据交换的方式来分

IC卡可分为接触式IC卡和非接触式IC卡。

（2）根据所封装的IC芯片的不同分类

IC卡可分为三大类：存储器卡、逻辑加密卡和CPU卡。

• 存储器卡中的集成电路只有E^2PROM，只具有存储功能。

• 逻辑加密卡中的集成电路包括加密逻辑和E^2PROM。

• CPU卡中的集成电路包括中央处理器CPU、E^2PROM、随机存储器和只读存储器ROM，其中ROM中固化有操作系统COS（IC operating system）。严格地说，只有CPU卡才是真正意义上的智能卡。

卡的分类如图5-8所示，常用IC卡一览如图5-9所示（见插图）。

2. IC卡常用术语

（1）生物测定学（biometrics）

实现"你是什么"认证和识别的技术。包括：指纹、视网膜、虹膜、手形、纹理、声音、动态签名等。

它可用智能卡存储生物信息，然后利用生物识读器识读的生物信息与卡中信息比对完成用户识别。

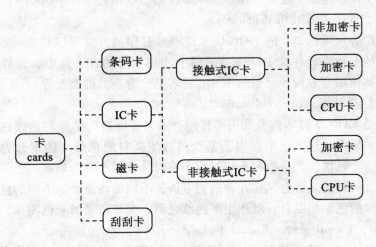

图 5-8 卡的分类

(2) CardJet 卡（CardJet cards）

带有特殊涂层专供喷墨打印机使用的卡片。Cardjet 墨水，即喷即干。Card 卡片有非常好的耐划擦性，不会热转移和褪色。

(3) 色彩匹配（color matching）

FARGO 打印机中的几个色彩匹配模式，这些选项是内建于打印机驱动中的，很易于选择。色彩打印可以更清晰、精细和准确。

(4) 接触式 IC 卡编码器（contact smart card encoder）

它通过 E-CARD 平台上的 ISO 标准的针脚与打印机内部的 GEMPLUS GEMCORE 410 相连。GEMCORE 410 将信号转为 RS-232 信号，应用程序可以通过打印机外部的 9 针通信口来访问。

(5) 非接触式 IC 卡编码器（contactless smart card encoder）

它通过 E-CARD 平台上的天线与 GEMPLUS 公司的 GEM EASY LINK 680SL 器件相连。应用程序可通过打印机外部的 DB-9 针通信口与之相互访问。

(6) DTC 打印（direct to card printing）

DTC（直接打印到卡）的过程是将数字影像直接打印到具有光滑、清洁、PVC 表面的塑料卡片上。

(7) DPI（点数/英寸）

打印机分辨率的测量单位。例如：600DPI 表示打印机能在卡每英寸产生 600 个点。注意：喷墨打印中 2400DPI 相当于热升华打印 300DPI。

（8）双进卡器（dual hoppers）

选用容量可达 200 的 FARGO 双进卡器打印机。即可以让您一次装 200 张相同的卡片或者各装 100 张不同的卡片到不同的进卡器中，这样会更有效。例如使用金银两种背景的卡片，更容易区分会员的类型等。

（9）热升华（dye sublimation）

它是 FARGO 打印机所采用的打印技术，可以产生平滑的连续色调，照片质量的影像。这个技术利用了基于热升华染料的色带。色带分为黄、品红、青三个色块。当色带和卡经过打印头时，成千上万的热素将色带上的染料加热，染料受热后会气化并渗透到卡面，不同的热量产生不同的色彩饱和度，连续的色彩相混合，就产生了连续色调，照片质量的彩色图像。

（10）E-card 平台（E-card docking station）

FARGO 提供在购机时可选配的 E-CARD 平台，E-CARD 有 3 种不同类型的型号，它允许应用软件读取卡中的信息选配的编码器提供利用标准 RS-732 中与卡通信所需要的一切。FARGO E-CARD 平台配有 ISO 标准的针脚，用来与接触卡通信，另外也可选配带有写高低磁和 1、2、3 轨的磁条编码器。

（11）E-card 编码器（E-card encoder）

FARGO 打印机的选配件，可以读取 3 种不同类型的卡片：符合 ISO7816 标准的接触式 IC 卡、MIFARE｜非接触式 IC 卡和 HID 卡。

（12）边到边打印（edge to edge）

引用来说明卡片最大的打印面积：带有边到边功能的打印机可以打印到卡片的边缘，没有"白边"。

（13）大容量打印（high volume printing）

用最少的时间装卸耗材及维护，从而快速、高效地生产出卡片。

（14）高分辨率打印（high definition printing）

指将全彩色的影像打印到 HDP 转印膜上。然后通过热压将膜转印到卡片上。这种革命性的技术不但增强了卡片的耐用性和完美色彩，而且可以打印到粗糙表面的卡（如 ID 卡和智能卡上）。

（15）高速打印（high-speed printing）

FARGO 证卡打印机是目前桌面打印机中速度最快的，高速打印可以让我们更有效地生产卡片——省时，省钱，省资源。

（16）液晶显示（LCD DISPLAY）

在打印机当前的操作模式下，LCD 液晶显示屏显示了打印机当前的工

类别	产品描述	CPU	ROM	PROM	EEPROM/FLASH	RAM	电压	环境温度	擦写次数	数据保存	保密特性	最小擦写时间	备注
非接触式IC卡	加密控制COMBI CARDS	有	15K字节	32K字节	1K字节	256字节	无电源	-25~70℃	10万次	10年	GMS+硬件	3.5/100ms(1次交易过程)	SIEMENS
	1K字节EEPROM MIFARE1	无	无	无	1K字节	无		-25~70℃	10万次	10年	加密逻辑三次相互认证	100ms(1次交易过程)	SIEMENS
	1K字节EEPROM MIFARE1	无	无	无	1K字节	无		-25~70℃	10万次	10年	加密逻辑三次相互认证	100ms(1次交易过程)	PHILIPS
	1K字节×8bit EEPROM	无	无	无	1K字节	无		-25~70℃	10万次	10年	加密逻辑三次相互认证	100ms(1次交易过程)	PHILIPS
加密卡	加密逻辑1K位EEPROM	无	无	无	256字节	无	5V	0~70℃	10万次	10年	加密逻辑	5ms	ATMEL
	加密逻辑和高保密认证16K位EEPROM	无	无	无	2K字节	无		0~70℃	10万次	10年	加密逻辑和高保密认证	5ms	ATMEL
	智能416位带有密码逻辑保护及保密逻辑	无	16位	48位	352位	无		-35~80℃	10万次	10年	保密代码 传输代码 加密逻辑 用户数据区保护	5ms	SIEMENS
	智能104位带保密逻辑的EEPROM计数器	无	16位	48位	40位	无		-35~80℃	10万次	10年	传输代码 加密逻辑	5ms	SIEMENS
	智能带写保护功能加密逻辑256字节EEPROM	无	无	无	256字节	无		-35~80℃	10万次	10年	保密代码 传输代码 字节保护	2.5ms	SIEMENS
	智能带写保护功能加密逻辑1K字节EEPROM	无	无	无	1K字节	无		-35~100℃	10万次	10年	保密代码 传输代码 字节保护	5ms	SIEMENS
非加密卡	1K位EEPROM	无	无	无	1K位	无	5V	0~70℃	100万次	100年	无	5ms	ATMEL
	1K位EEPROM	无	无	无	1K位	无		0~70℃	100万次	100年	无	5ms	ATMEL
	4K位EEPROM	无	无	无	4K位	无		0~70℃	100万次	100年	无	5ms	ATMEL
	8K位EEPROM	无	无	无	8K位	无		0~70℃	100万次	100年	无	5ms	ATMEL
	16K位EEPROM	无	无	无	16K位	无		0~70℃	100万次	100年	无	5ms	ATMEL
	32K位EEPROM	无	无	无	32K位	无		0~70℃	100万次	100年	无	5ms	ATMEL
	64K位EEPROM	无	无	无	64K位	无		0~70℃	100万次	100年	无	5ms	ATMEL
	4M位串行数据内存	无	无	无	4M位	无		0~70℃	10万次	100年	无	5ms	ATMEL
	智能带写保护功能的256字节EEPROM	无	无	无	256字节	无		-35~80℃	10万次	10年	字节保护	2.5ms	SIEMENS
	智能带写保护功能的8K位EEPROM	无	无	无	1K字节	无			10万次	10年	字节保护	5ms	SIEMENS
CPU卡	加密控制	有	15K字节	32K字节	2K字节	256字节	2.7V~5.5V	-25~70℃	50万次	10年	GMS+硬件	1.8/3.6ms	SIEMENS
	加密控制	有	15K字节	32K字节	4K字节	256字节		-25~70℃	10万次	10年	GMS+硬件	1.8/3.6ms	SIEMENS
	加密控制	有	15K字节	32K字节	8K字节	256字节		-25~70℃	50万次	10年	GMS+硬件	1.8/3.6ms	SIEMENS
	加密控制	有	15K字节	32K字节	16K字节	256字节		-25~70℃	50万次	10年	GMS+硬件	1.8/3.6ms	SIEMENS

图5-9 常用IC卡一览

作状态和变化，LCD 用文字来显示错误信息。这样比灯管闪烁更容易识读。

（17）可锁定的进卡盒（lockable hopper）

部分 FARGO 打印机提供一个可锁定的进卡器门。该锁用来防止白卡被盗，其在打印有价值的卡时非常有用。如预付费卡、智能卡或带有安全特性的卡。

（18）磁条（"mag"）（magnetic stripe）

磁条是指粘在卡上的墨色和棕色磁性条带，这个条带由磁性树脂颗粒组成，树脂颗粒材质决定了磁条的密度。密度越高，磁条上的信息越难读写。磁条常用于门禁、考勤、就餐、图书馆等领域。

（19）输出盒（output stacker）

输出盒用来存储打印完的卡片。顺序是先进先出，这样可更快速发行和打印有顺序的卡片。

（20）特大卡（oversized cards）

超大卡用来更有效地进行视觉识别。它通常是非标准的尺寸。常见的是 CR-90（92mm×60mm）和 CR-100（98.5mm×67mm）。

（21）覆膜（overlaminate）

覆在卡上用来增加卡片的安全性和耐用性的保护性透明或全息激光防伪材料。热转印膜是厚度为 0.25mil TP 的材料，因此能增强卡片的安全性和耐用性。Polyguard 膜厚度为 1mil 或 0.6mil；它能提供更为强大的保护，这种卡片通常用于要求高耐磨卡片领域。

（22）覆膜色块（overlay panel）

透明的覆膜色块通常在热升华色带上。这一色块自动打印到卡上以防止图像过早磨损式因紫外线而褪色，所有的热升华图像必须覆此膜和激光防伪膜来保护。

（23）超边（over the edge）

指卡片的最大打印区域。带有超边功能的打印机能打印出绝对无边的卡片。

（24）接近卡编码器（prox card encoder）

用 e-card 平台中的 HID PROXPOINT 读头将韦根信号转换为 rs-232 信号。应用程序通过打印机外部的 DB-9 针通信口来读取 RS-232 信号。

（25）树脂热转移（resin thermal transfer）

这种技术用来打印清晰的黑色文本信息和能被红外和可见光条码扫描枪识读的条码，也可以用来打印快速、廉价的单色卡。与像热升华类似，它是用打印头将色彩从色带上转印到卡片上的。不同的是，当加热加压时，彩色图像是渗透于卡表面以下的。本项技术用于生产耐用的单色卡片。

5.3.2 典型产品

1. 工作原理

IC 卡工作的基本原理是：射频读写器向 IC 卡发送一组固定频率的电磁波，卡片内有一个 IC 串联谐振电路，其频率与读写器发射的频率相同，这样，在电磁波激励下，LC 谐振电路产生共振，从而使电容内有了电荷；在这个电荷的另一端，接有一个单向导通的电子泵，将电容内的电荷送到另一个电容内存储，当所积累的电荷达到 2V 时，此电容可作为电源为其他电路提供工作电压，将卡内数据发射出去或接受读写器的数据。

2. IC 卡的构造

IC 卡的规格与普通磁卡十分相似，只是略厚且硬一些。它的外形由一块柔软易折的塑料制成，通常卡面还可印有文字、号码和图案，称做"卡基"；在"卡基"的固定位置上嵌入一种特定的 IC 芯片，就成为我们通常所说的 IC 卡了。IC 卡结构见表 5-1。

（1）非接触式 IC 卡

非接触式 IC 卡由 IC 芯片、感应天线组成，封装在一个标准的 PVC 卡片内，芯片及天线无任何外露部分。非接触性智能卡内部分为两部分：系统区（CDF）和用户区（ADF）。

- 系统区：由卡片制造商和系统开发商及发卡机构使用。
- 用户区：用于存放持卡人的有关数据信息。

（2）示例卡

接触式 IC 卡如图 5-10 所示（单位：mm）。

表 5-1　　　　　　　　　　　　卡结构

卡的构造：	
磁条卡	在 PVC 表面附加上磁条
IC 卡	在 PVC 片基上嵌入电子模块
非接触卡	在 PVC 内置入电子模块和线圈，在 PVC 卡表面看不到模块和线圈
纸卡	以一定厚度的纸为卡基，在纸卡基上附加上磁条
ID 卡	在 PVC 制成的卡基上印刷图案、文字、条码

第5章 其他识别技术产品

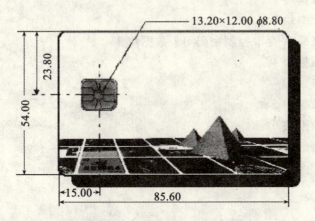

图 5-10　接触式 IC 卡样式

3. IC 卡的存储结构

IC 卡分为 16 个扇区，每个扇区由 4 块（块0、块1、块2、块3）组成，我们也将 16 个扇区的 64 个块按绝对地址编号为 0～63，存储结构如图 5-11 所示。

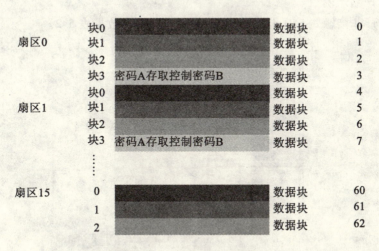

图 5-11　IC 卡的存储结构

- 扇区 0

块 0　数据块 0

块1 数据块1
块2 数据块2
块3 密码A 存取控制密码B 数据块3
块0 数据块4
- 扇区1
块1 数据块5
块2 数据块6
块3 密码A 存取控制密码B 数据块7
⋮

- 扇区15
0 数据块60
1 数据块61
2 数据块62

第0扇区的块0（即绝对地址0块），用于存放厂商代码，已经固化，不可更改。

每个扇区的块0、块1、块2为数据块，可用于存储数据。

4. 产品示例

（1）非接触式S50卡如图5-12所示，详细参数见表5-2。

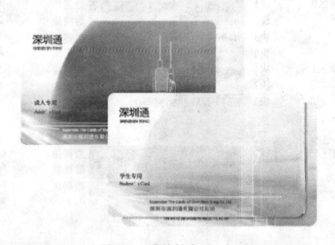

图5-12 非接触式S50卡

产品描述：非接触式 S50 卡成功地将射频识别技术和 IC 卡技术结合起来，解决了无源（卡中无电源）和免接触这一难题，是电子器件领域的一大突破。

产品特征：非接触式 S50 卡有以下显著特点，容量为 8K 位 EEPROM；分为 16 个扇区，每个扇区为 4 块，每块 16 个字节，以块为存取单位；每个扇区有独立的一组密码及访问控制；每张卡有唯一序列号，为 32 位，具有防冲突机制，支持多卡操作；无电源，自带天线，内含加密控制逻辑和通信逻辑电路。

表 5-2　　　　　　　　　　非接触式 S50 卡详细参数

	读写距离	10mm 以内（与读写器有关）
	通信速率	106KBPS
硬件规格	工作频率	13.56MHz
	数据保存期	10 年，可改写 10 万次，读无限次
	工作温度	−20～50℃（温度为 90%）

（2）逻辑加密卡，如图 5-13 所示，详细参数见表 5-3。

图 5-13　逻辑加密卡

表 5-3　　　　　SLE 西门子系列逻辑加密卡详细参数

特性产品描述	SLE4442 智能带写保护功能及安全逻辑	SLE4428 智能带写保护功能及安全逻辑	SLE4441	SLE4418
ROM	无	无	32 位	无
PROM	32 位	1024 位	128 字节	1024 位
EEPROM	256 字节	1024 字节	128 字节	1024 字节
安全特性	安全密码传输密码字节保护不可取消的芯片代码	安全密码传输密码字节保护	不可取消的芯片代码	字节保护不可取消的芯片代码
最小写入/擦除时间	2.5ms	5ms	2.5ms	5ms
工作电压	5V	5V	5V	5V
最大工作电流	10mA	10mA	10mA	10mA
环境温度	-35~80℃	-35~100℃	-35~80℃	-35~100℃
写入/擦写次数	100 000	100 000	100 000	100 000
最小保存时间	10 年	10 年	10 年	10 年
封装形式	MODE M3	MODE M2	MODE M2	MODE M3
开发工具	EVA-KIT	EVA-KIT	EVA-KIT	EVA-KIT
应用范围	医疗保险卡、门禁控制、电子门锁、网吧、积分卡	医疗保险卡、门禁控制、积分卡	门禁控制、电子门锁、积分卡	医疗保险卡、门禁控制、积分卡

（3）接触式 IC 卡读写器（FR100 系列）

接触式 IC 卡读写器（FR100 系列）如图 5-14 所示。

产品描述:接触式 IC 卡读写器(FR100 系列)有内置式、外置式两种。内置式采用串口通信,利用电脑内部供电;外置式采用串口通信,电源采用键盘口取电;FR100U 是采用 USB 口进行通信的读写器,同时利用 USB 口供电。FR100 系列读写卡器都可带 SAM 卡座,可实现安全发卡及满足安全领域的需要。FR100 系列 IC 卡读写器是开发 IC 卡相关产品及系统集成必备的前端处理设备,其丰富、完善的接口函数,可方便地应用于社保、工商、电信、邮政、税务、银行、保险、医疗及各种收费、储值、查询等智能卡管理应用系统中。

产品特征:接触式 IC 卡读写器(FR100 系列)有以下显著特征,通信采用 RS232 通信方式或 USB1.0 通信方式;RS232 通信波特率采用 9600-115200BPS,通信稳定可靠;USB 通信符合 USB1.0 标准;提供多种卡座可供选择;提供一个蜂鸣器,SAM 卡座;通信数据可以采用透明或加密方式传送;读写卡型采用驱动程式,用户自行升级新的卡片驱动程序以支持新的卡型。

图 5-14 接触式 IC 卡读写器(FR100 系列)

5.4 智能卡产品

5.4.1 非接触式智能卡

1. 工作原理

非接触式 IC 卡,又名感应卡,诞生于 20 世纪 90 年代初,由于存在着磁卡和接触式 IC 卡不可比拟的优点,它一经问世,便立即引起广泛的关注,并以惊人的速度得到推广与应用。

非接触式 IC 卡由 IC 芯片、感应天线组成，并完全密封在一个标准 PVC 卡片中，无外露部分。非接触式 IC 卡的读写操作，通常由非接触型 IC 卡与读写器之间通过无线电波来完成。

非接触型 IC 卡本身是无源体，当读写器对卡进行读写操作时，读写器发出的信号由两部分叠加组成：一部分是电源信号，该信号由卡接收后，与其本身的 L/C 产生谐振，产生一个瞬间能量来供给芯片工作。另一部分则是结合数据信号，指挥芯片完成数据、修改、存储等一系列操作，并返回给读写器。

由非接触式 IC 卡所形成的读写系统，无论是硬件结构，还是操作过程都得到了很大的简化，同时借助于先进的管理软件，可脱机进行操作，使得数据读写过程更为简单。

非接触式 IC 卡与磁卡、接触式 IC 卡相比，有诸多优点。磁卡由于其结构简单，存储容量小，安全保密性差，读写设备复杂且维护费用高，作为 20 世纪七八十年代技术水平的产品已风光不再，面临下岗。

接触式 IC 卡与磁卡相比，更加安全可靠，除了存储容量大，还可一卡多用，同时可靠性比磁卡高，寿命长；读写机构比磁卡读写机构简单可靠，造价便宜，维护方便，容易推广。正由于以上优点，使得接触式 IC 卡市场遍布世界各地，风靡一时。然而，当前风头正健的接触式 IC 卡面临着后来者非接触式 IC 卡的强劲挑战。

非接触式 IC 卡与传统的接触式 IC 卡相比，它在继承接触式 IC 卡的优点（如大容量、高安全性等）的同时，又克服了接触式 IC 卡所无法避免的缺点（如读写故障率高，由于触点外露而导致的污染、损伤、磨损、静电以及插卡这个不便的读写过程等）。非接触式 IC 卡以完全密封的形式及无接触的工作方式，使之不受外界不良因素的影响，从而使用寿命完全接近 IC 芯片的自然寿命，因而卡本身的使用频率和期限以及操作的便利性都大大地高于接触式 IC 卡。

可见，非接触式 IC 卡不仅代表着卡技术发展多年的结晶，也象征着卡的应用又提高到一个新的阶段。同时，非接触式 IC 卡国际标准 ISO14443 的诞生，将使之兼容接触式 IC 卡从而为非接触式 IC 卡带来了无穷无尽的潜力。毫无疑问，集众家之大成的非接触式 IC 卡将在身份识别、金融、电子货币、公共交通、智能楼宇、小区物业、社会保障诸多领域独领风骚。

非接触式 IC 卡与读卡器之间通过无线电波来完成读写操作。二者之间的通信频率为 13.56MHz。

非接触式 IC 卡本身是无源卡,当读写器对卡进行读写操作时,读写器发出的信号由两部分叠加组成:

一部分是电源信号,该信号由卡接收后,与本身的 L/C 产生一个瞬间能量来供给芯片工作。

另一部分则是指令和数据信号,指挥芯片完成数据的读取、修改、储存等,并返回信号给读写器。

读写器一般由单片机、专用智能模块和天线组成,并配有与 PC 的通信接口,打印口,I/O 口等,以便应用于不同的领域。非接触式 IC 卡读写系统框图如图 5-15 所示。

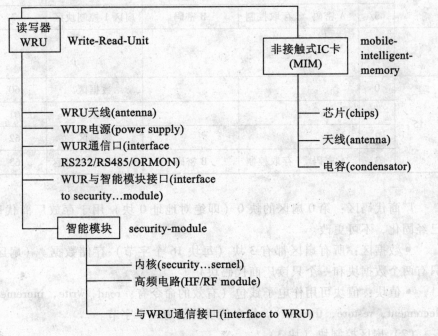

图 5-15 非接触式 IC 卡读写系统框图

2. 构造

(1) 1024×8 位 EEPROM 存储区

其分为 16 个扇区,每扇区分为 4 块(块 0、块 1、块 2、块 3),按块号编址为 0~63 共 64 块。存储区的分布见表 5-4,如图 5-16 所示。

表 5-4　　　　　　　　　　　存储区的分布图

扇区号	序号	1 2 3 4 5	6 7 8 9	10 11 12 13 14 15	名称	块号
0	0				厂商代码区	0
	1				数据区	1
	2				数据区	2
	3	A 密码	存取控制	B 密码	扇区 0 控制块区	3
1	0				数据区	4
	1				数据区	5
	2				数据区	6
	3	A 密码	存取控制	B 密码	扇区 1 控制块区	7
⋮	⋮					
15	0				数据区	60
	1				数据区	61
	2				数据区	62
	3	A 密码	存取控制	B 密码	扇区 15 控制块区	63

厂商代码区：第 0 扇区的块 0（即绝对地址 0 块）用于存放厂商代码，已经固化，不可更改。

• 数据区：所有扇区都有 3 块（每块 16 个字节）存储数据。（扇区 0 只有两个数据块和一个只读厂商代码块）

• 值块：值块可用作电子钱包（有效的命令有：read，write，increment，decrement，restore，transfer）。每个值块的值为 4 个字节。

（2）扇区控制块（块 3）

每个扇区都有一个扇区控制块，包括：

• 密码 A 和密码 B（可选），读取时返回"0"。

• 访问该扇区 4 块的存取控制。

• 如果不需要密码 B，块 3 的最后 6 个字节可用做数据。

3. 非接触式 IC 卡的技术特点

非接触式 IC 卡技术就是射频识别技术和 IC 卡技术相结合的产物。

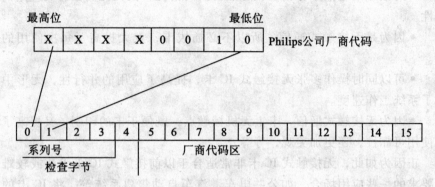

图 5-16　存储区分布图

如果从射频识别技术角度出发，可以认为非接触式 IC 卡是一种相对特殊的射频识别标志（即应答器），其读写设备就是寻呼器；如果从 IC 卡技术的角度出发，也可以认为射频识别产品是一种特殊的非接触式 IC 卡，其寻呼器即为读写设备。所以，非接触式 IC 卡应用系统的组成及工作原理同射频识别应用系统十分类似。

当然，将射频识别技术用于非接触式 IC 卡时也对它产生了特殊的要求，以满足"卡"的要求，从技术上看主要有以下两点：

● 由于 IC 卡的尺寸限制，卡上的应答器不能有电源系统，需要由寻呼器（读写设备）通过无线方式供电。

● 由于 IC 卡的尺寸限制，卡上应答器的天线需要特殊设计，卡需特殊封装和制造。

此外，由于无接触式 IC 卡特殊的应用环境，卡上应答器还需具有如下特点：

● 操作快捷。

● 高抗干扰性，能"同时"操作多张卡片。

● 高可靠性。

● 可以适合于多种应用等。

目前，有关国际标准化组织已订出部分无接触式 IC 卡的国际标准，如 ISO/IEC 10536-1［1992，识别卡无接触式集成电路卡第一部分：物理特性（第一版）］。

无接触式 IC 卡和接触式 IC 卡相比具有以下特点：

- 无接触式通信不存在机械触点磨损的情况,大大提高了有关应用的可靠性。
- 因为是无接触式通信,所以不必插拔卡,大大提高了每次使用的速度。
- 可以同时操作多张无接触式 IC 卡,提高了应用的并行性,无形中提高了系统工作速度。
- 因为无接触式通信,卡上无机械触点,既便于卡的印刷,又提高了卡的使用可靠性,还更加美观,等等。

正因为如此,无接触式 IC 卡非常适合于以前接触式 IC 卡无法或较难满足要求的一些应用场合,如公共电车、汽车自动售票系统等,将 IC 卡的应用在广度和深度上大大推进了一步。

4. 与接触式 IC 卡相比较,非接触式 IC 卡的优点

(1) 可靠性高

非接触式 IC 卡与读写器之间无机械接触,避免了由于接触读写而产生的各种故障。例如:由于粗暴插卡,非卡外物插入,灰尘或油污导致接触不良造成的故障。此外,非接触式卡表面无裸露芯片,无须担心芯片脱落、静电击穿、弯曲损坏等问题,既便于卡片印刷,又提高了卡片的使用可靠性。

(2) 操作方便

由于是非接触通信,读写器在 10cm 范围内就可以对卡片操作,所以不必插拔卡,非常方便用户使用。非接触式卡使用时没有方向性,卡片在任意方向掠过读写器表面,即可完成操作,这大大提高了每次使用的速度。

(3) 防冲突

非接触式卡中有快速防冲突机制,能防止卡片之间出现数据干扰,因此,读写器可以"同时"处理多张非接触式 IC 卡。这提高了应用的并行性,无形中提高系统工作速度。

(4) 可以适合于多种应用

非接触式卡的序列号是唯一的,制造厂家在产品出厂前已将此序列号固化,不可再更改。非接触式卡与读写器之间采用双向验证机制,即读写器验证 IC 卡的合法性,同时 IC 卡也验证读写器的合法性。

非接触式卡在处理前要与读写器之间进行三次相互认证,而且在通信过程中所有的数据都加密。此外,卡中各个扇区都有自己的操作密码和访问条件。

接触式卡的存储器结构特点使它一卡多用,能运用于不同系统。用户可

第 5 章 其他识别技术产品

根据不同的应用自由选择。

(5) 加密性能好

非接触式 IC 卡由 IC 芯片、感应天线组成，并完全密封在一个标准 PVC 卡片中，无外露部分。非接触式 IC 卡的读写过程，通常由非接触式 IC 卡与读写器之间通过无线电波来完成读写操作。

非接触式 IC 卡本身是无源体，当读写器对卡进行读写操作时，读写器发出的信号由两部分叠加组成：一部分是电源信号，该信号由卡接收后，与其本身的 L/C 产生谐振，产生一个瞬间能量来供给芯片工作。另一部分则是结合数据信号，指挥芯片完成数据、修改、存储等，并返回给读写器。由非接触式 IC 卡所形成的读写系统，无论是硬件结构，还是操作过程都得到了很大的简化，同时借助于先进的管理软件，可脱机的操作方式，都使数据读写过程更为简单。

5. 产品示例

(1) 非接触式 IC 卡（FM11RF08 型）

非接触式 IC 卡（FM11RF08 型）如图 5-17 所示，详细参数见表 5-5。

产品描述：非接触式 IC 卡（FM11RF08 型）采用 $0.6\mu m$ CMOS EEPROM 工艺，具有逻辑处理功能的多用途非接触式射频卡芯片，内含加密控制和通信逻辑电路，具有极高的保密性能，适用于各类计费系统的支付卡的应用。

图 5-17 非接触式 IC 卡（FM11RF08 型）

表 5-5　　　　　非接触式 IC 卡（FM11RF08 型）详细参数

硬件规格	芯　片	Philips Mifare 1 S50
	存储容量	8Kbit，16 个分区，每分区两组密码
	工作频率	13.56MHz
	通信速度	106Kboud
	读写距离	2.5~10cm
	读写时间	1~2ms
	工作温度	-20~85℃
	擦写次数	>100000 次
	数据保存时间	>10 年
	规　格	0.87×85.5×54/非标卡
	封装材料	PVC、PET、0.13 铜线
	封装工艺	超声波自动植线/自动碰焊
	制作标准	ISO 14443，ISO 10536

（2）感应式 IC 卡

感应式 IC 卡如图 5-18 所示，详细参数见表 5-6。

图 5-18　感应式 IC 卡

表 5-6　　　　　　　　　　感应式 IC 卡详细参数

硬件规格	芯片	Temic e5551
	工作频率	125kHz
	存储容量	264bits 320bits，8 分区，8 位密码
	读写距离	3～10cm
	擦写寿命	>100 000 次
	数据保存时间	10 年
	尺寸	ISO 标准卡 85.5mm×54mm×0.80mm/厚卡 85.6mm×54mm×1.80mm
	封装材料	PVC、ABS
	应用范围	感应式智能门锁、企业一卡通系统、门禁、通道系统等

5.4.2 其他智能卡

可视卡（英文名 Visual Card），可以分为：Magnetic Visual Card/Thermal Re-Writable Visual Card/Thermal Visual Card 三种类型。中文可称为：热感应卡、热感可视复写卡和热感可视卡，即可视复写卡或视窗卡，就是在 ISO7816 标准的磁卡或智能卡上覆一层可以反复打印的可视复写材料，也称为可视膜，这样在每次顾客持卡结账的时候就能在卡面上打印出消费记录和促销信息，在下一次消费时还可以对已打印的内容进行擦除和再打印，不仅持卡人可以方便查看自己的消费记录，商家也可以随时更新促销信息，从而促进双向的互动。

1. 工作原理

可视卡采用了国际最先进的热敏可重写技术，它是在传统热敏技术的基础上开发出来的。传统的热敏材料仅仅可以使用一次，而全新的热敏可重写材料实现了多次反复使用。可视复写卡是覆盖了一种"thermo rewrite"材料的卡。

2. 构造

如图 5-19、图 5-20 所示。

图 5-19 结合 IC 卡芯片的可视卡

图 5-20 结合射频芯片的可视卡

3. 产品示例

（1）人像卡

人像卡如图 5-21 所示。

图 5-21 人像卡

产品描述：人像卡采用数码喷墨印刷，内容可包含个人彩照、姓名、编号、职务、徽标、单位部门名称、条码等，而且不受数量限制，绝对照片品质，清晰逼真。目前是最为流行的证卡，可用于胸卡、名片、暂住证、考勤证、医疗证、工作证、服务卡、报关证、纳税证、会议证、会员证、优惠卡、学生证、驾驶证、记者证、交警执勤证等。

（2）金属卡

金属卡如图 5-22 所示。

图 5-22　金属卡

产品描述：金属卡原料应为铜，部分高档金属卡的卡面镀有一定百分比的金或银。金属卡是薄铜片在被按照卡样显影后通过电解液蚀刻后电镀而成，透着一种尊贵的气息。

4. 选择原则

促进双方互动的手段，可以自己定义可视卡的正、背面图案，起到优异的广告效果。可视卡时尚的外观，精美的印刷，可带来口碑效应。

个性的视窗效果和独树一帜的品牌效应，吸引大量新老顾客。人性化的沟通途径在卡面上打出客户的各项信息，如姓名、性别、年龄、出生日期、纪念日、联系方式、住址、工作单位、兴趣爱好等信息，使客户有亲切、舒服的感觉。在特殊的日子里，在可视卡面上打印出对客户的各种问候或祝福信息，如生日、结婚纪念日、法定假日、传统节日等，让客户有宾至如归的感觉。

5.4.3　智能卡制卡设备

1. 制卡流程原理

制卡工艺流程如图 5-23 所示。

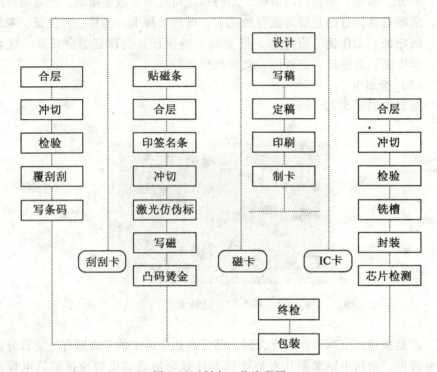

图 5-23　制卡工艺流程图

2. 产品示例

（1）人像证卡打印机（P110i 型）

人像证卡打印机（P110i 型）如图 5-24 所示，详细参数见表 5-7。

图 5-24　人像证卡打印机（P110i 型）

产品描述：人像证卡打印机（P110i型）能够进行全色或单色打印，可以选择多张进卡或 CardSense TM 单张进卡。蓝色触点能够为用户指示可触式功能，不使用任何工具，即可更换打印头。P110i 型使用高强度塑料和高级电子部件，具有小型、轻质和性能卓越等优点。安装有内置式卡片清洁辊的 Load-N-GO TM 色带盒，更换起来非常方便，可以进行自动调整并安装有色带量过低报警指示灯。

表 5-7　　　　　　　　人像证卡打印机（P110i 型）详细参数

硬件规格	列印方法	彩色颜料升华或单色热传输打印
	解析度	300dpi（11.8 点/mm）打印分辨率
	图像记忆	16MB 图像存储标准
	单/双面	单面打印
	色带选择	i 系列色带染色升华全彩 YMCKO（带集成型卡清洁辊的 Load-N-Go TM 色带盒）
	打印对象	全色彩的文字，图标，条码，签名，照片
	字体	Windows 系统支持的全部中英文字体
	条码规格	39 码、128B 和 128C 码，带和不带校验数位 2/5 及 2/5 隔行扫描 UPC-A、EAN8 及 EAN13 可通过 Windows 驱动打印 PDF-417 2D 条码和其他符号
	列印速度	30 秒/张，全色单面打印（YMCKO）
	标准卡片尺寸	ISO CR-80-ISO 7810，54mm×86mm，卡厚 30 密耳（0.76mm）
	最大列印面积	3.37″L×2.11″W/85.5mm L×53.5mm W
	卡片规格	类型：PVC、合成 PVC、黏合剂涂底材料卡片 卡片重量/长度：ISO CR-80-ISO 7810 标准重量，2.12 英寸（54mm）×3.38 英寸（86mm） 磁条：ISO 7811 标准 智能卡：ISO 7816-2 标准

续表

硬件规格	卡槽容量	送卡器容量:100 张(30 密耳);输出卡槽容量:45 张(30 密耳)
	通信接口	USB 1.1(含电缆)
	工作温度	60~86°F/11~30℃
	工作湿度	20%~65% 无凝结
	物理特征	宽 201mm × 厚 328mm × 高 216mm,重 4.3kg
	色带规格	YMCKO:200 张/盒 单色:1000 张/盒,黑色、蓝色或白色 为了使打印机达到最佳性能,请使用纯正的 Zebra 耗材
	颜色	灰白色(以实物为准)
	电源	110~240V 交流电,50/60Hz(自动转换)
	质保方式	打印机一年保修
	选择配件	*磁编码器(卡厚仅 30 密耳),3 磁道上/下磁条 HiCo/LoCo(工厂安装) *清洁组件
	环境要求	操作温度:11~30℃ 操作湿度:20%~70%(无凝结) 存放温度:-5~70℃

(2)再转印式高清晰证卡打印机

再转印式高清晰证卡打印机如图 5-25 所示,详细参数见表 5-8。

图 5-25 再转印式高清晰证卡打印机

产品描述：再转印式高清晰证卡打印机打印接触式、非接触式 IC 卡、ID 卡、磁条卡、超薄卡片（如厚度 0.25mm 的卡片）、手机 SIM 卡等，即使在非常靠近芯片的地方打印图像也不需要考虑芯片定位问题且不会损坏到打印头，并可打印在 PET、PVC、ABS 及 PC 等不同材质的卡片，均能获得高质量打印效果。

表 5-8　　　　　　　再转印式高清晰证卡打印机详细参数

硬件规格	打印技术	热升华再转印，YMCK256 阶，1670 万打印色
	分辨率	300dpi
	打印速度	每小时 120 张单面卡，60 张双面卡
	内存	8MB
	卡片大小	85.6mm×54.0mm，57.5mm×85mm
	卡片厚度	0.25mm，1.5mm
	色带	full-color YMCK，1000 张
	转印膜	专用树脂膜，1000 张
	打印范围	边到边，全版覆膜
	电源要求	100~120V/220~240V AC
	卡片类型	PVC、PET、ABS、PC（Polycarbonate）
	外型规格	381mm×343mm×347mm
	重量	22kg
	接口	USB
工作环境	工作温度	18~27℃
	工作湿度	20%~80%

（3）专业级防伪证卡打印机

专业级防伪证卡打印机如图 5-26 所示，详细参数见表 5-9。

产品描述：专业级防伪证卡打印机操作简明容易，只需轻松点击鼠标即可完成如机器型号、单双面、色带类型、卡片方向、安全防伪水印、保护膜和图像效果等设定。

LCD 液晶屏和状态监视器实时监控打印机的状况，如果打印机遇到问题,可根据提示即时排除故障。

同时配置 USB、并口和以太网接口的专业级防伪证卡打印机驱动程序与 Windows 2000/xp/2003 均可兼容。

产品特征:专业级防伪证卡打印机具有以下明显特征,优良的性能价格比;简单、直观的操作程序;独特设计有效降低生产成本。

图 5-26　专业级防伪证卡打印机

表 5-9　　　　　　　　专业级防伪证卡打印机详细参数

	打印方式	热升华直印式
硬件规格	打印速度	164CPH（YMCKO 色带,边到边打印） 600CPH（K 色带） 120CPH（YMCKOK 色带,边到边打印）
	体积	Rio 2e 194mm × 233mm × 370mm Rio 2e 194mm × 233mm × 472mm
	质量	7.2kg,8.3kg
	打印能力	连续灰度黑白图片及彩色图片/文字、徽标、数字化签名/各种条码/背景图案
	打印区间	卡片任何部分(凸起表面除外,如签名条)
	保护膜及安全水印功能	可选择性打印图像及文本的同时打印保护膜及安全水印,无额外成本支出

硬件规格	写码功能	1、2、3 轨写磁；接触式智能卡、非接触式 Mifare，HID 卡编码
	电源	内置 90~265V/47~63Hz 自适应
	通信	USB、并口和以太网接口
	卡片要求	0.38~1.60mm 的尺寸为 85.7mm×54.0mm 的 CR-80 表面光洁的 PVC 卡片。打印机可自动调节以适应不同卡片的厚度
	打印灰度	255 等级

4. 如何选择证卡打印机

（1）不要被所谓的性能所迷惑，挑证卡机还得看品牌

证卡机打印原理不外乎两种：一是直接打印，一是再转印。而打印头和色带都是同一家厂家代工的，拆开色带和打印头包装，上面都会写着"made in Japan"。所以，所谓的速度和打印精度只是一个噱头，速度越快的不一定好，慢一些热升华的过程反而能够充分。

（2）了解产品的附加功能，按需选择最适合自己的证卡机

了解产品的附加功能，按需求选择证卡机，不要在安全功能与特殊保护功能上吝啬你的投资。试想，虽然可以用便宜的预算选择一台证卡机，但同样便宜价格的证卡机满天飞，同样不能带给你安全，因为，你的卡片被仿制的可能性太大了。

（3）打样卡，了解机器的大概情况

在实际选购过程中，你可以要求销售人员按照你的设计要求现场制作一张证卡，直接观察一下整个制作过程，你甚至还可以要求他们让你自己来试着操作一下，凭自己的感觉来体验一下操作是否简便。

由于各家生产证卡机的公司所掌握的技术有所不同，所以，各家公司也许各自会有一些技术难题无法攻破，总结下来，当你发现你所选购的打印机有以下现象时，建议你不要购买。

• 锯齿。几乎没有一位客户会对带有锯齿边的图像和文字感到满意的，所以，你一定要挑选一台能够打印光滑文字和图像的证卡机。

• 长宽比例失调。某些廉价的证卡机为了获取较高的打印速度，就会通

过牺牲正常的图像长宽比例来达到目的,相信不会有哪位客户愿意看到自己的相貌被歪曲吧!

● 色彩不匀或出现条纹。有些证卡机在打印大面积的纯色区域时就会暴露出这种缺陷。如果销售人员声称这不是问题,那么你可以要求他当场给你制作一张来验证一下,别忘了,一定要多打印一些卡片进行比较。

● 重影。有些证卡机无法精确表现特定的颜色,会出现Y、M、C、K四色分离的现象,轻度表现为图像四周出现虚边,严重的会出现明显的重影。

● 类似划痕或擦痕的条纹。某些廉价的证卡机的卡片传送装置竟然会损伤卡片的表面,这就会在卡片的行进方向上出现空白细线,而且每张卡片上的位置都是固定的。

(4) 重视证卡机的清洁系统

选购一台具有自动清洁系统的人像证卡机将大大降低废品率和次品率,降低你的日常运行成本。

虽然同样是打印机,但是其昂贵的价格告诉你,千万不要同普通打印机一样对待它。由于打印的材质是PVC塑料片,塑料容易产生静电,静电吸附了大量的灰尘颗粒,所以静电也就成了证卡机故障的元凶。为了让你的证卡机能够自始至终给你提供完美的卡片,证卡机需要加倍保养,定期定量清洁你的证卡机是必要的。这里建议你每打印250张卡片或者每一个星期清洁一次你的证卡机,平时不使用最好能盖上防尘罩。证卡机的关键部位是打印头和传送辊轴,如果这两个部件太脏的话就会令打印质量大幅下降,因此,清洁的重点也是这两个部分。

(5) 省钱不要省在耗材上

正所谓"兵马未动,粮草先行",由此可见,证卡机的常用耗材对于你的正常业务运作来说是多么的重要!因此,你不仅要向销售人员咨询耗材的成本,而且也不能忘记询问对方是否能够保证长期及时地提供所需耗材。

证卡机的主要耗材就是色带(白卡大多数客户都能自己找到货源,当然你自己也得准备一些),在此建议你一定要使用打印机生产厂商提供的原厂色带,因为原厂色带是生产厂商针对自己设备的特点花费了大量精力和资金开发出来的,所以,使用原厂色带不仅能确保你得到最佳的打印品质,也能有效延长你的打印机的使用寿命。

除了上面提到的色带自动清洁功能外,你还需要了解一下色带的更换是否容易,一般来说,一位熟练的操作员为一台设计合理的证卡机更换一卷色带的时间绝对不会超过半分钟,而且整个过程无需使用辅助工具。还有一些先进的证卡机具有色带用尽后自动提醒用户更换的功能,你不要忘了向销售人员咨询一下你看中的证卡机是否具有上述这些功能。

思 考 题

1. 请简述光学字符识别技术的工作原理。
2. 请简述磁识别技术的工作原理。
3. 请列举 2~3 款非接触式智能卡,描述并比较它们的主要特点和差异。

第 6 章 指纹识别产品

生物识别技术是一种十分方便与安全的识别技术，它不需要你记住像身份号和密码，也不必随身携带各种卡片。生物测定就是测定你，没有什么能比它更安全或更方便了。由于"生物识别"技术以人的现场参与的不可替代性作为验证的前提和特点，且基本不受人为的验证干扰，故较之传统的钥匙、磁卡、门卫等安全验证模式，它具有不可比拟的安全性优势；加上其软件、硬件设施的普及率上升、价格下降等因素，生物识别技术在金融、司法、海关、军事以及人们日常生活的各个领域中正扮演越来越重要的角色。目前，一些用于身份鉴别的生物统计特征主要有指纹、面孔、虹膜、声纹、笔迹、步态、红外温谱图等，另外还有一些生物特征可以用于身份鉴别，包括耳形、DNA、视网膜、手形、掌纹、体味、足迹等。

迄今为止，还没有哪一个单项生物特征能达到完美无缺的要求。另外，每种生物特征都有自己的适用范围。比如，有些人的指纹无法提取特征，患白内障的人虹膜会发生变化等。在对安全有严格要求的应用领域中，人们往往需要融合多种生物特征来实现高精度的识别系统。数据融合是一种通过集成多知识源的信息和不同专家的意见以产生决策的方法。将数据融合方法用于身份鉴别，结合多种生理和行为特征进行身份鉴别，提高鉴别系统的精度和可靠性，无疑是身份鉴别领域发展的必然趋势。

随着越来越多的电子设备不断地进入日常生活中（例如：笔记本电脑、ATM提款机、蜂窝电话、门禁控制系统，等等），对于个人安全、方便的身份认证技术变得越来越紧迫，人们越来越过分地依赖像智能卡、身份号、口令等保护措施，然而，即使拥有这样的保护措施也不够，各种各样的损失时有发生，并且影响到各种服务，增加了商品的额外开销。人们盼望在与机器之间交换和交易时安全方便，即需要简单快速地使用机器而不用担心安全问题。然而，现有的基于智能卡、身份号和口令的系统却总在安全与方便之间徘徊，充分的安全从来没有实现过，而更好的安全则与不方便同时出现。为了实现较高的安全性，必须使用更复杂和更不方便的口令，因为如果对在身边不同的机器使用一个相同的密码，那在得到了方便性的同时也增加了安全性的隐患。

本章主要从指纹识别技术的理论及其产品介绍两个方面对指纹识别技术进行介绍。

6.1 指纹识别技术简介

1. 生物识别概念

所谓生物识别有的时候也叫生物特征识别，有的时候也叫生物认证，这几个词都是一个含义，是指通过获取和分析人体的身体和行为特征来实现人的身份的自动鉴别，这就是生物识别的基本概念。

目前已加以利用的物理特征或行为特征，如图6-1所示。

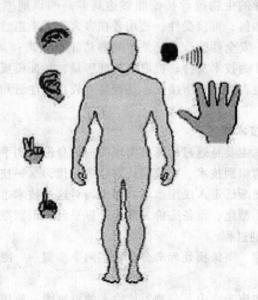

图 6-1 物理特征和行为特征

（1）物理特征
- 手指。
- 手掌。
- 眼睛：虹膜（iris），视网膜（retina）。

- 面孔。
- 脉搏。
- 耳廓。

（2）行为特征
- 步态。
- 笔迹。
- 声音。

能够用来鉴别身份的生物特征应该具有以下特点：
- 广泛性：每个人都应该具有这种特征。
- 唯一性：每个人拥有的特征应该各不相同。
- 稳定性：所选择的特征应该不随时间变化而发生变化。
- 可采集性：所选择的特征应该便于测量。

实际的应用还给基于生物特征的身份鉴别系统提出了更多的要求，如：性能要求，所选择的生物统计特征能够达到多高的识别率；对于资源的要求，识别的效率如何；可接受性，使用者在多大程度上愿意接受所选择的生物统计特征系统；安全性能，系统是否能够防止被攻击；是否具有相关的、可信的研究背景作为技术支持；提取的特征容量、特征模板是否占用较小的存储空间；价格是否为用户所接受；是否具有较高的注册和识别速度；是否具有非侵犯性等。

2. 指纹识别技术概述

指纹识别技术主要是通过计算机实现的一种身份识别手段，是生物识别中使用最为广泛的识别技术。在我国计划经济时代，这一技术主要用于公安刑侦。近年来，逐渐已走入民用市场。而市场对这一技术也提出了更为实用的要求，诸如：小型化、设备廉价、高速计算平台、识别准确率高等。

（1）指纹识别过程
- 图像预处理。图像预处理部分包括了两个步骤——图像分割与图像增强。

图像分割：在该步骤中，分割器读输入的指纹图，剪切该指纹图，在基本不损失有用的指纹信息的基础上生成一个比原图像小的指纹图片。这样可减少以后这个步骤中所要处理的数据量。

图像增强（滤波）：该步骤用以加强分割后的指纹图，提高图像质量。
- 特征提取。该步骤将灰度指纹图转换成黑白图像，然后形成几百个字节的指纹特征描述。

● 特征匹配。用上一步获得的特征去匹配数据库中的模版，判断是否为同一手指的两幅纹理图。

（2）指纹识别技术的特点

● 指纹的固有特性

确定性：每幅指纹的结构是恒定的，从胎儿 4 个月左右形成指纹后就终身不变。

唯一性：两个完全一致的指纹出现的概率非常小。

可分类性：可以按指纹的纹线走向进行分类。

3. 指纹特征识别

指纹是指手指末端正面皮肤上凸凹不平产生的纹路，如图 6-2 所示。皮肤的纹路包含了大量的信息，它们构成的图案、断点、交叉点因人而异，各不相同。对每个人来说，指纹是唯一的，与生俱来的、终生不变的。正是这种唯一性和稳定性，构成了指纹识别原理，即通过将某人的指纹和预先保存的指纹进行对比，就可以识别或验证其真实身份。

图 6-2　手指末端皮肤的纹路

（1）指纹总体特征

指纹总体特征是指那些人眼直接可以观察到的特征，如纹形、模式区、核心区、三角点、纹数等。

● 纹形。指纹专家根据研究脊线的走向和分布情况归纳出的基本纹路图案，如环形又称斗形（loop）、弓形（arch）、螺旋形（whorl），如图 6-3 所示。

其他的指纹图案都基于这三种基本图案。仅仅依靠图案类型来分辨指纹是远远不够的，这只是一个粗略的分类，但通过分类使得在大数据库中搜寻

 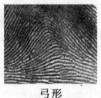 

环形　　　　　弓形　　　　左旋弧形纹　　　右旋弧形纹

图 6-3　指纹分类

指纹更为方便。

- 模式区。模式区（pattern area）是指纹上包括了总体特征的区域，即从模式区就能够分辨出指纹是属于哪一种类型的。有的指纹识别算法只使用模式区的数据。Aetex 的指纹识别算法使用了所取得的完整指纹而不仅仅是对模式区进行分析和识别。
- 核心点。核心点（core point）位于指纹纹路的渐进中心，它用做读取指纹和比对指纹时的参考点。
- 三角点。三角点（delta）位于从核心点开始的第一个分叉点或者断点，或者两条纹路会聚处、孤立点、折转处，或者指向这些奇异点。三角点提供了指纹纹路的计数和跟踪的开始之处。
- 式样线。式样线（type lines）是指包围模式区的纹路线开始平行的地方所出现的交叉纹路，式样线通常很短就中断了，但它的外侧线开始连续延伸。
- 纹数。纹数（ridge count）模式区内指纹纹路的数量。在计算指纹纹数时，一般先连接核心点和三角点，这条连线与指纹纹路相交的数量即可认为是指纹的纹数。

（2）指纹的局部特征

指纹的局部特征如图 6-4 所示，是指纹上的节点。两枚指纹经常会具有相同的总体特征，但它们的局部特征——节点，却不可能完全相同。节点指纹纹路并不是连续的、平滑笔直的，而是经常出现中断、分叉或打折。这些断点、分叉点和转折点就称为"节点"。就是这些节点提供了指纹唯一性的确认信息。

指纹上的节点有四种不同特性：

- 分类——节点有以下几种类型，如图 6-5 所示，最典型的是终结点和分叉点。

终结点（ending）：一条纹路在此终结。

分叉点（bifurcation）：一条纹路在此分开成为两条或更多的纹路。

分歧点（ridge ivergence）：两条平行的纹路在此分开。

孤立点（dot or island）：一条特别短的纹路，以至于成为一点。

环点（enclosure）：一条纹路分开成为两条之后，立即合并成为一条，这样形成的一个小环称为环点。

短纹（short ridge）：一端较短但不至于成为一点的纹路。

- 方向（orientation）：节点可以朝着一定的方向。
- 曲率（curvature）：描述纹路方向改变的速度。
- 位置（position）：节点的位置通过（x，y）坐标来描述，可以是绝对的，也可以是相对于三角点或特征点的。

图 6-4 指纹局部特征示意图

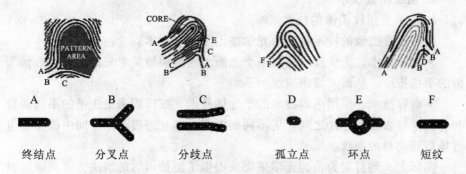

图 6-5 指纹节点典型特征的类型说明

平均每个指纹都有几个独一无二可测量的特征点，每个特征点都有大约 7 个特征，因此每个手指最少能产生 4900 个独立可测量的特征。

4. 采集指纹图像的三种技术

获得良好的指纹图像是一个十分复杂的问题。因为用于测量的指纹仅仅是相当小的一片表皮，所以应有足够好的分辨率以获得指纹的细节。目前所用的指纹图像采集设备，基本上基于三种技术基础：光学技术、半导体硅技术、超声波技术。

（1）光学技术

借助光学技术采集指纹是历史最久远、使用最广泛的技术。将手指放在硬度接近 10 的光学镜片上，手指在内置光源照射下，用棱镜将其投影投射在电荷耦合器件（CCD）上，进而形成脊线呈黑色，谷线呈白色的、数字化的、可被指纹设备算法处理的多灰度指纹图像。

（2）硅技术（或称 CMOS 技术）

20 世纪 90 年代后期，基于半导体硅电容效应的技术趋于成熟。硅传感器成为电容的一个极板，手指则是另一极板，利用手指纹线的脊和谷相对于平滑的硅传感器之间的电容差，形成 8bit 的灰度图像。

（3）超声波技术

为克服光学技术设备和硅技术设备的不足，一种新型的超声波指纹采集设备已经出现。其原理是利用超声波具有穿透材料的能力，且随材料的不同产生不同的回波（超声波到达不同材质表面时，被吸收、穿透与反射的程度不同），因此，利用皮肤与空气对于声波阻抗的差异，就可以区分指纹脊和谷所在的位置。

5. 指纹图像技术

（1）采集指纹图像的技术

采集指纹图像的技术主要为光学技术和电容技术。

- 光学技术。光学技术需要一个光源，通过棱镜反射光，照亮在取像头内的手指指纹，从而采集到指纹。
- 电容技术。采用电容技术的半导体技术，按压到采集头上的手指的脊和谷在手指表皮和芯片之间产生不同的电容，芯片通过测量空间中的不同电容场得到完整的指纹。

实际上，到目前为止，光学采集头提供了更加可靠的解决方案。通过改进原来的光学取像技术，新一代的光学指纹采集器更是以无可挑剔的性能与相对低的价格使电容方案相形见绌。

（2）指纹图像预处理

指纹图像预处理的目的主要是为特征值提取的有效性、准确性做好准备。一般包括如下的过程：

- 指纹图像增强。指纹图像增强的目的主要是为了减少噪音，增强脊谷对比度，使得图像更加清晰真实，便于后续指纹特征值提取的准确性。指纹图像增强的方法较多，常见的有通过 8 域法计算方向场与设定合适的过滤阈值。处理时,依据每个像素处脊的局部走向,会增强在同一方向脊的走向,并且在同一位置,减弱任何不同于脊的方向。

- 指纹图图像平滑处理。平滑处理是为了让整个图像取得均匀一致的明暗效果。平滑处理的过程是选取整个图像的像素与其周期灰阶差的均方值作为阈值来处理的。

- 指纹图像二值化。在原始灰度图像中,各像素的灰度是不同的,并按一定的梯度分布。在实际处理中只需要判定像素是不是脊线上的点,而无需知道它的灰度。所以每一个像素对判定脊线来讲,只是一个"是与不是"的二元问题。指纹图像二值化是对每一个像素点按事先定义的阈值进行比较:大于阈值的,使其值等于 255(假定);小于阈值的,使其值等于 0。图像二值化后,不仅可以大大减少数据储存量,而且使得后面的判别过程少受干扰,大大简化了其后的处理。

- 指纹图像细化处理。图像细化就是将脊的宽度降为单个像素的宽度,得到脊线的骨架图像的过程。这个过程进一步减少了图像数据量,清晰化了脊线形态,为之后的特征值提取做好了准备。

由于人们所关心的不是纹线的粗细,而是纹线的有无,因此,在不破坏图像连通性的情况下必须去掉多余的信息。因而应先将指纹脊线的宽度采用逐渐剥离的方法,使得脊线成为只有一个像素宽的细线,这将非常有利于下一步的分析,如图 6-6 所示。

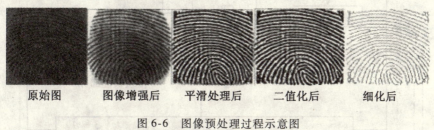

原始图　　图像增强后　　平滑处理后　　二值化后　　细化后

图 6-6　图像预处理过程示意图

6.2 指纹识别产品

6.2.1 指纹产品类型

1. 指纹产品的主要类型

按是否连机划分,利用指纹识别技术的应用系统常见的有两种方法,即脱机的嵌入式系统和连接 PC 机的桌面应用。

嵌入式系统是一个相对独立的完整系统，它不需要连接其他设备或计算机就可以独立完成其设计的功能，像指纹门锁、指纹考勤终端就是嵌入式系统。其功能较为单一，应用于完成特定的功能。而连接 PC 机的桌面应用系统具有灵活的系统结构，可以多个系统共享指纹识别设备，可以建立大型的数据库应用。当然，由于需要连接计算机才能完成指纹识别的功能，限制了这种系统在许多方面的应用。

当今市场上的指纹识别系统的厂商，除了提供完整的指纹识别应用系统及其解决方案外，还可以提供从指纹取像设备的 OEM 产品到完整的指纹识别软件开发包，从而使得无论是系统集成商还是应用系统开发商都可以自行开发自己的增值产品，包括嵌入式的系统和其他应用指纹验证的计算机软件。

所以，一般将数字指纹的设备分为三大类：无 IC 卡与有 IC 卡，以及是否复合磁卡读写。

就 IC 卡的数字指纹设备而言，其结构如图 6-7 所示，它由两部分组成：指纹认证部分与 IC 卡读写部分。

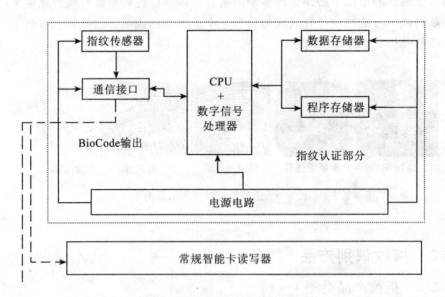

图 6-7　数字指纹设备的物理组成

2. 指纹传感器

指纹传感器（又称指纹 sensor）是实现指纹自动采集的关键器件。最早的指纹识别技术是以光学传感器为基础的光学识别系统，识别范围仅限于皮肤的表层，通常把它叫做第一代指纹识别技术；而采用了电容传感器技术的第二代指纹识别系统则实现了识别范围从表皮到真皮的转换，从而大大提高了识别的准确率和系统的安全性，也是目前市场上大部分指纹识别设备的基础。

（1）第一代指纹识别系统（光学传感器）

始于 1971 年的光学传感器是研究最早、应用最广泛的指纹传感器。其技术关键是光的全反射，手指置于加膜台板（一般是硬质塑料，不同厂家材料有异），照射到压有指纹的玻璃表面时，反射光经电荷耦合器件（charge coupled device，CCD）转换为相应电信号，并传输到后端进一步处理。其中，反射光强度取决于两方面因素：压在玻璃表面指纹的脊和谷的深度、皮肤与玻璃间的油脂和水分，由于光线经玻璃照射到谷的区域后在玻璃与空气的界面发生全反射至 CCD，而射向脊的光线被脊与玻璃的接触面吸收或者漫反射到其他地方，这样，即可利用 CCD 将有深色脊和浅色谷构成的指纹图像转换成数字信号。当然，为获得较高质量的指纹图像，还需采用自动或手工方式调整图像亮度等。

光学指纹传感局限性体现于潜在指印方面（潜在指印是手指在台板上按完后留下的），不但会降低指纹图像的质量，严重时，还可能导致两个指印重叠，显然，难以满足实际应用需要。此外，台板涂层及 CCD 阵列会随时间推移产生损耗，可能导致采集的指纹图像质量下降。不过，它也具有无法进行活体指纹鉴别、对干湿手指的适用性差等缺点。

成本低一向被认为是光学传感器的最大优势，但由于其制造过程一致性较难保证，随着以电容传感器为代表的半导体传感器的大规模发展，光学传感器的成本优势已经不再明显。虽然大多数公司还在使用光学传感器，但其发展趋势是新颖的、高质量的电容指纹传感器。

（2）第二代指纹识别系统（电容传感器）

电容传感器始于 1998 年，属于半导体传感器的一种，半导体指纹传感器还包括半导体压感式传感器、半导体温度感应传感器等。其中，应用最广泛的是半导体电容式指纹传感器。

电容传感器根据指纹的脊和谷与半导体电容感应颗粒形成的电容值大小不同，来判断什么位置是脊什么位置是谷。其工作过程是通过对每个像素点上的电容感应颗粒预先充电到某一参考电压。当手指接触到半导体电容指纹表面上时，因为脊是凸起的谷是凹下的，根据电容值与距离的关系，会在脊和谷的地方形成不同的电容值。然后利用放电电流进行放电。因为脊和谷对应的电容值不同，所以其放电的速度也不同。脊下的像素（电容量高）放电较慢，而处于谷下的像素（电容量低）放电较快。根据放电率的不同，可以探测到脊和谷的位置，从而形成指纹图像数据。

电容指纹传感器优点为：图像质量较好、一般无畸变、尺寸较小、易集成于各种设备。其发出的电子信号将穿过手指的表面和死性皮肤层，而达到手指皮肤的活体层（真皮层），直接读取指纹图案，从而大大提高了系统的安全性。

电容指纹传感器因制造工艺复杂，单位面积上传感单元多，包含高端的IC设计技术、大规模集成电路制造技术、IC芯片封装技术等，所以电容指纹传感器几乎全部是由IC技术发达的国家或地区，如美国、欧洲、中国台湾地区等设计、制造的。

随着指纹识别技术的不断发展，质量高、功耗低、体积小的电容传感器作为便携式产品极其重要的指纹图像采集手段，应用日益广泛，其市场规模以惊人速度飞速拓展。

（3）光电式指纹传感器综述

光电式指纹传感器是最先出现的指纹传感器，但对于指纹技术而言，由于其固有缺陷比较明显，已经属于一种相对过时的技术，金融系统的指纹项目已经明确排除采用这种传感器。

光电式指纹传感器的设备原理是光的全反射，这也是数码相机的成像原理，光线照到按有指纹的玻璃上并进行反射。反射光线由感光器件获得。由于指纹的脊和谷的深度以及皮肤与玻璃间的油脂和水分不同，反射光线的能量也不一样。光线经玻璃照射到谷的地方后在玻璃与空气的界面发生全反射，光线被反射到感光器件，而射向脊的光线不发生全反射，而是被脊与玻璃的接触面吸收或者漫反射到别的地方，这样就在感光器件上形成了指纹的图像。

6.2.2 指纹采集芯片

目前市场上以能提供快速的光电转换或电容感应式指纹采集芯片。由于生物测量技术的技术性突破，使表征点—活体指纹的生物代码仅需200B到400B，完全在智能卡的储存范围内；计算机芯片处理能力的提高，使有效设计的计算机设备从采集活体指纹到成功比对仅需 1~2s，从而为完整地保障持卡人的合法权益提供了可能。

1. 指纹识别芯片

专门为指纹识别设计的专用芯片，如图 6-8 所示。

图 6-8　指纹识别芯片

产品特征：

● 内含 156K 字节零等待随机静态存储器（RAM），96K 字节零等待只读存储器（ROM）。

● 两个通用定时器，一个看门狗定时器。

● 256×288 格式 256 级灰度图像处理加速器。

● 公私密钥对生成器。

● 丰富的外围接口，允许挂接多种类型传感器。

● 一个并口（NAND FLASH 接口兼容）。

● 一个 UART 接口。

● 一个 SPI 接口。

● 一个 USART 接口可配置成 UART，SPI，I2C。

● 允许用户加载传感器驱动程序和图像采集程序。

● 允许分别或同时通过 UART 和 USB 接口与上位机通讯。

● IEEE1149.1 JTAG 标准调试端口。

● 工作温度为 -40~85℃。

● 湿度范围为 30%~85%。

2. 刮擦式指纹识别模块

刮擦式指纹识别模块如图 6-9 所示。

产品特征：

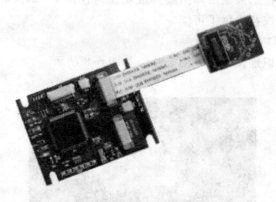

图 6-9 刮擦式指纹识别模块

- 永无指纹残留（更安全）。
- 在生物特征身份认证技术背景下，建立了嵌入式指纹识别技术。
- 将滑动采集技术与指纹识别技术组合制成嵌入式指纹模块，采用了指纹图像的区域相关重构技术及自适应增强、对低阶级、随机优化、模糊比对等指纹识别技术，建立了嵌入式指纹数据库，并使用了数据加密技术，使整个模块灵敏、可靠。
- 采用独特的指纹旋转滑动纠正技术。在采集过程中，即使手指有一定的旋转，也能自动地纠正指纹图像，正确地拼接出指纹图像。

应用范围：指纹鼠标、指纹 U 盘、指纹 KEY 等对体积要求小的设备上。但因成像效果指标不高，建议不要用在考勤、门禁、锁等设备上。

3. 指纹识别模块

指纹识别模块如图 6-10 所示。

产品特征：

- 先进的指纹识别算法。
- OEM/自行工作两种使用模式。
- 1:N, 1:1 比对。
- 用户可分多级权限管理。
- 实时事件记录。
- 具低电压报警功能。
- 微功耗设计适于电池供电。
- 主板低频设计抗外部电磁干扰。

图 6-10　D801E 指纹识别模块

- 单板即能完成锁/保险柜所有电控功能。
- 带扩展卡槽利于功能扩展，如：液晶接口、键盘接口、射频卡接口。

6.2.3　指纹采集仪

1. 指纹采集仪按技术分类

目前常用的指纹采集仪有光学式、硅芯片式、超声波式。

（1）光学式

光学指纹采集器使用最早最普遍（也称第一代指纹采集器），也出现过使用光栅镜头替换棱镜和透镜系统的采集器。光电转换的 CCD 器件有的已换成 CMOS 成像器件，从而省略了图像采集卡，直接得到数字图像。该设备有使用时间长、对温度环境因素适应能力强、分辨率较高的优点。但由于受光路限制，通常有较严重的光学畸变，CCD 器件会因寿命老化，有降低图像质量的缺陷。

（2）硅芯片式

硅芯片指纹采集器出现于 20 世纪 90 年代末（第二代指纹采集器）。硅芯片一般是测量手指表面的直流电容场。这个电场经 A/D 转换后成为灰度数字图像。一些先进的硅芯片可以测量真皮皮肤的交流电容。有电视图像质量好、尺寸小、容易集成到其他设备上等优点。缺点是耐用性差、环境适应性不好，环境恶劣时，抗静电能力、抗腐蚀能力、抗压力等均不足，而且图像面积小,将降低识别的准确性。

(3) 超声波式

超声波指纹采集器应该是最准确的指纹采集器(第三代指纹采集器),但目前技术上还不够成熟。这种采集器发射超声波,根据经过手指表面、采集器表面和空气的回波来测量反射距离,从而得到手指表面凹凸不平的图像。超声波可以穿透灰尘和汗渍等,从而得到优质的图像。由于其尚未大量使用,因此很难准确评价它的性能。然而一些实验性的应用指出,这种采集器具有优越的性能。它吸收了光学采集器和硅芯片采集器的长处,如图像面积大、使用方便、耐用性好等。

2. 指纹采集仪按类型分类

指纹采集仪分为四指指纹采集仪、二代四指指纹采集仪、半掌掌纹采集仪、全掌掌纹采集仪、滚动指纹采集仪。

(1) 四指指纹采集仪

• 应用领域:适用于为海关、机场、码头、会场、公安、国防、金融等领域提供服务的指纹采集识别系统。

• 技术指标:

外形尺寸:195mm×145mm×155mm。

采集方式:光学棱镜。

有效采集窗:81.28mm×76.2mm。

像面规格:16.9mm。

分辨率:>500DPI。

(2) 二代四指指纹采集仪

• 改进版的四指指纹采集头对上一代进行了优化和升级,缩小了体积,适用于对体积高要求的场合。

• 应用领域:适用于为海关、机场、码头、会场、公安、国防、金融等领域提供服务的指纹采集识别系统。

• 技术指标:

采集方式:光学棱镜。

光学规格:66.9mm。

分辨率:>500DPI。

(3) 半掌掌纹采集仪

• 应用领域:适用于为海关、机场、码头、会场、公安、国防、金融等领域提供服务的指纹采集识别系统。

- 技术指标：

采集方式：光学棱镜。

光学规格：36mm×24mm。

分辨率：>500DPI。

（4）全掌掌纹采集仪

- 产品说明：

全掌掌纹采集仪的采集窗口可以完全胜任任何场合，既可以采集全掌掌纹，也可以采集半掌掌纹、十指指纹、甚至作为单指指纹采集来使用，配套指纹系统软件进行身份识别。

- 应用领域：适用于为海关、机场、码头、会场、公安、国防、金融等领域提供服务的指纹采集识别系统。

- 技术指标：

采集方式：光学棱镜。

采集窗口：203.2mm×139.70mm。

光学规格：36mm×24mm。

分辨率：>500DPI。

3. 指纹采集仪设计

（1）设计的目的

实现一个使用 USB 接口与主机通信的高性能指纹采集仪。指纹芯片选用了 Veridicom 公司的硅晶体电容传感器 FPS110，主控芯片选用 Motorola 公司的集成 USB 模块的单片机 MC68HC908JB8。基本工作模式如图 6-11 所示，MC68HC908JB8 控制 FPS110 采集指纹，然后通过 MC68HC908JB8 片上集成的 USB 模块将数据送给计算机进行存储和后期处理。

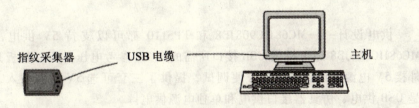

图 6-11　工作模式

主机软件设计主要分为 USB 驱动和演示界面两个部分：采用 Jungo 公司的 Windriver 软件开发 WINDOWS 平台的 USB 驱动程序，采用 Microsoft 公司

VC6.0软件开发演示平台和一些简单的指纹处理程序。

(2)·系统硬件设计

• 主要芯片特性。下面介绍两种芯片。

集成 USB 模块的指纹采集仪主控芯片 MC68HC908JB8——Motorola 公司 MC68HC08 系列的一款高性价比单片机，芯片有 256 字节的片内 RAM，8K 字节片内 FLASH。除传统的定时器、键盘中断、串行口、等 I/O 设备外，其主要特点是集成了通信速率为 1.5MB 的低速 USB 模块。

指纹采集芯片 FPS110——Veridicom 公司的硅晶体电容传感器，该传感器采用先进的半导体 CMOS 工艺，面积只有邮票般大小，具有高灵敏度、高可靠性、高分辨率（500DPI）、低功耗、低价位等许多优点，特别适用于商业及户外指纹应用系统。

• 指纹采集仪系统硬件设计。指纹采集仪基本原理如图 6-12 所示，主要包含电源设计、单片机应用设计、指纹芯片应用设计。

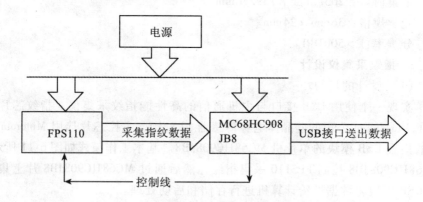

图 6-12　指纹采集仪基本原理

供电设计——MC68HC908JB8 和 FPS110 都可以支持 5V 供电，而且 MC68HC908JB8 还可提供 USB 接口所需的 3.3V 参考电压，所以整板只采用外接 5V 电源。设计中为了方便调试，提供了三套可选 5V 电源输入，分别是 USB 供电、仿真器接口供电和单独电源供电。

时钟设计——MC68HC908JB8 和 FPS110 分别供给时钟，MC68HC908JB8 采用 6MHz 晶体，接 OSC1 和 OSC2 之间；FPS110 采用 12MHz 晶体，接 XTAL1 和 XTAL2 之间。

FPS110 和 MC68HC908JB8 接口设计——MC68HC908JB8 有五组通用接

口 PTA，PTB，PTC，PTD，PTE。设计中选用 PTB 口和 PTC 口与 FPS110 连接，PTB 口用于数据通信，PTC 口用于控制。具体连接如图 6-13 所示。

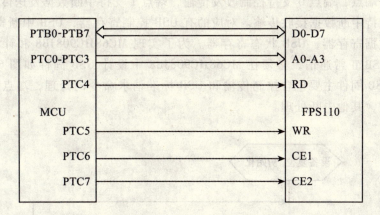

图 6-13　FPS110 和 MC68HC908JB8 接口连接

USB 接口设计

MC68HC908JB8 片上集成的是 1.5MB 的低速 USB 模块。根据 USB 协议，需要在 D-上加一个 1.5k 的上拉电阻到 3.3 伏，连接如图 6-14 所示。

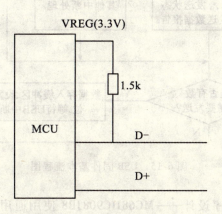

图 6-14　低速 USB 接口设计图

（3）系统软件设计——系统软件设计分为四个部分，分别是 MC68HC908JB8 上的 USB 固件设计，指纹采集程序设计，计算机上的 USB 驱动设计和演示程序设计。

- MC68HC908JB8 上的 USB 固件设计

MC68HC908JB8 片上集成了遵循 USB1.1 规范的低速 USB 模块,该模块有三个端点,端点 0 支持控制收发传输,端点 1 支持中断数据发送传输,端点 2 支持中断数据接收传输。对应的有 USB 控制寄存器,USB 中断寄存器,USB 数据寄存器,USB 状态寄存器。为了实现 MC68HC908JB8 和计算机之间的 USB 正常通信,必须在 MC68HC908JB8 中设计 USB 固件如图 6-15 所示,USB 固件主要包含控制传输和 USB 标准请求命令的处理,端点数据读写处理,其他中断处理。

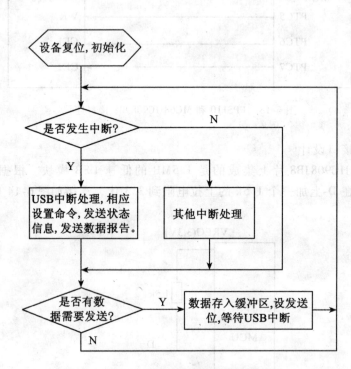

图 6-15 USB 固件基本流程图

- 指纹采集程序设计——MC68HC908JB8 使用通用接口 PTB 和 PTC 与 FPS110 连接,通过控制 FPS110 片内的行寄存器和列寄存器就能很方便地完成整幅指纹或部分指纹的采集,指纹采集的基本流程如图 6-16 所示。
- WINDOWS 平台下的 USB 驱动程序设计。Windriver 是美国 Jungo 公司出品的用于编写硬件驱动程序的一种工具软件,主要用于 ISA 插卡、PCI 插卡和 USB 的驱动程序开发。Windriver 能让电子工程师在短时间内针对自制

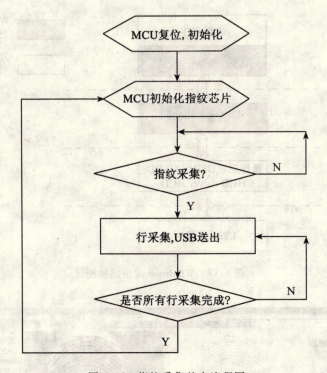

图 6-16　指纹采集基本流程图

硬件开发出易用、兼容性好的驱动程序采用 Windriver 来设计 USB 驱动程序如图 6-17 所示。实际上只是在用户模式下调用了 Windriver 通用驱动程序提供的 API 函数，并不用编写 WDM 驱动程序。

基本调用过程如下：程序运行时先调用 WDU_INI 函数初始化各种变量，等待回调函数结果。如果回调成功，则调用 WDU_TRANSFER 等函数完成收发数据；而程序运行结束时调用 WDU-UNINIT 释放变量、句柄等获得资源。

● WINDOWS 平台下演示程序设计。计算机上的演示程序主要包含计算机与 MC68HC908JB8 通信的简单控制，采集到指纹图像的显示，以及指纹图像的一些如细化、二值化等的简单处理。采用的工具是 VC6.0，图 6-18 所示是一个演示界面的例子。

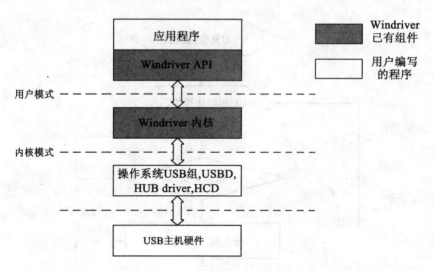

图 6-17 Windriver 应用结构图

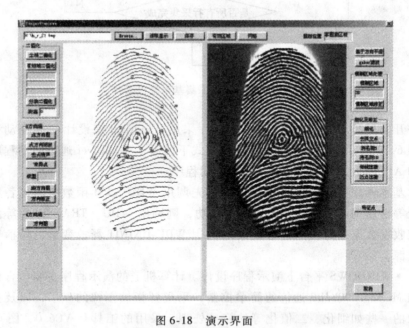

图 6-18 演示界面

6.2.4 指纹硬盘

1. 指纹硬盘简介

Internet 新经济模式的飞速发展，对数据访问权限和交换及存储的安全性提出了更高的要求，传统的安全防范措施在日益复杂的环境下已显得捉襟见肘。当前迫在眉睫需要解决的问题是从根本上保证数据存储的安全性。指纹技术与移动硬盘结合，可解决海量信息安全问题，提高信息资源安全性。

2. 适用范围

指纹移动硬盘的使用范围极其广泛，针对电子资料的安全保护需求。商人可以使用它保护商业机密、合同和重要客户档案等，军人可以用它来保护重要军事机密等，科研开发人员可用它保护自己的科研创新成果，等等。

适用人员：公务员、军人、商人、公司职员、科研工作者。

适用行业或部门：政府、军事、财经、商业。

3. 产品特点

提供了生物识别功能，即活体指纹识别。资讯的存放更加安全，使用携带更加方便。利用计算机进行指纹识别处理，可以大幅度降低产品的硬件成本。提供了自动下载指纹应用程序的功能，将 USB 控制器硬件、指纹采集器、安全认证软件以及相关的应用程序整合在一起，完成指纹加密的功能。不需要在计算机系统（比如个人电脑 PC）安装任何驱动程序或者识别软件，在各种操作系统上即插即用，支持热插拔并支持多语言操作系统。

在插入移动硬盘后，使用者不能发现可使用的空间，而只可见指纹认证程序，大容量的可使用存储空间被屏蔽隐藏。启动认证程序并进行身份确认之后，移动硬盘的大容量空间才能在计算机上出现，并进行安全存取。

为增强存放在硬盘存储空间里信息的安全性，在受保护的存储空间之前增加了硬件实时加解密引擎。当确认身份吻合后，控制器才将加密密钥写入到硬件实时加解密引擎内。向硬盘存储空间写入数据时，加解密引擎将所写入的数据进行加密，然后存入硬盘之中；当从硬盘存储空间读出数据时，加解密引擎将硬盘里的数据进行解密还原，然后再输出。这些操作都是即时快速完成的，不影响用户的读写速度。即使取走了移动硬盘存储部分，也无法获得硬盘内数据的正确格式。

4. 应用的技术

- 采用电容硅晶芯片式感应器采集指纹，有效克服指纹龟裂、割伤、过湿、模糊等造成的问题。

- 采用高效率指纹比对技术（指纹比对1:N），具有五枚指纹容量。
- 采用3D活体特征点比对方式验证比对。
- 采用芯片防污损功能，自动侦测芯片污损程度，去除前次残留影像。
- 指纹识别误判率低，识别精确快速。
- 芯片式感应器具备抗静电 ESD 20kV 的能力，适应干燥恶劣环境。
- 芯片表层经过特殊强化处理，可达到数万次抗磨损品质，如果每天用10次，几乎可使用10年，保持芯片对图像的采集能力不降低。

5. 内部结构及工作原理

指纹移动硬盘的结构如图 6-19 所示。

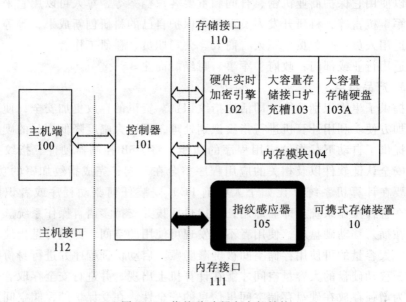

图 6-19 指纹移动硬盘内部结构

指纹移动硬盘的结构包括以下部分：
- 控制器 101。
- 硬件实时加解密引擎 102。
- 大容量存储接口扩充槽 103。
- 大容量存储硬盘 103A。
- 内存模块 104。
- 指纹感应器 105。

- 存储接口 110。
- 内存接口 111。
- 主机接口 112。
- 大容量存储硬盘 103A 通过大容量存储接口扩充槽 103 连接到硬件实时加解密引擎 102，然后通过存储接口 110，连接到控制器 101。
- 内存模块 104 通过内存接口 110 连接到控制器 101。
- 指纹感应器 105 通过排线连接到控制器 101。
- 指纹移动硬盘与主机之间的接口为通用序列总线接口，即 USB 接口，标准为 USB2.0。
- 公共区 104A：用来储存各种应用程序，该应用程序至少有一个包含了指纹应用程序。
- 保密区 104B，用来储存需要保护的数据。
- 隐藏区 104C，用来储存指纹数据、储存硬件加解密引擎金钥。
- 控制器 101 将密钥传输至硬件加解密引擎 102 中，然后终端主机 100 才能透过硬件实时加解密引擎，从保密块 104B 存取待保护资料，并实时进行加密/解密；同时原隐藏的大容量存储空间在终端主机上出现，并通过硬件实时加解密引擎来存取数据。
- 指纹传感器 106 由控制器 101 控制，以抓取实时的指纹数据。终端主机 100 将所抓取的实时指纹数据与先前的模板指纹数据进行比对。模板指纹数据存放在内存模块 104 中，是拥有者第一次使用时登录指纹后得到的指纹模板，该模板作为以后指纹比对确认的基准。
- 控制器 101 协调了指纹芯片 105、内存模块 104、硬件加解密引擎 102 以及主机接口之间的工作。

6. 指纹硬盘产品

产品示例：数据安全悍马如图 6-20 所示。

产品描述：指纹移动硬盘除了采用先进的滑动式（swipe）指纹采集模块之外，还搭配了硬件加密模块。与普通的指纹识别硬盘相比，采用硬件（芯级）加密技术之后，可以控制硬盘在认证之前和断电之后处于加锁不可见状态，从硬件层屏蔽了操作系统对硬盘文件的读取。从而大大提高了硬盘数据的安全性。另外，其还采用了双指认证、指纹与密钥关联存储、安全日志、断电自动保护等先进技术，代表了目前指纹硬盘数据保护的最高安全水平。

图 6-20　数据安全悍马

6.2.5　指纹 U 盘

1. 指纹 U 盘简介

指纹识别技术是最早的通过计算机实现的身份识别手段，它在今天也是应用最为广泛的生物特征识别技术。过去，它主要应用于刑侦系统。近几年来，它逐渐走向市场更为广泛的民用市场。随着指纹识别技术的逐渐成熟，其在个人身份识别方面的优越性已经得到各方面的广泛认可，在结合了一系列数据加解密技术之后，很自然的就被应用到移动存储设备中，其典型代表就是指纹识别移动 U 盘。

指纹 U 盘采用了 USB 移动存储技术和指纹身份认证技术，因此既能够满足用户对移动存储设备上方便性、兼容性的需求，又能满足用户对数据保密性，数据存储安全等高层次的需求。

2. 指纹 U 盘内部结构

指纹 U 盘内部结构如图 6-21 所示。

指纹 U 盘的结构包括以下部分：

（1）控制器 01

控制器 01 的作用是协调指纹传感器，存储设备与终端系统的协调工作，实现安全有序地对信息进行处理。

（2）存储区 02

存储区 02 的作用是存储用户资料以及存储程序、指纹模档、其他重要工具或文件，比如 PKI 等。存储区 02 包括了多个设备里的存储区，比如控制器、PMC、闪存芯片里的存储区等。

（3）指纹传感器 03

指纹传感器 03 的作用是获取指纹信息，在工作阶段，手指置放到芯片

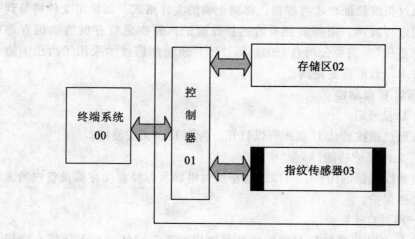

图 6-21 指纹 U 盘内部结构

上,通过整体晶元电路的扫描,获取手指真皮层与芯片间的电容值,并将此模拟电信号转变为数字信号,传送到控制芯片,然后通过有关设备进行处理。

3. 指纹 U 盘工作原理

指纹 U 盘插入终端系统,启动指纹认证程序后,通过控制器控制,打开指纹传感器,提取指纹信息,然后将指纹信息送入终端系统处理,如果是第一次登入 U 盘,那么 U 盘将指纹信息以特征点的方式存入存储区。在进行指纹验证的时候,终端系统处理将送入的指纹信息和已存储的指纹特征进行比对,然后返回信息,如果比对成功,则通过控制器控制,打开公共区,供用户使用。

另外,在进行指纹设定以后,将控制器与存储区良好地结合为一个整体。所以,不可能单独将闪存芯片移植到其他的移动盘电路板上,进行数据破解;也不可能将闪存芯片与其他同等控制芯片结合来破解。如同"A 闪存芯片 + A 控制芯片"为一有机整体一样。"A 闪存芯片 + B 控制芯片"将不为有机整体,即使授权用户,此时也不能进入 A 闪存芯片进行数据存取。

进入闪存盘,不仅需要对应的"闪存芯片 + 控制芯片",而且需要公司自有的"换页"技术,该技术需要使用者从芯片采集而来的活体指纹数据,通过比对验证处理,然后才能从移动盘屏蔽状态,切换进入公共空间。

如果安装了增值服务,文件经过了加密压缩,那么得到此文件正确格式,要经过正常的指纹认证,进入 U 盘。然后,将文件从该文件夹移出,再一次通过指纹验证,才可解密,得到正确的文件格式。如果将文件拷贝到其他空间进行破译,则需要拥有者的指纹验证,需要完整有机的"闪存芯片+控制芯片",需要公司自有的混码技术。压缩加密技术采用了边压缩边加密的技术,破解难度甚高。

4. 指纹 U 盘功能

(1) U 盘开启

只有通过指纹确认 U 盘才可以打开,否则 U 盘无法使用。

(2) 文件保护功能

通过指纹认证的用户,可以通过指纹对电脑及各种移动存储设备内的文件进行加密保护。

(3) 网页自动登录

指纹 U 盘以"指纹"存取网络账号密码,不需记忆,也无须担心密码遭到破解或盗用;任何计算机轻松一指输入随身各种网络账号密码,安全又方便。用指纹托管你需要记忆的烦琐的密码及账号。

(4) 随身带

指纹 U 盘可记忆冗长的网址,随身携带个人的"收藏夹",无论在任何计算机上使用 IE,都自动切换成随身的"收藏夹",通过"随身收藏夹"直接进入网站,省去记忆、输入、搜索的时间。

(5) 指纹管理

用户可以增加指纹注册数量,或者更改或删除已注册指纹,对指纹库进行管理,可注册多枚指纹或供多人使用(可存储 10 枚指纹)。

(6) 指纹有效时间设定

指纹 U 盘能让您依照个人需求决定设定防护有效时间的长短。在有效时间内无须在应用各种功能时反复进行指纹认证,时限结束或拔除 U 盘时将自动取消该设定。

5. 应用领域

- 党政机关涉密信息移动存储。
- 机密数据文件安全加密设备。
- 网络指纹认证终端。
- 各类信息系统指纹认证终端。

6. 指纹 U 盘产品

产品示例:指纹保密 U 盘如图 6-22 所示。

产品描述:指纹保密 U 盘采用滑盖式设计,专门为保护指纹传感器设

图 6-22 指纹保密 U 盘

计了一个可以滑动的保护盖，使指纹芯片得到有效保护；采用活体指纹识别安全模块利用人体真皮组织的电特性，获取手指持续有效的特征值数据，有效提高安全性。内嵌唯一保密标识实现安全监管芯片内置唯一设备 PID 编号，密级标识与信息主体不可分离，方便安全监管。

对数据流进行实时硬件加密采用硬件加密技术，可对数据进行实时加解密，有效控制数据的可见范围。采用 Hash128 位和 3DES 文件加密机制采用 128 位加密密钥进行文件加密，具备极高的安全强度。

有效的反跟踪、反编译处理反跟踪和反编译技术的采用，有效防范和降低系统的破解风险，提升健壮性。

产品特征：通过保密，安全可靠；滑盖式设计，有效保护指纹传感器。

A 级闪存芯片；无需安装任何驱动，即插即用；指纹保护 U 盘内数据；指纹结合密钥，文件加解密轻松安全。

6.2.6 指纹鼠标

1. 指纹鼠标原理

应用生物测量学原理，充分利用人的指纹没有重复的特点，只要你在初次使用它时进行必要的设置，以后它就能够从你的笔记本电脑或台式电脑中提取信息。使用该鼠标时，用户只需将手指放在鼠标上方的指纹感应器上就可以了，鼠标自动地将感应器读取的指纹与电脑中事先存储的指纹样本进行核对。核对完成后，用户就可以使用电脑了。对于非法用户，电脑将拒绝其进入操作系统。

2. 滑动指纹鼠标产品

● 滑动指纹鼠标如图 6-23 所示。

产品描述：滑动式指纹鼠标主要针对个人电脑保护和网络指纹身份认证设计。利用人体生物特征进行身份识别，做到便于携带和不会遗失，安全性也高。

产品特征：指纹替代密码、安全又便捷；独创动态优化算法，有效提高成像质量；指纹结合密钥，文件加解密轻松安全。

图 6-23　滑动指纹鼠标

- 指纹传感器如图 6-24 所示。

产品描述：采用目前全球最小的 AES1610 指纹传感器，接触面积不及拇指宽，如图 6-24 所示，提供了文件/文件夹加解密、电脑保护、密码托管等功能，能够很好地起到保护电脑安全和数据安全的作用。采用了活体指纹识别技术、指纹保护/绑定密钥、动态优化算法等，确保认证的高效和数据的安全。

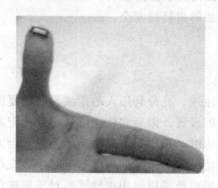

图 6-24　指纹传感器

3. 光学指纹鼠标产品

产品示例：光学指纹鼠标（FMO100）

产品描述：光学指纹鼠标如图 6-25 所示，是一款主要面对高端行业市场的光学式指纹鼠标。主要为各类信息系统和网络指纹身份认证设计。

提供了文件加解密、电脑保护、密码托管、文件夹加密等功能,能够很好地起到保护电脑安全和数据安全的作用。还有效采用了成熟的活体指纹识别技术(利用人体真皮组织的电特性,获取手指指纹特征值数据)、指纹保护/绑定密钥、动态优化算法(针对手指的不同干湿程度,对采集到的指纹图像进行优化,可以提高指纹图像质量和指纹采集速度)等,确保认证的高效和数据的安全。

产品特征:光学指纹采集芯片,具有操作简单、采集速度快、精确度高、稳定性好;支持热插拔,不需重新激活系统;指纹替代密码,安全便捷;可创建、修改注册用户指纹;指纹结合密钥,文件加解密轻松安全。

图 6-25　光学指纹鼠标(FMO100)

6.2.7　指纹手机

1. 指纹手机原理

在手机上加装金属片状的指纹感应器,作手机的保密系统开启键。该感应器细小如 SIM 卡,上有 6.5 万个微型感应器,侦察指纹速度达 0.01mm/s,功能包括扫描、储存、分析、确认指纹样本四道工序。

机主须预先记录自己的指纹,然后在致电前,将手指放上金属片作身分确认,即可成功拨出电话。即使电话被盗,由于指纹感应器内无记录新用家的指纹资料,所以手机亦无法启动。

2. 指纹识别系统应用于智能手机设计

(1) 设计原因

由于智能手机中往往保存了个人的一些商务重要资料，或者隐私资料。为防止不法之徒盗用手机、资料，甚至利用手机冒充机主发给他人错误信息，致使机主或相关人员利益遭到破坏，有必要在智能手机上设置某种确认身份的机制，而加入指纹识别系统正是迎合了这种需求。

（2）设计概述

考虑在一个现有的智能手机嵌入式系统上添加一个指纹识别的模块。采用的芯片为 Renesas M30626FHPFP，该模块安装在手机内，通过比对数据库中的指纹确认机主的身份，并给操作系统发送身份确认信号。操作系统允许该用户在权限范围内使用该手机功能。并且在指纹遭到破坏的情况下，设计又允许使用密码开锁，重新录入指纹，如图 6-26 所示。

（3）硬件设计

指纹验证模块是通过采集用户指纹来验证用户的身份，并判断用户的权限。模块分为指纹采集单元和指纹处理单元两部分。其中指纹采集使用的是光学采集仪，处理部分使用高性能的嵌入式处理器（Renesas M30626FHPFP）。当采集到数据后利用高性能处理器可以马上得出指纹数据的各种特征，然后立即给出比对，系统立即作出相应反应。

图 6-26　指纹加密保护的超长待机手机

3. 指纹手机产品

内置了指纹生物感应识别器，采用 124×8 的指纹感应阵列，指纹输入速度最高达 $48cm/s$ 左右，快速、精确地识别指纹纹路。手机用户可以轻松实现指纹加密功能，可以锁定开机、电话簿、信息、通话记录、我的文档、U 盘、记事本等。而为使安全保密性更加强大，在拨号、接听以及开启键盘锁时都可以设置指纹加密，有效地避免了手机被其他人擅自接听或使用。

6.2.8　指纹考勤机

1. 指纹考勤原理

指纹考勤机是利用指纹识别技术、集成考勤软件和人事管理软件的最先进的考勤设备。工作人员不必保管和携带各种证件（如纸卡或 IC 卡等），只要轻轻一按手指就可完成身份识别。指纹考勤机实现人、地、时三者合一,去除考勤虚假,为公司省去不必要的加班费用。对企业职员的人事出勤进行公正合理并有效、科学地管理已成为各单位面临的现实课题。

2. 指纹考勤产品示例

（1）门禁指纹考勤机

门禁指纹考勤机如图 6-27 所示。

• 产品特征

算法：超过 20 年的算法研究，国际领先的算法识别技术，专长于 1:N。

错误识别率（FAR）：即所谓"张冠李戴"现象，在人员多（1000 人以上）的用户考勤使用中，TSFID 指纹机从来没有发生过错误识别现象。

拒真率（FRR）：即指纹不容易录入、比对时要多次重复甚至不成功的现象。TSFID 指纹机虽然是世界上最为优秀的产品之一，但是仍然有百分之几的人由于图像质量不好而无法正常使用他们的指纹（经验值）。

稳定性：TSFID 指纹机有超过 5 年的考勤门禁应用历史，有 3 年的大量生产历史，采用工业级的电路设计，支持 24 小时×365 天连续稳定可靠的运行。

识别速度：在大容量指纹库里查找时无需 ID 号、组号等辅助手段直接按压迅即完成，即使指纹库从 1500 枚指纹升至 3000、6000 仍可瞬间完成比对。

指纹容量海量存储，分为 1500 枚/3000 枚/6000 枚/3 万枚多种存储级别，适合集团门禁考勤应用。

采用光学取像系统，坚固耐用，耐静电、耐磨损。

单键导航设计，多语种的国际化应用，液晶显示，使用方便。

门禁、考勤管理软件功能完善，统计报表内容丰富，支持任意班次设置，具备智能查询加班功能。可实现多级管理、语音提示、LCD 显示、1:N 高速无码比对。

图 6-27 门禁指纹考勤机

• 技术参数：见表 6-1。

表 6-1　　　　　　　　门禁指纹考勤机技术参数

指纹容量	1500 枚（3000/6000/30000 枚）
比对响应时间	1:1500 < 1s；1:3000 < 2s
误识率	0.001%（典型值）
拒真率	0.01%（典型值）
识别方式	1:N
工作温度	−25~60℃
工作湿度	相对湿度 20%~80%
识读器镜头	光学玻璃棱镜
本地存储容量	30000 条比对记录
安装方式	桌面放置、壁挂（后金属背板＋内嵌袖珍锁）
开锁方式	Relay On/Off, Wiegand 26
配用电控锁类型	阴极锁、阳极锁、电磁锁、插销锁等
比对方式	指纹、密码、感应卡（可选）
考勤门禁管理	后台 PC 安装，门禁控制器本地设置

(2) 立式网络指纹考勤机

立式网络指纹考勤机如图 6-28 所示。

产品描述：立式网络指纹考勤机采用光学指纹采集仪，寿命长，稳定性、一致性好。

产品特征：外型采用落地式流线型设计，时尚美观；9.4 吋/12.1 吋真彩色液晶显示器，用户界面友好；采用嵌入式工控主机系统，低功耗设计，系统运行稳定性高。可连续 24 小时独立工作，如外配电子定时器，可实现定时开关机；可选择使用指纹、指纹＋感应卡和密码三种考勤工作模式，灵活方便。

(3) U 盘指纹考勤机

U 盘指纹考勤机如图 6-29 所示。

• 产品描述：U 盘指纹考勤机可储存 1500 枚指纹，50000 条记录，特有的考勤

图 6-28　立式网络指纹考勤机

状态输入使得报表管理准确无误。无需实时连接计算机,是专门针对需要远距离脱机使用的企事业单位进行指纹考勤而设计的,同时,它还适用于各种只需要准确身份识别的各种场合。指纹考勤机通过 U 盘、RS232、RS485、TCP/IP 方式与计算机通信,可多台联网使用;适用于人数在 1500 人以内的企业。

- 产品特征:内置强大美国 Intel32 位嵌入式指纹识别模块(ZEM200),很容易集成到各种系统中;USB 移动硬盘接口内置,轻松选择下载方式;支持手指 360 度识别,易用性能良好;主板设计长时间 24 小时不间断运行。

图 6-29 U 盘指纹考勤机

- 技术规格:见表 6-2。

表 6-2　　　　　　　　U 盘指纹考勤机技术规格

名称	指标
指纹容量	1500/2200/2800
记录容量	50000/100000/120000
通信方式	RS232、RS485、TCP/IP
识别速度	≤2s
误判率	≤0.0001%
拒登率	≤1%
使用温度	0~45℃
使用湿度	20%~80%
采集器	U.are.U 指纹仪
配件	U 盘　WEB 管理　射频卡

系统架构：如图 6-30 所示。

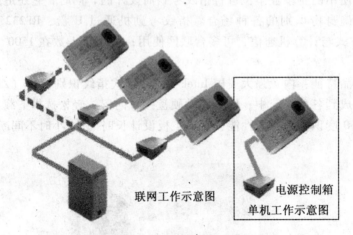

图 6-30　指纹考勤机系统架构

（4）指纹纸卡考勤机

指纹纸卡考勤机如图 6-31 所示。

• 产品描述：考勤机为高性能双引擎、支持脱机和联机操作的指纹纸卡考勤设备，结合并保存了传统考勤机、RF 射频考勤机和指纹考勤机三种考勤设备的优点，简洁的外观、奇特的构思，通过指纹验证来防止代打卡，使用更安全，记录更直观。对指纹质量不高的用户指纹，可以采用 RF 射频模式考勤。指纹识别或感应卡识别通过后，考勤机自动吸卡、打卡、退卡，整个考勤时间大约 4 秒钟，具有实时考勤和电子信息通告功能，强大的后台软件支持，通过 RS232/485 方式与计算机进行通讯，能对用户信息进行编辑和管理，对考勤记录进行汇总、统计，生成报表。它适用于 1000 人以内的企业。

• 产品特征：外观简洁使用更安全，记录更直观；采用 RS232/RS485 可与 PC 联机，联机波特率 115200bit，速度更快更稳定；设备所带的专用软件不但可以联结考勤机，下载用户信息到考勤机和上传考勤记录到 PC 中，还可以对用户信息进行编辑和管理。

• 技术参数：

指纹容量：1000 枚（可扩）

记录容量：430000 条（可扩）

第6章 指纹识别产品

图6-31 指纹纸卡考勤机

连机方式：RS232/RS485
考勤方式：指纹 \ ID，纸卡
指纹验证：1: N
门禁功能：可选

6.2.9 指纹门禁机

1. 门禁考勤机

产品示例：门禁考勤机如图6-32所示。

主要是用于出入口控制和认识考勤的多功能设备，目前可以使用的主要设备有以下几种：

图6-32 门禁考勤机

门禁系统目前提供的指纹产品门禁功能有两种:一种是简单门禁功能,另外一种是 Wiegand 门禁功能。

简单门禁是把门禁信号直接送到锁控制器,并有锁控制器直接控制电锁。另外一种 Wiegand 门禁功能,需要和电脑、Wiegand 控制器一起配合使用,用在安全性要求比较高的场合。

(1) 简单门禁功能

简单门禁功能所需要的设备如图 6-33 所示,包括:(常开或常闭)电锁、锁控器电源、开门按钮、指纹考勤机、配套线等。

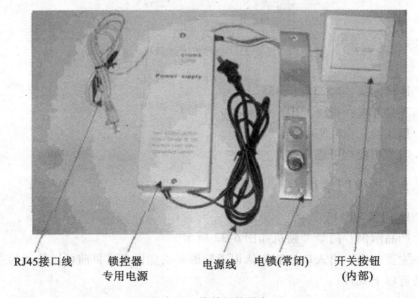

图 6-33 简单门禁设备

在指纹机的设置中要注意:

菜单→设置→系统设置→锁控制中选是,默认的锁控制时间大概是 2s。

根据相应机型确定锁信号 Lock 和 GND 的位置。考勤机(带简单门禁)包括 236、246、326、336、446、526、500A,其位置如下:

326、336 和 500A 的锁信号 Lock 在左 RJ45 接口的第 5 脚(配线的蓝白色),而 GND 信号在左 RJ45 接口的第 8 脚或第 3 脚(配线的绿白色)。

236、246、446、526、K16、K26、U1、U2 的锁信号 Lock 在 RS232 的第 4 脚,而 GND 信号在 RS232 的第 5 脚。

锁信号 Lock 接到锁控器电源的 PUSH 端,把 GND 信号接到锁控器电源的 GND 端。其原理如图 6-34 所示。

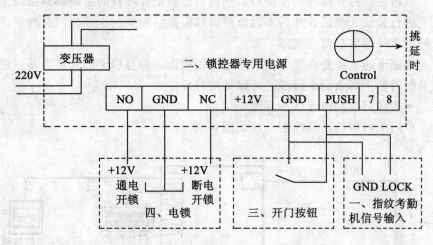

图 6-34 原理图

(2) Wiegand 门禁功能

利用 Wiegand 输出的门禁控制功能,指纹考勤机在考勤验证通过的时候只输出 Wiegand 信号,该信号并不能直接通过短接或其他方式造成开门。其安全性能比较高。除了设置控制器部分在门内之外,还可以在 PC 机的门禁管理软件上设置开门时段、授权某人在某段时间可以进出,否则验证通过也不能开门。

当前使用 ID 卡考勤机刷卡开门的门禁,可以直接把 ID 卡考勤机拆下来,安装上指纹考勤机,就可以使用安全性更高的指纹门禁了。

• 指纹门禁功能所需要的设备及软件

硬件:Wiegand 控制器(如 DCU9008N 门禁控制器一台);PC 一台;RS485 转换器及连接线一套;RJ45 接口转接门禁控制器的 RJ45 接口线一条。

软件:Wiegand 控制器管理软件(如 USEASY2000 ACS 门禁管理软件)。

先把门禁控制器、PC 机和考勤机连接好,再打开 USEASY 门禁管理软件;然后进行以下操作。

连接控制器,确定门禁控制器为在线状态。

在软件中添加 5 个以上员工,并各分配一个门禁卡(即指纹机上的登记号码)。注:卡的区号为"1"。

在"门的属性"模块中设置"门类型"为'双向读卡器',并将人员分配授权为"24Hour"通行。

点击按钮打开标准监控窗口,然后将已登记并授权的手指放到指纹采集头上进行验证,验证成功后实时监控窗口应显示相应的记录,注意时间、卡区号、卡号等信息需与实际一致。

当刷卡的人正是在某个授权的时间段里面,而且刷卡的人员也是注册的人员的时候,那么刷卡通过,可以把门打开。

- 指纹门禁功能连接示意图

单门单向指纹门禁控制系统如图6-35所示。

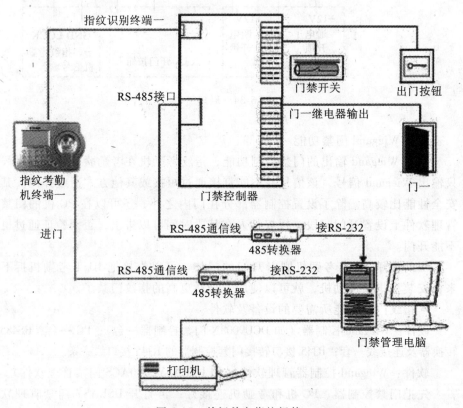

图6-35 单门单向指纹门禁

单门双向指纹门禁控制系统如图6-36所示。
专业联网指纹门禁控制系统如图6-37所示。

第6章 指纹识别产品

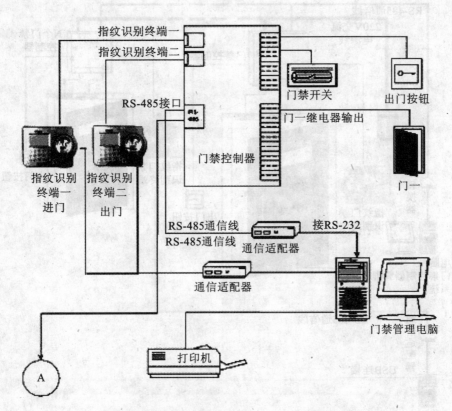

图 6-36 单门双向指纹门禁控制系统

6.2.10 其他指纹产品

1. 指纹 KEY

USB Key 是一种智能存储设备,它是基于 USB 接口的身份认证产品,内有 CPU 芯片,可用于存放网银证书,外形小巧,与钥匙相似,也被称为智能钥匙。内含安全文件系统,可以存储数字证书、密钥和其他机密信息,能够用有效的、简化的配置,提供给商业、电子供应商和最终用户以安全、便捷的用户鉴定,从而减少成本。它支持热插拔,轻巧便于携带,具有内置 PIN 码保护,多次误操作锁定,带有软件控制状态指示灯,方便监控等功能。正是基于 USB 的热插拔等优于智能卡和读卡器的特点,渐渐地被各个行业所采用。

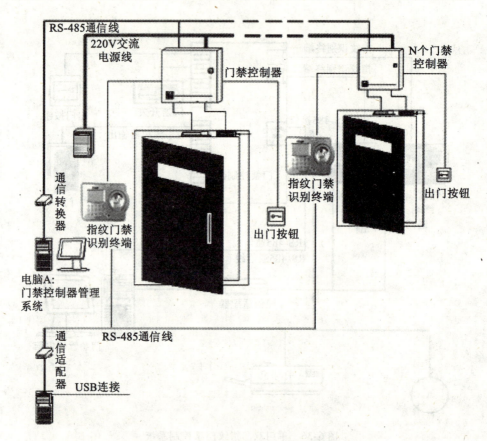

图 6-37　专业联网指纹门禁控制系统

- 产品示例：USB Key 如图 6-38 所示。

图 6-38　USB Key

- 产品描述：USB Key 自带安全存储空间，可存储数字证书等秘密数据，且证书不可导出，Key 的硬件不可复制；指纹代替用户密钥，更加安全可靠。适用于网上银行的登录认证；网上证券交易的认证；办公自动化系统；电子政务和电子商务等领域；其他对资料的安全保护有需要的部门或人员。
- 产品特征：采用最先进的电容硅晶芯片指纹读取器，有效克服指纹龟裂、割伤、过湿、模糊等造成的问题；指纹特征数据存储在 KEY 的安全空间内，可真正达到"指纹随身携带"的功能；采用 32 位嵌入式安全 CPU 芯片。

2. 指纹防盗门锁

- 产品示例：指纹防盗门锁如图 6-39 所示。
- 产品描述：网点防尾随指纹门禁系统按照功能由指纹门禁机、密码键盘、联动门控制器、备用电池、电子锁、出门按钮以及报警装置（可选）等组成。指纹门禁机承担登记指纹、指纹验证、系统管理以及提供开锁信号功能。

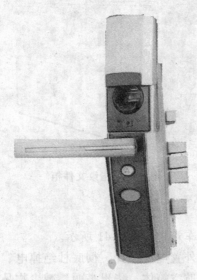

图 6-39　指纹防盗门锁

3. 指纹箱柜

- 产品示例：指纹文件柜如图 6-40 所示。

- 产品描述：指纹文件柜可以直接用手指存取档案文件，无需携带钥匙、密码；指纹档案柜操作简单，管理方便；指纹柜具有中央控制与箱锁控制部分分离，采用总线方式扩展，扩展方式灵活；指纹文件柜具有强大的记录管理功能，可查询每一次指纹操作的时间、指纹号、操作种类等信息；指纹档案柜无需打印纸、色带等耗材，不污染工作环境。
- 适用范围：可用于展览中心、博物馆、公共场所等，也可用作工厂、机关、档案局、医院及特种行业员工的更衣柜、档案文件柜等。

图 6-40　指纹文件柜

4. 指纹车箱柜

- 产品示例：指纹车箱柜如图 6-41 所示。
- 产品描述：独立外置电源设计，彻底杜绝掉电、无电困扰，更换简单方便；采用高档豪华仿航空箱体，华贵亮丽，减少物品放置碰撞及噪音；突破性内铰链设计，承托力更强，开启角度大于 100°，彻底敞开柜体空间，更加有利于大件物品的存取；弧形柜体由钢板一次冲压拉伸成型，更加坚固；更大限度保障物品安全；控制系统采用优质指纹识别系统，性能卓越——生物密钥,永不遗失,方便快捷;使用钢制金属材料制作箱体,在箱体内部采用螺栓、钢丝绳与车体进行防盗固定;或与后备箱内备胎紧固栓相连接。

5. 指纹保管箱

• 产品示例:指纹保管箱如图 6-42 所示。

图 6-41　指纹车箱柜　　　　图 6-42　指纹保管箱

• 产品描述:生物密钥永不遗失、方便快捷、可存储 50 枚指纹、可以任意添加、删除指纹;提供后备钥匙;提供启动键,可将系统从休眠状态唤醒;低电压报警功能:蜂鸣器输出;4 个 1.5V 电池(必须使用碱性电池或充电池);提供多种规格尺寸的产品,满足各种场地的不同需要技术指标。

思 考 题

1. 请问生物识别中,物理特征主要包括哪些内容?
2. 请简述指纹识别的过程。
3. 请简述指纹特征的主要内容。

第 7 章 面像识别产品

面像识别技术包含面像检测、面像跟踪与面像比对等课题。面像检测是指在动态的场景与复杂的背景中,判断是否存在面像并分离出面像。面像跟踪指对被检测到的面像进行动态目标跟踪。面像比对则是对被检测到的面像进行身份确认或在面像库中进行目标搜索。

本章节将从面像识别技术的概念入手,逐一介绍了面像识别技术的优缺点、主要功能、识别步骤以及相关实物产品等内容。

7.1 面像识别技术简介

面像检测分为参考模板、人脸规则、样本学习、肤色模型与特征子脸等方法。参考模板方法首先设计一个或数个标准人脸模板,然后计算测试样本与标准模板之间的匹配程度,通过计算机比对来判断是否存在人脸;人脸具有一定的结构分布特征,人脸规则即提取这些特征生成相应的规则以判断是否测试样本包含人脸;样本学习则采用模式识别中人工神经网络方法,通过对面像样本集和非面像样本集的学习产生分类器;肤色模型依据面像肤色在色彩空间中分布相对集中的规律来进行检测;特征子脸将所有面像集合视为一个面像子空间,基于检测样本与其在子空间的投影之间的距离判断是否存在面像。上述方法在实际系统中也可综合采用。

1. 面像识别的优缺点

(1) 优点

多种生物识别方法都需要人的某些自愿动作,而面像识别对这方面要求很低,从而更易于使用,非常适合于隐蔽地进行面像采集、比对,比如公安部门的监控行动;只有面像可以使人直观地比对,以核查某人的身份。例如,一个管理人员无法凭借肉眼判断一个指纹或虹膜与数据库中的记录是否一致,却能判断两个面像的相似程度。

（2）缺点

使用者面像的位置与周围的光环境都可能影响系统的精确性，所以大部分研究生物识别的人都公认面像识别是最不准确的，也是最容易被欺骗的；面像识别技术的改进依赖于提取特征与比对技术的提高，并且采集图像的设备会比其技术昂贵得多；对于头发、饰物、年龄变大以及其他变化引起的差异，可能需要通过人工智能来补偿，机器学习功能必须不断地将以前得到的图像和现在的图像进行比对，以改进核心数据和弥补微小的差别。

2. 面像识别技术的主要功能

面像技术在需要进行身份鉴定的领域均可使用，特别是在不能接触识别对象时，更能体现出技术的优越性。技术的主要功能有如下几个方面：

（1）面像检测和识别

在一幅图像中检测出面像，面像与指定的一幅图像中的面像进行比对或与面像已经过预处理成的模板进行比对，根据相似度值判断是否同一个人。这样可以免除记忆密码的麻烦。

（2）面像数据模板化和检索

可以从一幅面像图像中提取小到 84 字节面纹数据（模板），使面像数据得到压缩并便于存储和检索，可以将一采集的面像与库中大量的面像进行比对。

（3）面像跟踪

利用面像检测技术，当指定的面像在视野内移动时，进行自动的跟踪。可以对某些人员进行实时的监控和报警；通过真人识别功能来防欺诈，可以判断摄像机获得的面像，是一个真正人还是一幅照片所产生的。

（4）可以进行图像评价

对一幅给出的面像，对面像识别效果进行评价，并进行改进提示。

3. 面像识别的步骤

（1）建立面像档案

可以从摄像头采集面像文件或取照片文件，生成面纹（faceprint）编码即特征向量。

（2）获取当前面像

可以从摄像头捕捉面像获取照片输入，生成其面纹。

（3）检索比对

将当前面像的面纹编码与档案中的面纹编码进行检索比对。

（4）确认面像身份或提出身份选择

上述整个过程都自动、连续、实时地完成,而且系统只需要普通的处理设备。门票系统的工作流程为:
- 自动地在视频数据流中搜索面像图像。
- 当出现一个用户的头像时。
- 自动使用多种类型的匹配算法来判断在那个位置是否真的有一张脸。
- 将这幅脸部图像在系统内部转换面纹,它包含了这张脸的特有信息。
- 通过把实时获取的"面纹"和数据库中已有的"面纹"进行比对。
- 完成对某张脸进行确认。

7.2 面像识别产品

7.2.1 摄像机

1. 摄像机分类

(1) 依成像色彩划分
- 彩色摄像机:适用于景物细部辨别,如辨别衣着或景物的颜色。因有颜色而使信息量增大,信息量一般认为是黑白摄像机的10倍。
- 黑白摄像机:用于光线不足地区及夜间无法安装照明设备的地区,在仅监视景物的位置或移动时,可选用分辨率通常高于彩色摄像机的黑白摄像机,依摄像机分辨率划分。
- 影像像素在25万像素左右、彩色分辨率为330线、黑白分辨率400线左右的低档型。
- 影像像素为25万~38万、彩色分辨率为420线、黑白分辨率在500线上下的中档型。
- 影像在38万点以上、彩色分辨率大于或等于480线、黑白分辨率在570线以上的高分辨率。

(2) 依摄像机灵敏度划分
- 普通型:正常工作所需照度为1~31x。
- 低照型:正常工作所需照度为0.11x左右。
- 星光型:正常工作所需照度为0.01x以下。
- 红外型:原则上可以为零照度,采用红外光源成像。

(3) 依据摄像机外观划分
- 枪式摄像机:市场最普通型,外观长方体,不含镜头,装于护罩内。
- 半球形摄像机:外形如半球,通常含镜头及护罩,多用于环境美观、隐蔽处。
- 飞碟形摄像机：外形如飞碟，通常含镜头及护罩，多用于电梯。
- 微型摄像机：体积小，外形有纽扣型、笔型、针孔，多为无线，用于采访、偷拍等隐蔽场所。
- 全球型摄像机：体积大，球体，内含云台、摄像机，多为高速球，用于开阔区域。

（4）依据摄像机功能划分
- 普通型摄像机：不含镜头的摄像机基本属于普通摄像机。
- 一体化摄像机：含镜头，多为16倍、22倍变倍镜头，分普通型和日夜型。
- 红外灯摄像机：含镜头及红外灯，用于夜间无光照条件。
- 智能球摄像机：含云台、一体化摄像机，可旋转、变倍控制，用于大范围区域。

2. 摄像机的选用

主要依据两个要素进行：一是摄像机使用环境（应用场合）；一是摄像机的相关主要参数（见表7-1）。

表7-1　　　　　　　　　　　摄像机应用场合

	摄像机类型	应用场合
1	半球摄像机	电梯、有吊顶光线变化不大的室内应用场合。
2	一体化摄像机	最适合安装在室内监控动态范围较大的场合，也适合安装在室外监控范围中等的场合（如需监控室外60m半径以内的目标）。
3	枪式摄像机	可安装在室内外任何场合，但不太适合监控或安装范围较小的场合。
4	水下摄像机	适用于水下安装使用。
5	昼夜型摄像机	适用于环境亮度变化较大场合，如室内外晚上灯光较弱，白天亮度正常的场合。

3. 产品展示

DSP智能摄像机如图7-1所示。

（1）DSP智能摄像机的工作原理

图 7-1 DSP 智能摄像机

DSP 摄像机的工作原理中，亮度/色度处理、编码同步发生器及 CCD 驱动等部分电路均采用了数字信号处理技术，它们都由微处理器执行中心控制。虽然，由于 AGC 和 Y 校正电路是在 A/D 转换之前，仍为模拟处理，但它们的控制电压和补偿信号是根据数字部分检测决定的，因而仍然可以调节得很精确。

（2）产品特性

• 面像捕捉：在目标进入监控区域之初就能捕获其清晰的面像照片，并可全程跟踪捕捉其面像照片。

• 照片检索功能：通过检索可获得某段时间内所有出入监控区域人员的正面清晰照片。

• 智能录像检索：通过目标的照片，可以方便地检索到该目标在监控区域内的所有活动的录像。

• 多卡、多模式设计架构

一台 PC 机上最多可同时插 4 片卡。

可以监视 1～16 路输入图像、最多 16 路声音信号输入。

可以捕捉 1～8 路面像照片，监控 1～8 路输入图像并可最多输入 16 路声音信号。

• 智能型实时运动图像检测及报警功能

可调整运动检测灵敏度。

运动检测具有触发本地报警功能（声音报警并自动抓拍报警时的现场图片）。

运动检测具有触发远程报警功能（通知远程的数字监控系统，发送报警声音和报警录像，并可发送报警电子邮件）。

• 卓越的多任务能力

可同时对多个不同地点进行远程监控。

可同时被多个不同地点监看或录像。

可同时接收不同摄像头触发的报警画面。

可同时回放数个图像文件。

可同时观看数个拍摄的照片。

• 录像时可实时调整图像的亮度、色度、对比度及饱和度，以保证录像资料显示画面达到最佳。

- 可配置外接打印设备直接印制检索图像。

7.2.2 矩阵键盘

产品示例：V6400 音视频矩阵如图 7-2 所示。

图 7-2　V6400 音视频矩阵

1. 产品描述

　　V6400 音视频矩阵是采用模块方式设计；集音视频、报警为一体的多功能监控设备。单机备有 22 个插槽，用户可根据需要自行选择纯音频、纯视频或音/视频组合插卡模式，每一路输出图像上均可叠加字符和时钟，由用户任意设置，设置方式可用操作键盘或电脑输入；并具有时序切换、分组切换、报警联动等功能。该机的报警模块有 32、16、8 路报警输入可选，报警输入及报警联动灯光、录像，大大简化了系统的构成，提高了系统的可靠性；在多中心控制系统中，可设分控 8 个。本机为标准的 2U 机箱，插板式安装，方便简单；系统可扩可缩，便于用户选购。该机可将报警记录查询、状态信息回送至控制中心，系统具有自动复位功能。

2. 产品特征

　　采用模块组合结构，具有灵活性；具有组切、序切和报警联动功能；单机最大容量为视频输入 64 路，输出 8 路；每路视频输出均具有汉字字库自选汉字叠加及时钟叠加功能；可记录报警及报警记录查询功能。任一防区布撤防方式：定时、手工、常布/撤防；音/视频切换、报警控制、面板操作键四位一体；特殊低功耗设计使本机在高温环境下可长时间连续工作。

3. 技术参数

　　通信规程：RS-485

　　通信速率：1200～9600bit/s

　　可接副控键盘：7 只

报警联动输出：0.5A

视频通道带宽：12MHz

7.2.3 录像机

录像机分类：嵌入式硬盘录像机、工控式硬盘录像机、硬盘录像卡。

产品示例：嵌入式硬盘录像机如图 7-3 所示。

图 7-3 嵌入式硬盘录像机

嵌入式硬盘录像机采用 MPEG4 图像编码技术，采用高速 DSP（数字信号处理）进行压缩，可实现多路视音频信号的采集、压缩、存储、检索及多画面的实时监视，系统同时配置了多种网络接口，可将压缩后音视频数据通过多种网络进行传输。目前有单路、4 路、8 路、9 路、12 路供选择。

其主要功能如下。

（1）监控功能

MPEG4 压缩（纯硬件实现），每路可以达到 25 帧/s，音视频完全同步。主机采用完全嵌入式的操作系统，避免 WINDOWS 系统的繁琐操作。具有声音监听功能，对有音频的现场进行及时的声音监听，即可做到音视频实时同步监听。高清晰度，画质可调（最好、好、较好、普通）。监视分辨率达到 704×576，录影分辨率达到 352×288。输出采用 TV 输出至电视机或监视器上。显示方式灵活多样，可根据自己的爱好自定义多画面的显示方式、分割窗口样式及切换顺序（如单画面、四画面、九画面、十二画面），单画面/多画面可用遥控器控制切换显示。支持多种云台、镜头、一体化快球及报警主机，控制协议可根据需要添加。可用遥控直接控制云台、镜头及一体化快球，十分方便简单。

（2）录像功能

支持时间表定时录影、报警录影（移动报警录影、外部探头报警录影）

及手动录影。支持移动报警录影及外部报警录影时间表功能。磁盘容量信息的提示功能，硬盘满时的报警提示功能及磁盘满后自动循环录影功能。可同时多路实时音视频监视录影。录影帧数可以调节。录影时，文件之间采用无缝链接，两个连续的文件间不会丢失数据，可以保证在银行柜员点钞时不会丢帧。

（3）回放功能
• 普通放像。为用户提供普通放像的功能：输入端口号和日期，选择文件进行放像。用户可以在菜单中输入需要回放的端口号及需要回放的具体日期，选中该端口当日的录像存储文件后播放该录像文件。
• 检索放像。为用户提供检索放像的功能：输入端口号和起始时间进行时间检索放像。用户可以输入需要回放的端口号及需要回放的具体日期和起始时间，播放相应输入端口从该时间点开始的录像数据。使用户不用去查找文件，直接按时间及摄像机名进行回放，并支持远程检索，非常快捷方便。

（4）报警功能
视频移动报警及报警联动。移动报警联动时间可设置，视频移动检测灵敏度可调。可根据需要设置每路的视频移动报警区域。支持外接各种报警器及联动报警设备（警灯、警铃等）。录影、移动报警及外接报警时间表设置功能。

7.2.4　面像识别门禁

1. 一卡通面像识别门禁产品

一卡通面像识别门禁产品如图 7-4 所示。

面像识别技术和指纹识别技术成功应用于门禁控制领域。事先登记用户的面像和指纹，并生成模板存储在数据库中；当用户准备进门时，提示用户录入指纹和面像，并和数据库中相应的模板进行比对，如果是合法用户，将自动开门放行；如果是非法使用者，将拒绝开门通行。在这两种情况下，都会将使用人的面像照片保存入数据库中，供事后追踪调查使用。

图 7-4　一卡通面像识别门禁

产品描述：将面像识别和指纹识别技术合理搭配集成在一起，系统性能比只采用单独的面像识别或指纹识别技术有明显的优势——指纹假冒很困难，面像的假冒更加困难，从而使该系统具有极高的防欺诈性。同时增强了历史记录的可跟踪性、直观性，极大提高了门禁系统的安全性和可靠性。这样便于事后追查，而且这也是一种威慑，可以大大减少非注册用户试图蒙混过关的企图。

通过适当地调整面像识别和指纹识别的阈值（相似度），Bi OIERD 9100 门禁系统实现了很高的识别精度和很低的拒识率。

产品的适用场合：各种对出入安全控制要求很高的场所，如银行、宾馆、别墅、机房、军械库、机要室、办公室、仓库、智能化住宅小区、工厂等获得了广泛的应用。

产品特征：

（1）使用方便、简单、开门速度快；可以不需要使用者携带任何钥匙、磁卡等，对用户无特殊要求；

（2）识别的精度高，安全性极高；

（3）防欺诈性极高，真人面像/照片辨别，活体指纹辨别；

（4）可跟踪性好；

（5）系统成熟、稳定，故障自检、报警和重启功能；

（6）LCD 四行中文大屏幕信息显示，界面友好；

（7）可接入局域网络，方便在本地和远程操作和监控；

（8）可扩展性好，可单机独立使用或联网使用；

2. 面像识别和感应式门禁考勤系统产品

面像识别和感应式门禁考勤系统产品如图 7-5 所示。

产品特征：

- 面像识别模块、感应卡、键盘、液晶显示屏；
- 能储存达 10000 条面像数据；
- 可选感应卡、感应卡 + 面像识别、感应卡 + 密码 + 面像识别或密码 + 面像识别操作；
- 小于 0.5s 时间快速核对面像数据；
- 内置 10 公分射频感应读卡器；
- 256 个地址可选并经过 RS232、485、422 网络或 TCP/IP 转换器通信；
- 可选 26 位维根或磁条 II 格式输出；
- 符合 UL、CE、FCC、MIC 国际标准。

第 7 章 面像识别产品

图 7-5 面像识别和感应式门禁

思 考 题

1. 请简述面像识别技术的优缺点。
2. 请简述面像识别的步骤。
3. 请简述面像识别的主要功能。

第8章 虹膜识别产品

虹膜是一种在眼睛中瞳孔内的织物状各色环状物,每一个虹膜都包含一个独一无二的基于像冠、水晶体、细丝、斑点、结构、凹点、射线、皱纹和条纹等特征的结构。据称,没有任何两个虹膜是一样的。

本章将从虹膜技术的特点入手,逐一介绍虹膜识别技术的特点、虹膜识别技术与其他生物识别技术的对比等内容,并重点介绍了一些目前较流行的虹膜识别产品。

8.1 虹膜识别技术简介

1. 图像采集方便

综合集成光机电技术和智能人机交互技术,快速采集纹理清晰的虹膜图像。第一步是通过一个距离眼睛3英寸的精密相机来确定虹膜的位置。当相机对准眼睛后,算法逐渐将焦距对准虹膜左右两侧,确定虹膜的外沿,这种水平方法受到了眼睑的阻碍。算法同时将焦距对准虹膜的内沿(即瞳孔)并排除眼液和细微组织的影响。

2. 识别精度高

即使在用户戴眼镜、图像模糊、光照变化或者噪声影响的情况下也可以准确鉴别用户身份。由于虹膜代码(Iris Code)是通过复杂的运算获得的,并能提供数量较多的特征点,所以虹膜识别技术是精确度最高的生物识别技术,例如:两个不同的虹膜信息有75%匹配信息的可能性是1:106,两个不同虹膜信息的等错误率为1:1200000,两个不同的虹膜产生相同虹膜代码的可能性是1:1052。

3. 运行速度快

可同时实现四路虹膜图像信号的实时识别。整个过程其实是十分简单的,虹膜的定位可在1s之内完成,产生虹膜代码(iris code)的时间也仅需

1s的时间,数据库的检索时间也相当快,就是在有成千上万虹膜信息数据库中进行检索,所用时间也不多。

4. 防伪能力强

利用活体虹膜的生理特性和光学特性实现真假虹膜判别。

5. 成本低

系统所用的光电器件已经全部实现大规模生产。

6. 便于二次开发

可以根据用户需求提供接口。

眼睛的虹膜是由相当复杂的纤维组织构成的,其细部结构在出生之前就以随机组合的方式决定下来了,虹膜识别技术将虹膜的可视特征转换成1个512个字节的iris code(虹膜代码),这个代码模板被存储下来以便后期识别所用。512个字节,对生物识别模板来说是一个十分紧凑的模板,但它对从虹膜获得的信息量来说是十分巨大的。

从直径11mm的虹膜上,计算系统要用3.4个字节的数据来代表每平方毫米的虹膜信息。这样,一个虹膜约有266个量化特征点,而类似于指纹这样的生物识别技术只有13个到60个特征点。在算法和人类眼部特征允许的情况下,虹膜识别技术可获得173个二进制自由度的独立特征点。这在生物识别技术中,所获得特征点的数量是相当大的。

人眼睛的外观图由巩膜、虹膜、瞳孔三部分构成,如图8-1所示。巩膜即眼球外围的白色部分,约占总面积的30%;眼睛中心为瞳孔部分,约占5%;虹膜位于巩膜和瞳孔之间,包含了最丰富的纹理信息,占据65%。外观上看,由许多腺窝、皱褶、色素斑等构成,是人体中最独特的结构之一。虹膜的形成由遗传基因决定,人体基因表达决定了虹膜的形态、生理、颜色和总的外观。人发育到8个月左右,虹膜就基本上发育到了足够尺寸,进入了相对稳定的时期。除非极少见的反常状况、身体或精神上大的创伤才可能造成虹膜外观上的改变外,虹膜形貌可以保持数十年没有多少变化。另一方面,虹膜是外部可见的,但同时又属于内部组织,位于角膜后面。要改变虹膜外观,需要非常精细的外科手术,而且要冒着视力损伤的危险。虹膜的高度独特性、稳定性及不可更改的特点,是虹膜可用作身份鉴别的物质基础。

从识别的角度来说,虹膜的颜色信息并不具有广泛的区分性,而那些相互交错的类似于斑点、细丝、冠状、条纹、隐窝等形状的细微特征才是虹膜唯一性的体现。这些特征通常称为虹膜的纹理特征。根据虹膜识别算法系

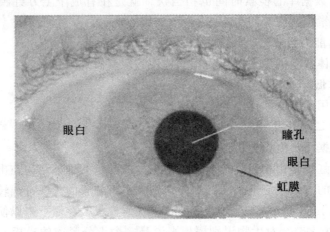

图 8-1 虹膜的位置

统,在人员注册自己的虹膜信息后,系统对已注册的虹膜信息进行预处理,并对有效的虹膜纹理特征进行描述,最后完成基于不同虹膜特征的分类的任务,在识别过程中,通过与数据库中已分类的虹膜特征配对,完成识别。

将虹膜识别技术与其他生物识别技术进行对比,结果如下。

依据虹膜特有的生理特征而形成的虹膜识别技术,具有其他生物识别特征所无法取代的优势:

唯一性:自然界不可能出现完全相同的两个虹膜,即使是双胞胎、同一人左右眼的虹膜图像也不相同。

稳定性:虹膜在人出生 8 个月后就已经稳定成型、终身不变。

非接触式采集:虹膜是外部可见的内部器官,用户可以在不与采集设备接触的情况下成像。虽然指纹是比较流行的生物识别方式,但是虹膜的发展前景明显比指纹光明。

首先,虹膜技术的识别精度高,即使同一个人左右两眼虹膜也有差别,相较而言指纹识别更容易出错;其次,指纹容易受磨损、划伤等外部因素的干扰;而一个人的虹膜 2 岁后就基本稳定不变了。除非有白内障等眼疾发作;还有,指纹需要接触,对人的侵犯性较强,而虹膜只需要看一下摄像机就能提取,不会伤害眼睛。

虹膜识别技术与其他生物识别技术的对比见表 8-1。

表 8-1　　　　　虹膜识别技术与其他生物识别技术对比表

	误识率	拒识率	影响识别的因素	稳定性	安全性
虹膜识别	1:120万	0.1%~0.2%	虹膜识别时摄像机镜头的调整	非常稳定，只需注册一次	使用者选择注册
指纹识别	1:10万	2.0%~3.0%	干燥、脏污、伤痕、渍	因为影响因素改变，需要经常注册	使用者选择注册隐秘指纹藏
掌纹识别	1:1万	约等于10%	受伤、年龄、药物环境	因为影响因素改变，需要	使用者选择注册
面像识别	1:100	10%~20%	灯光、年龄、眼镜、头脸上的遮盖物	因为影响因素改变，需要经常注册	使用者选择注册可以在一定距离内，无使用者同意的情况下被注册

8.2　虹膜识别产品

8.2.1　虹膜考勤系统

1. 考勤系统

考勤系统的目的是为实现员工考勤数据采集、数据统计和信息查询过程的自动化，完善人事管理现代化，方便员工上班报到，方便管理人员统计、考核员工出勤情况，方便管理部门查询、考核各部门出勤率；准确地掌握员工出勤情况，有效地管理、掌握人员流动情况，特别适合煤矿考勤、工厂考勤，建筑工人考勤。

虹膜考勤系统有着以下几方面的优点：
- 虹膜识别技术免接触，不可以篡改，安全性高。
- 正常状态下的识别速度在1s左右。

- 统计考勤数据快捷，不需人工统计。
- 产品先进，虹膜身份识别技术是目前所有生物识别技术里安全性、唯一性最高的人体。
- 物识别技术。使用上已经非常方便可靠，所以投资一步到位，操作简单，使用寿命长。

2. 虹膜识别考勤系统组成

（1）硬件系统

虹膜识别考勤机分为两种：壁挂式虹膜识别考勤机如图 8-2 所示，立式虹膜识别考勤机如图 8-3 所示。

图 8-2 壁挂式虹膜识别考勤机

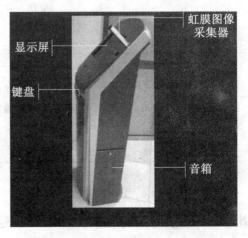
图 8-3 立式虹膜识别考勤机

虹膜识别考勤系统由虹膜识别考勤机、虹膜识别软件、人员考勤系统软件和其他附加设备组成。

虹膜识别立式考勤机由虹膜采集设备、虹膜识别处理设备、显示屏、键盘、音箱等部件组成。

虹膜识别软件系统由虹膜采集软件和虹膜识别处理软件组成。

（2）软件系统

- 虹膜登记软件。
- 虹膜识别软件。

（3）虹膜识别考勤系统特点

- 无伤害。通过光学单元获取虹膜图像是安全的。采集虹膜图像就像照相一样。光学单元中红外 LED 等的辐射水平对眼睛无任何伤害。
- 操作简单。仅仅将眼睛的虹膜信息进行注册，即可对你的身份进行记录和识别。即使你戴着眼镜（近视镜、太阳镜、隐形眼镜）也可以正常地进行识别。
- 非接触型。图像采集设备可以非接触地采集虹膜图像，避免了由于身体接触而带来病菌感染的可能性。
- 精确。虹膜是人的身体中最独特的器官。对每个人而言，都具有绝对的唯一性，双胞胎或者是同一个人的左右眼虹膜都不会相同。
- 节省开支。虹膜考勤系统安装好以后，新注册用户时不需要再添置其他设备，一次投资，一步到位。统计考勤数据快捷，不需要人工统计，极大地节省了人力物力。
- 使用方便。可避免因为忘记密码、卡的丢失/破损等情况引起的不必要的麻烦，不必担心他人伪造。
- 高速识别。识别过程在 1s 内完成。

3. 虹膜识别考勤系统产品主要性能指标

- 接口：RJ45
- 取像时间：<1s
- 眼睛旋转角度：≤±35°
- 处理时间：≤1s
- 工作模式：独立工作模式和联网工作模式

4. 虹膜识别考勤系统基本功能

- 采集。员工上下班的数据，由考勤软件从考勤数据库采集，作为原始考勤数据的来源。
- 统计。统计系统将个人信息进行过滤处理，只保留每天考勤记录，然后按员工姓名、日期或其他分类方式进行统计，生成各类统计报表。
- 查询。可根据需要随时在查询系统查询各员工上下班、出勤缺勤等情况，并可随时打印出来。
- 考勤管理。系统允许系统管理员进行系统设置。设置包括每次采集的有效时间段设置，迟到、早退、旷工的时间设置等，如提前多少时间上班有效，早退多少时间是旷工等。用户可以根据本单位具体制度自行设置。
- 员工管理。每位员工都有较详细的信息，可以调出每个员工登记时的原始资料。

- 无人值守考勤。记录任何非法出入信息及图像,及时记录于机器硬盘上,断电仍可保证记录安全储存。

5. 虹膜识别考勤系统应用领域

虹膜识别考勤系统应用领域如图 8-4 所示。

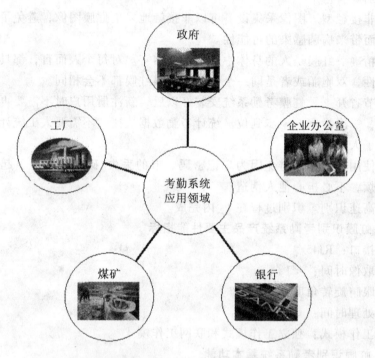

图 8-4　虹膜识别考勤系统应用领域

8.2.2　虹膜门禁系统

1. 产品示例

虹膜门禁系统如图 8-5 所示。

- 随着现代化建设的需要,对于安全保密部门的人员出入管理,除了严格的管理制度外,也需要一种能改善安全管理方式的强有力技术层面上的保障,而虹膜识别技术的应运而生和日臻成熟使这一系列问题迎刃而解。

2. 系统组成及特点

(1) 硬件系统

虹膜识别门禁机分为两种:壁挂式、立式。

第 8 章 虹膜识别产品

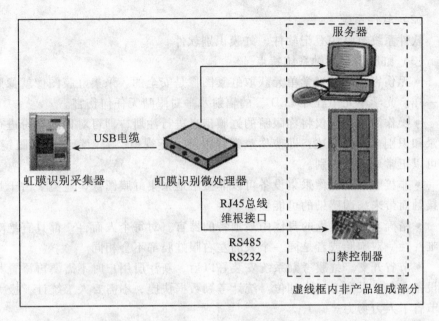

图 8-5 虹膜门禁系统

虹膜识别门禁机壁挂式如图 8-6 所示。

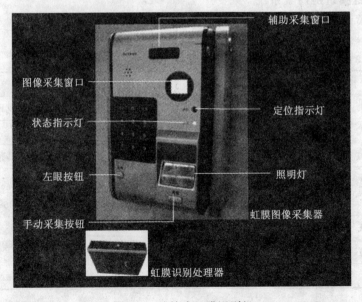

图 8-6 壁挂式虹膜识别机

(2) 软件系统

软件系统有虹膜登记软件、虹膜识别软件。

(3) 虹膜识别考勤系统特点

- 无伤害。通过光学单元获取虹膜图像是安全的。采集虹膜图像就像照相一样。光学单元中红外 LED 等的辐射水平对眼睛无任何伤害。
- 操作简单。仅仅将你眼睛的虹膜信息进行注册，即可对你的身份进行记录和识别。如前所述，即使你戴带着眼镜（近视镜、太阳镜、隐形眼镜）也可以正常地进行识别。
- 非接触型。图像采集设备可以非接触地采集虹膜图像，避免了由于身体接触而带来病菌感染的可能性。
- 精确。虹膜是人的身体中最独特的器官。对每个人而言，都具有绝对的唯一性，双胞胎或者是同一个人的左右眼虹膜都不会相同。
- 节省开支。虹膜考勤系统安装好以后，新注册用户时不需要再添置其他设备，一次投资，一步到位。统计考勤数据快捷，不需要人工统计，极大地节省了人力物力。
- 使用方便。可避免因为忘记密码、卡的丢失/破损等情况引起的不必要麻烦，不必担心他人伪造。
- 高速识别。识别过程在 1s 内完成。

3. 虹膜识别门禁系统

虹膜识别门禁系统主要性能参数见表 8-2。

表 8-2　　　　虹膜图像采集器和虹膜识别处理器性能参数

虹膜图像采集器		虹膜识别处理器	
接口	USB 2.0	接口	维根 26/RJ45/RS485
使用方式	壁挂	处理时间	≤1s
取像时间	1s 内	工作环境	室内（避免阳光直射）
工作环境	室内（避免阳光直射）	工作模式	脱机
		工作湿度	相对湿度 <80%
采集方式	自动	工作电压	220V AC
工作湿度	相对湿度 <80%	峰值电流	≤1.5A
尺寸	200mm×140mm×70mm	尺寸	135mm×75mm×35mm

4. 虹膜识别门禁系统应用领域

虹膜识别门禁系统应用领域如图 8-7 所示。

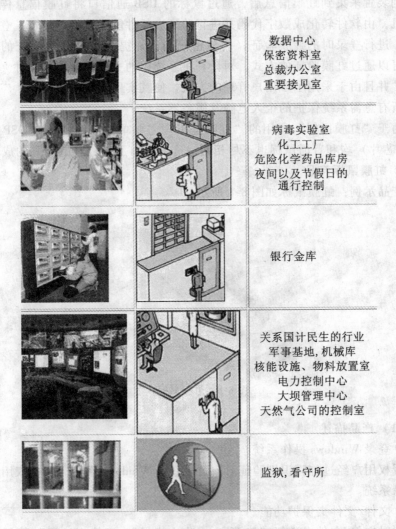

图 8-7　虹膜识别门禁系统应用领域

8.2.3　虹膜鼠标

1. 虹膜鼠标原理

虹膜鼠标产品就是采用了虹膜识别技术。它包括软硬件两部分,硬件部分包括虹膜识别装置和与之集成的人体工学鼠标,在使用鼠标的同时就可以使用虹膜识别技术,免去了另外购买鼠标或虹膜识别装置的麻烦和成本。虹膜识别装置采集到虹膜信息后,通过鼠标的 USB 通信口将虹膜信息传送给计算机,由软件转化成数字代码并进行验证。软件能够模拟 Windows 登录的模式,进行登录时的虹膜验证,代替密码验证,提高了计算机系统的安全性。可以通过虹膜验证的方式,对计算机系统中的文件内容以及文件夹加以保护。并且由于采用了多用户管理的方式,使其实用性得到了加强,广泛适用于所有急需系统保护的个人电脑及服务器系统。

由于"虹膜鼠标"所用的"虹膜镜头"需要单做,而模具盒 DSP 芯片(解码芯片)均和普通鼠标也不尽相同,这都增加了"虹膜鼠标"的成本。

2. 虹膜鼠标产品

产品示例:虹膜鼠标如图 8-8 所示。

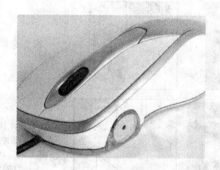

图 8-8　虹膜鼠标

(1)产品描述

• 登录 Windows 操作系统

授权用户经过虹膜识别验证后,可以登录 Windows 系统,未授权用户无法登录系统。

• 文件/文件夹保护功能。

• 对文件/文件夹进行"隐藏"、"防止拷贝"、"禁止访问"等保护功能。

• 当系统进入屏幕保护状态之后,只有授权用户经过虹膜识别验证后,可以重新进入工作状态。

• 授权用户可隐藏整个驱动盘或驱动盘的内容,以便保护重要信息。

• 网络断开/连接功能。

- 授权用户进行虹膜识别验证之后，可自由断开/连接互联网。

（2）产品特征
- 微处理器：内置智能化"学习"功能，处理系统使用次数越多，识别速度越快。
- 鼠标系统：包括处理器/内存/闪存在内的部件内置在鼠标内部，生物数据的图样分析及数据存储都发生在鼠标内部，可有效防止数据丢失及外露。
- "匹配"虹膜识别系统：注册的数据存储在鼠标内部，数据验证过程在鼠标内部的微处理器上进行，无需经过电脑。这种方式可有效防止黑客非法入侵。
- CMOS 摄像传感器：特别开发了虹膜 CMOS 摄像传感器，可清晰迅速地捕捉所需图样。
- 凹透镜向导装置：创新的凹透镜向导装置让用户轻松完成虹膜识别过程。
- 处理时间：虹膜数据注册 4~10s，虹膜识别验证 0.1~2s。
- 照明度：虹膜数据注册 50lx 环境，虹膜识别 10~10 000lx 环境。
- 使用用户：一台鼠标中最多可以注册 10 人的数据。

（3）技术规范说明
- 类型：光学 600 DPI。
- 按键：2 个按键鼠标轮带按键功能的滚轮。
- 虹膜图样捕捉。
- 感应器：虹膜 2030N CMOS 传感器（1/4 英寸）。
- 目标距离：3~5cm（0.5~1cm 焦距深度）。
- 虹膜向导：15mm 凹透镜。
- 处理器：Analog Blackfin 微处理器（500MHz）。
- 运算法则（algorithm）。
- 虹膜运算：内置 QRITEK 虹膜识别运算功能（专利）。
- 信息：QRITEK 加密信息协议。
- 剩余空间：100MB 以上的硬盘。

根据周围环境亮度的不同，虹膜也会发生变化。当亮度变化时，为了调节进入眼睛的光线量，虹膜的模样会缩小或扩大。也就是说，即使同一个人的虹膜，虹膜纹路也会发生变化。

- 亮度不同时，虹膜的变化（同一个人的虹膜照片），IRIBIO 技术很好地处理了这个问题。

根据瞳孔的缩小、扩张，眼虹膜会出现不规格变化。

根据虹膜变化的形状，来定瞳孔的中心，直接识别虹膜图纹特征。

保存虹膜特征原始数据，利用1∶1匹配技术，只能识别活动的眼虹膜（死者的虹膜是无法通过识别）

克服了眉毛、眼皮的影响。

无论任何环境，都可以识别。

• Algorithm（运算法则）的准确性——可识别不同形状的，不同条件下的虹膜瞳孔。

8.2.4 虹膜其他产品

1. 虹膜识别摄像头

（1）产品示例

虹膜识别摄像头如图8-9所示。

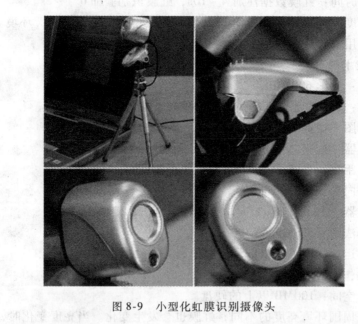

图8-9 小型化虹膜识别摄像头

（2）笔记本电脑上搭配虹膜识别摄像头

图8-9中所展示的是一套最新的小型化虹膜识别设备。它是由一个可以

拍摄人眼虹膜的摄像头和一套能够针对所拍摄影像进行分析的软件构成的。摄像头上带有一个红光发射口。当人眼对红光作出反应的时候，摄像头便记录下被摄者虹膜的图像，并针对多个特征点进行分析记录，最后转化成数据记录下来。

2. 虹膜识别信息系统访问产品

主要有虹膜识别采集器（如图8-10所示）、虹膜识别微处理器（如图8-11所示）、虹膜识别软件、虹膜登记软件。

系统拓扑图如图8-12所示。

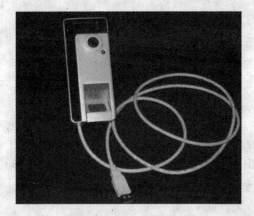

图8-10 虹膜识别采集器

图8-11 虹膜识别微处理器

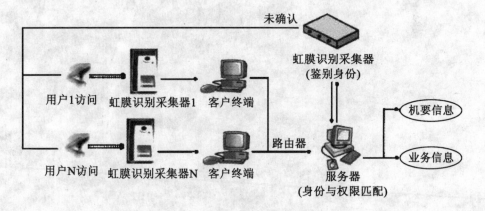

图8-12 系统拓扑图

系统可提取人眼虹膜信息并据此鉴别身份,主要可以实现以下功能:
- 与应用软件结合完成身份认证登录功能。
- 与应用软件结合完成身份认证识别功能。
- 开机口令功能。
- 与 OA 系统集成完成系统登录、访问授权等功能。

系统的应用领域如下:
- 管理信息系统。
- 网络应用系统。
- 电子政务系统。
- 电子商务系统。
- 电子金融系统。
- 电子海关系统。

思 考 题

1. 请简述虹膜识别技术的主要特点。
2. 将虹膜识别技术与其他生物识别技术进行对比,虹膜识别技术有哪些显著特征?

第 2 章 其他生物识别产品

本章主要介绍国内外十余种最新的生物特征识别技术及产品，包括视网膜识别、掌形识别、笔迹识别、静脉识别、声纹识别、步态识别、人耳识别、红外温谱图识别、键盘动态识别、味纹识别、DNA 识别。通过本章的学习，读者可以从技术与应用的角度，全面系统地了解自动识别技术。

9.1 视网膜识别产品

1. 视网膜识别技术简介

视网膜也是一种被用于生物识别的特征，某些人认为视网膜是比虹膜更为唯一的生物特征，视网膜识别技术要求激光照射眼球的背面以获得视网膜特征。

与虹膜识别技术相比，视网膜扫描也许是最精确和可靠的生物识别技术。由于被感觉它高度介入人的身体，它也是最难被人接受的技术。有人认为，视网膜扫描设备对不稳定物体容易读入，这种认识是错误的。在目前初始阶段，视网膜扫描识别需要被识别者有耐心、愿合作，且受过良好的培训。否则，识别效果会大打折扣。

早在 20 世纪 30 年代，就有研究证明，每个人的人眼后半部的血管图形是唯一的。进一步的调查研究表明：这些图形即使是孪生兄弟也各不相同。除非有眼科疾病或者严重的脑部创伤，视网膜图形是稳定的，足以终身使用。

视网膜如图 9-1 所示，是眼球后半部的细微神经（1/50 英寸），这部分神经感受光，并通过光学神经向大脑传输脉冲——视网膜相当于照相机中的胶卷。用于生物识别的血管分布与视网膜神经分布相同，位于视网膜四个细胞层的外表。

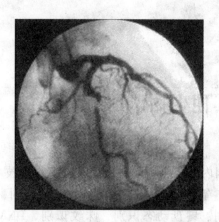

图 9-1 人眼视网膜

2. 视网膜扫描的优缺点

（1）主要优点

- 精确度——错误接收率 FAR 低至 0.0001%；
- 生物识别样本的稳定——视网膜是一种极其固定的生物特征，因为它是"隐藏"的，故而不可能磨损，除了有某些退化疾病，视网膜后部血管在人的一生中一般是稳定的；
- 难以伪造——想提供伪造的视网膜将是非常耗时和困难的；
- 使用者不需要和设备进行直接的接触；
- 较小的记忆模板——作为详细的生物识别，记忆模板非常小：仅需 96 字节。相对而言，指纹扫描生物识别需要 250~1000 字节。虹膜扫描生物识别需要 512 字节。这将减少大量模板在独立设备中的存储空间，使视网膜设备有实用价值。

（2）主要缺点

- 使用较困难——视网膜生物扫描识别最难使用，每次都需要用户反复盯着一个小点几秒钟不动；
- 消费者感觉——眼球，特别是眼球内部，是娇贵的领域，许多人不情愿使用扫描设备；
- 静态设计——其他的生物识别技术可以利用硅芯片技术的发展和照相机质量的突破。与此相反，视网膜扫描受限制于一定的图像获取机制；
- 成本——视网膜扫描设备成本为 2000~2500 美元，成为保安设备中价格最高的一种；
- 视网膜技术可能会给使用者带来健康的损坏，这需要进一步研究。

3. 视网膜识别技术基本原理

视网膜识别技术利用激光照射眼球的背面，扫描摄取几百个视网膜的特征点，经数字化处理后形成记忆模板存储于数据库中，供以后的比对验证。视网膜是一种极其稳定的生物特征，作为身份认证是精确度较高的识别技术。但使用困难，不适用于直接数字签名和网络传输。

视网膜扫描设备通过瞳孔读入信息，这需要使用者在距离照相设备半英寸的范围内调整他（她）的眼睛。使用者的眼睛按照旋转绿光的指示移动，以保证视网膜的图形 400 个点的测量。相比较而言，指纹测量仅需 30～40 个特别的点用来做注册登记，产生身份识别模板和进行验证。与大多数其他生物识别方法比较，这导致非常高的精确度。

4. 视网膜识别产品

产品示例：眼镜型视网膜扫描显示器如图 9-2 所示。

兄弟工业于 2008 年 4 月开发出了眼镜型视网膜扫描显示器。通过 MEMS 光学扫描仪控制 3 原色激光的方向，然后在用户的视网膜上进行直接扫描。配备在眼镜框的主体部分体积约为 20mL，重量约为 25g。

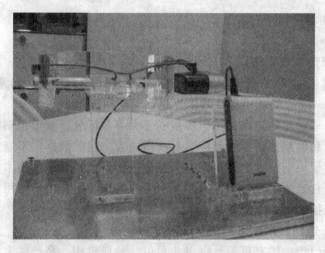

图 9-2　眼镜型视网膜扫描显示器

视网膜扫描显示器可对微光照射下的视网膜进行高速扫描。使用者可将视网膜上扫描到的光的残像识别成影像。也可以说它是以视网膜为屏幕的投影仪。与使用液晶面板等的普通头盔显示器（HMD）相比，具有不遮挡视野的特点。可重叠看到影像和实物。

视网膜扫描显示器由大尺寸光源模块、光扫描模块及目镜模块三部分组成。此外，实现了1/1000以下小型轻量化的主体部分包含其中的光扫描模块和目镜模块。通过采用这两种新开发的模块，大幅实现了小型化、轻量化。

光源模块与配备光扫描模块和目镜模块的主体部分是分离的，以光纤电缆连接光源模块与主体部分。

光源采用红、绿、蓝3种颜色的激光。红色和蓝色采用半导体激光，而绿色采用固体激光，绿色光则使固体激光。用光二次谐波 SHG（second harmonic generation）可将红外光制成绿色光。因此，光源盒大小与瓦楞纸箱相当。

用途方面，由于具有不遮挡视野的特点，因此设想用于操作用显示器等方面。操作员可在确认图像的同时进行服务器维护，而医生则可在观察所需信息的同时进行手术。此外，该公司还考虑将其用途扩展至个人在电车中欣赏视频等普通应用领域。

9.2 掌形识别产品

1. 掌形识别技术特点

掌形识别技术的优点：比对速度快、掌形扫描的不能录入率 FTE（failure to enroll）很低、需要的计算机存储空间很小。

掌形识别技术的缺点：由于相似性不太容易区分，掌形识别技术不能像指纹、面像和虹膜扫描技术那样容易获得内容丰富的数据，不能完成一对多的识别；掌形识别技术的易用性不如其他生物识别特征识别技术，因为使用者需要知道自己的手怎样摆放，并花一定时间来学习；由于使用者必须与识别设备直接接触，可能会带来卫生方面的问题。

2. 掌形识别技术应用领域

• 高端门禁。国家机关、企事业单位、科研机构、高档住宅楼、银行金库、保险柜、枪械库、档案库、核电站、机场、军事基地、保密部门、计算机房等的出入控制。

• 公安刑侦。流动人口管理、出入境管理、身份证管理、驾驶执照管理、嫌疑犯排查、抓逃、寻找失踪儿童、司法证据等。

- 医疗社保。献血人员身份确认、社会福利领取人员、劳保人员身份确认等。
- 网络安全。电子商务、网络访问、电脑登录等。
- 其他应用。考勤、考试人员身份确认、信息安全等。

3. 掌形识别技术原理

掌形识别技术是通过使用者独一无二的手掌特征来确认其身份。手掌特征是指手的大小和形状。它包括长度、宽度、厚度以及手掌和除大拇指之外的其余四个手指的表面特征。首先，掌形识别必须获取手掌的三维图像如图9-3所示，然后图像经过分析确定每个手指的长度、手指不同部位的宽度以及靠近指节的表面和手指的厚度。总而言之，从图像分析可得到90多个掌形的测量数据。

图 9-3　手掌识别

接着，这些数据被进一步分析得出手掌独一无二的特征，从而转换成9字节的模板进行比较。这些独一无二的特征有：一般来说，中指是最长的手指。但如果图像表明中指比其他的手指短，那么掌形识别系统就会将此当作手掌一个非常特殊的特征。这个特征很少见，因此系统就将此作为该人比较模板的一个重点对比因素。

当系统新设置一个人的信息时，将建立一个模板，连同其身份号码一起存入内存。这些模板是作为将来确认某人身份的参考模板之用的。当人们使用该系统时，要输入其身份号码。模板连同身份号码一起传输到掌形识别系统的比较内存。使用者将手放在上面，系统就产生该手的模板。这个模板再与参考模板进行比较确定两者的吻合度。比较结果被称为"得分"。两者之间的差别越大,"得分"越高。反之亦然。差别越小,"得分"越低。如果最终"得分"比设定的拒绝分数极限低,那么使用者身份被确认。反之,使用者被拒绝进入。

4. 掌形识别产品

(1) 掌形机

掌形机如图9-4所示。

图9-4 掌形机

产品特征如下:
- 真正安全。
- 比IC卡系统更省钱。
- 快速易用。
- 不需要用卡片,增加了使用上的便利。
- 能集成到现有系统。
- 被广泛使用证实的生物识别技术。

与指纹机类比,掌形机更具优势。在具有唯一性、随身携带性、无法替代性、不可抵赖性的功能的同时,掌形机另有无可替代的三大优势:
- 100%一次性通过,无人群盲点。不会出现类似指纹因有些人无法识别或很难识别导致不能如期正常开门。
- 绝对的可靠性。掌形机提取90多个特征点,包括手掌的三维,除拇指外其他手指表皮特征等,识别技术是靠红外扫描和CCD成像,而指纹通常只有30多个特征点。值得注意的是:防伪性较好的半导体芯片容易遭受破坏和磨损,而稍稳定耐用的光学指纹头对假手指、假指纹的拒伪识别性差

(指纹目前流行两种识别技术:半导体电容感应和光学扫描)。
- 耐用性好,不怕磨损,使用寿命长。深交所目前所用掌形机已超过5年,运行状态良好。

(2) 掌形仪

掌形仪的设计为系统提供了最终的可靠性。每一个 Handkey II 掌形仪都是一个完整的能提供门关闭控制、出门请求和报警监控的门控制系统。所有的信息,包括生物数据、识别辨认都就地储存,保证了用户的安全。即使所有与主控计算机的联络都中断了,系统仍然能够正常运行。

产品特征如下:
- 读卡机输入。
- 出门请求。
- 防拆开关。
- 内存可从 512 名(标准)用户扩展到 32 512 名用户。
- RS-232 打印机输出。
- 单机或联网操作。
- 读卡机仿真模式。
- 整体式墙安装设计。
- 多种辅助输入和输出设备。
- 62 个用户可设定的时区。
- 可供户外机型。

在网络集成系统中如图 9-5 所示,所有的报警和信号都实时报告给中央计算机,使门和报警监控能够有效便捷地工作。活动、使用者和系统报告能够很容易地产生,中心计算机自动处理所有的掌形模板的管理,可以允许在任何一台掌形仪上进行系统监视下的掌形登录以及系统范围内的掌形删除。选配的内置调制解调器可以让你实现远程门禁操作,也可以提供以太网通信方式。

主要技术规格如下:
- 型号:HKII。
- 识别时间:不到 1s。
- 内存保持时间:长达 5 年,使用标准内置锂电池。
- I.D. 号:1~10 位数,通过读卡器或键板输入。
- 使用情况存储:5120 次使用情况记录,缓冲区。
- 通信方式:RS-485(4 线和 2 线),RS-232;串口打印机支持或网络

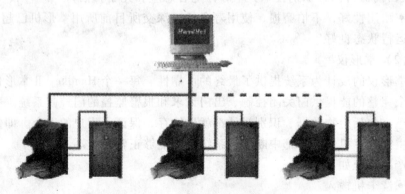

图 9-5 网络集成系统

通信。
- 波特率：1200bps～28.8Kbps。
- 使用者容量：512 名使用者，可扩容至 32512 名。
- 门控：门锁输出为 Sinks 0～24V DC 100mA 最大；防破坏报警监控，门开关；两个辅助输入。
- 三个输助输出：Sinks 0～24V DC 1000mA 最大；出门请求开关或键板。
- 读卡器输入：感应卡、维根、磁条卡或条码。
- 读卡器仿真输出：维根、磁条或条码。
- 胁迫代码：1 位数，使用者可自定义。
- 时区：62 个使用者自定义时区；无限制期设置。
- 选配项：BB-200 运行备用电池；MD-500 高速内置调制解调器；EN-200 以太网通。
- 模块：EM-801 扩容至 9728 名使用者；EM-803 扩容至 32512 使用者；DC-102 数据转换器；KP-201 辅助键板；PROX HID 感应卡读卡器。

9.3 笔迹识别产品

1. 笔迹识别技术简介

签名作为身份认证的手段已经用了几百年了，而且我们都很熟悉在银行的表单中签名作为我们认同的标志。将签名数字化的过程包括，将签名图像本身数字化,以及记录整个签名的动作——每个字母以及字母之间不同的速度、笔序和压力。签名识别和语音识别一样,是一种行为测定学。

2. 国内外研究现状与发展趋势

笔迹鉴定作为一种个人身份辨识的有效手段,有着重要的作用。随着经济的日益发展,各国文化交流无论是在政治、经济、文化甚至犯罪学领域,都有着广泛的应用前景,随着人们相互往来的日益频繁,如何高效、准确地进行笔迹鉴定就显得更加重要。在我国,笔迹鉴定,尤其是对汉字的笔迹鉴定研究,得到了众多学者的关注。目前,许多场合都使用人工鉴定方法,其效率不仅低下,而且在鉴定过程中容易引入人为的感情因素,因此,其结果不一定可靠。鉴于此,研究人员提出了利用计算机进行自动鉴别的方法。

计算机笔迹识别系统近几年在国内外都有一定的发展。首先,科研成果为笔迹鉴定提供了理论依据。例如,巴甫洛夫关于高级神经活动的学说使人们得以从理论上阐明笔迹同一认定的科学基础。其次,显微镜等科学仪器的使用大大提高了笔迹检验的精确度。最后,实践经验的积累使人们对笔迹特征的认识越来越深入,对笔迹特征的分类越来越合理,这些都提高了笔迹鉴定的科学性。在司法实践中,笔迹鉴定已经成为人身识别的重要途径之一。将红外-拉曼光谱用于法庭科学研究,发展笔迹鉴定和印章鉴定等多种法庭科学鉴定新方法,已协助公安机关破获了一些经济案件。

3. 笔迹识别技术的优缺点

(1) 签名识别的优点

使用签名识别更容易被大众接受,而且是一种公认的身份识别的技术。

(2) 签名识别的缺点

●随着年龄的增长,性情的变化与生活方式的改变,签名也会随之而改变。

●为了处理签名的不可避免的自然改变,我们必须在安全方面加以妥协。

●用于签名的手写板结构复杂,而且和笔记本电脑的触摸板的分辨率有着很大的差异,在技术上很难将两者结合起来;难将它的尺寸小型化。

4. 笔迹识别方法分类

计算机笔迹识别主要分为在线(on-line)和离线(off-line)两类。离线笔迹识别的对象是写在纸上的字符,通过扫描仪和摄像机转化为计算机能处理的信号;而在线笔迹识别则通过专用的数字板或数字仪实时地采集书写信号,它不仅可以采集到笔迹序列并转化成图像,而且可以记录书写的压力、速度等信息，可为笔迹鉴别提供更丰富的信息（广泛用于电子商务和电子政务）。

从考察的对象和提取特征的方法，计算机笔迹识别可分为文本依存（text-dependent）和文本独立（text-independent）两大类。前一种方法又称为与内容有关：从检材（检验）笔迹和样本（参考）笔迹中选择相同的单字（称为特征字）、相同的偏旁部首（特征字元）进行比较，即在相同字的基础上鉴别。因而是依赖于文本内容的，可以提取更多的特征并对字符进行细致深入的分析，故理论上可得到比文本独立方法更高的鉴别率和可靠性。但自动分割、定位、识别与提取检材笔迹和样本笔迹材料中写法完全相似的所有特征字与特征字元（部首、偏旁、笔画），在算法的实现上，尤其是自动分割算法、抽取笔画特征（它涉及笔画的起势、落势、运笔时的走势等特征）算法目前有一定的难度，因而影响识别率和可靠性；同时这种与内容有关的方法要求被识别的文字是固定的，以至于在某些情况下，根本就不能完成实际任务。

特征的提取在模式识别的过程中起到很重要的作用。提取文本独立特征的有傅立叶变换和自相关法、游程长度直方图法、笔段长度直方图法、笔段方向直方图等；用纹理分析方法 K、t_1 提取文本依存特征的有 Walsh—Hardarnlard 变换、线段谱分解方法等。

诸多研究者发现，文本独立的笔迹鉴别技术具有得天独厚的应用前景：笔迹鉴别技术本身可以广泛应用于公安、司法、金融等领域。如果能够摆脱书写内容的限制，对文本独立的笔迹进行高准确率，高效率的鉴别，那么笔迹鉴别将进入一个新纪元。对于文本独立的笔迹来说，即使公开特征编码和笔迹样本，进行笔迹模仿也很难实现。另外，由于文本独立的笔迹鉴别系统对笔迹特征编码保密性的要求大大降低，其维护成本也会相应大幅减少。

5. 笔迹研究开发的在线鉴别系统

笔迹研究开发的在线鉴别系统流程图如图9-6所示。

通过手写板采集书写过程中的时间、压力、位置等相关信息，然后采用基于笔画分割的笔迹分析处理程序提取书写者书写风格特征，最后通过与笔记特征库中的特征进行匹配，得到书写人鉴别结论。

目前正在探索的方向包括书写时间与书写特征之间的关系，以及不同的书写环境对于书写风格的影响。由于文化背景等的差异，西方国家对于东方文字鉴别问题研究甚少，因此相关问题的研究机构主要分布在亚洲，目前在研究成果上比较领先的国家和地区包括韩国、中国、泰国、日本、新加坡及

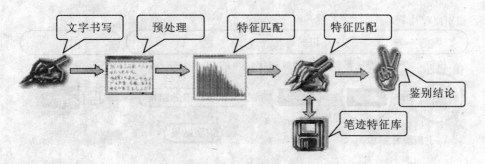

图 9-6 笔迹研究开发的在线鉴别系统流程图

中国台湾地区、香港地区等。我国具有领先的技术优势和巨大的市场潜力,这为进行笔迹鉴别的研究奠定了坚实的基础,营造了良好的氛围,应充分利用这些优势,尽早开发出自己的笔迹鉴别系统,从而推进生物识别技术的发展。

9.4 静脉识别产品

1. 静脉识别技术简介

根据血液中的血红素有吸收红外线光的特质,将具红外线感应度的小型照相机对着手指进行摄影,即可将照着血管的阴影处摄出图像来。将血管图样进行数字处理,制成血管图样影像。静脉识别系统就是首先通过静脉识别仪取得个人静脉分布图,从静脉分布图依据专用比对算法提取特征值,通过红外线 CCD 摄像头获取手背静脉的图像,将静脉的数字图像存储在计算机系统中,将特征值存储。静脉比对时,实时采取静脉图,提取特征值,运用先进的滤波、图像二值化、细化手段对数字图像提取特征,同存储在主机中的静脉特征值比对,采用复杂的匹配算法对静脉特征进行匹配,从而对个人进行身份鉴定,确认身份。全过程采用非接触式,如图 9-7 所示。

手指静脉识别采用了行业领先光传播技术来进行手指静脉对比和识别的工作。近红外线穿过人类的手指时,部分射线就会被血管中的血色素吸收,从而捕捉到独有的手指静脉图样,然后再和预先注册的手指静脉图样进行比较,对个人进行身份鉴定,如图 9-8 所示。

光传播技术可以确保能够拍摄到高对比度的手指静脉影像,如图 9-9 所

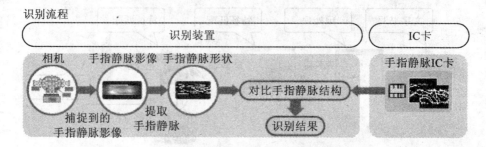

图 9-7　手指静脉识别流程图

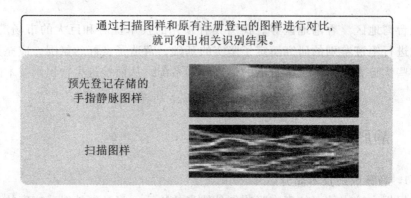

图 9-8　光传播技术进行静脉对比和识别过程

示,而不受皮肤表面的褶皱、纹理、粗糙度、干湿度等任何缺陷和瑕疵的影响。由于手指静脉图样对比只需要少量的生物统计学数据,所以成为快速和精准的个人身份识别系统,并将其在体形小巧、界面友好、价格适宜的个人身份识别装置中得以有效应用。

2. 手指静脉扫描仪

扫描仪为分析静脉结构所进行的工作,与医院中进行的静脉扫描测试完全不同。医用静脉扫描通常使用放射性粒子。而生物识别安全扫描只是使用一种与遥控器发出的光线相类似的光线。

3. 静脉扫描鼠标

把鼠标上面打洞如图 9-10 所示,里头装个静脉扫描仪,再配合上目前仅和 Windows 兼容的软件,就可以使电脑更安全。

第 9 章 其他生物识别产品

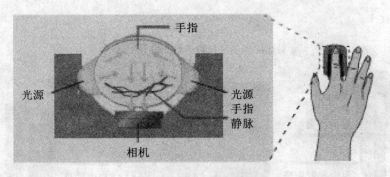

图 9-9 手指静脉影像

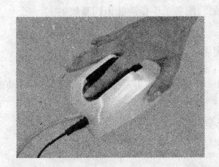

图 9-10 静脉扫描鼠标

4. ATM 自动提款机

当人们将自己的手指按在自动取款机的某个指定区域时,指纹扫描仪附带的传感器会马上获得感知,扫描仪会从不同方向向手指发出类似红外线的光束,人们的手指指纹在这些光束的照射下会在机器中形成一个三维图像。随后,扫描仪附带的一个摄像机镜头会拍摄下这个图像,并将其转变成可与数据库信息进行比对的数据资料。如果通过比对的话,人们就可以自动进入接下去的银行交易程序,如图 9-11 所示。

手指静脉识别技术消除了银行卡或密码的丢失、失窃或伪造引发的相关问题。银行也可利用手指静脉识别系统对柜台和金库进行有效管理。

5. 门禁

(1) 手指静脉识别系统

手指静脉识别系统可以防止泄露公司信息,并可阻止未能通过识别的人员进入家中或办公楼内。这种系统还可与公司员工卡或防盗监视器配合使

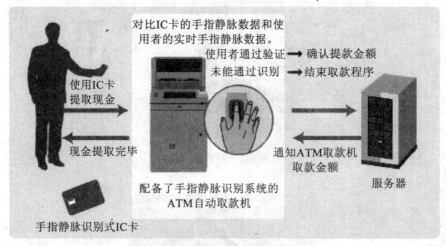

图 9-11 配备了手指静脉识别系统的 ATM 自动提款机

用,以便实施多重安全性能控制,如图 9-12 所示。

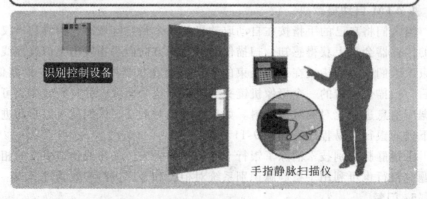

图 9-12 手指静脉识别门禁

(2) 手背静脉识别系统

手背静脉识别系统通过红外线 CCD 摄像头获取手背静脉的图像,将静脉的数字图像存储在计算机系统中。运用先进的滤波、图像二值化、细化手段对数字图像提取特征,最后使用复杂的匹配算法对静脉特征进行匹配从而核实身份。

手背静脉识别系统识别流程图如图 9-13 所示。

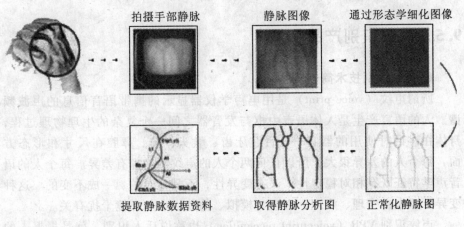

图 9-13　手背静脉识别系统识别流程图

6. 应用领域

● 安全部门:研究中心、博物馆、机密文件储藏室、酒店和政府部门、监狱。

● 会员管理:安全保险箱、消费者俱乐部、运动场等。

● 预防犯罪:公寓、别墅、建筑场所、工作场所、工厂、居民区的安全、监控和预防犯罪。

● 上下班考勤:监视和查询公司、单位考勤记录。

● 进出入监控:学校、图书馆、宿舍、公寓、办公室、工厂、体育场、建筑工地、个人场所、政府部门等进出入监控管理。

7. 静脉生物识别系统的优良特性

● 对于外部污染、轻伤,具有优秀精密的安全判断性。

● 静脉识别比别的生物识别具有对使用者增加更多的亲和性。

● 降低硬件与软件成本。

● 静脉识别系统是经过 20 000 回以上样品检验。

● 每人数据库的基本用量是 256bit,非常容易管理。

- 静脉生物特征天赋密码,不会被盗,不户遗失,不会遗忘,使用简便。
- 非接触性使用方式,不会被复制,不会被窥视,使用安全。
- 高精密判断,不受外部污染、轻伤影响,识别速度快。
- 一次登录即可使用,无需重复认证。
- 完善售后服务,支持系统升级。

9.5 声纹识别产品

1. 声纹识别技术简介

所谓声纹(voice print)是用电声学仪器显示的携带语言信息的声波频谱。人的语言产生是人体语言中枢与发音器之间一个复杂的生理物理过程,身体在讲话时使用的器官——舌、牙齿、喉头、肺、鼻腔在尺寸和形态方面,每个人的差异很大,所以任何两个人的声纹图谱都有差异。每个人的语音声学特征既有相对稳定性,又有变异性,不是绝对的、一成不变的。这种变异可以来自生理、病理、心理、模拟、伪装,也与环境干扰有关。

声纹识别 VPR(voiceprint recognition)也称说话人识别,就是根据人的声音特征,识别出某段语音是谁说的。严格地讲,声纹识别有两方面:说话人辨认和说话人确认。前者要判断出某段语音是若干人中的哪一个所说的;后者则确认某段语音是否是指定的某个人所说的。

2. 声纹加密锁

声纹加密锁(voice key)是国内首创的 USB 接口的新型电脑安全产品,是对电脑系统进行加密,保护的数据安全系统。它符合国家安全标准,对文件的加密,解密操作极其简便。应用了声纹识别技术,声纹加密锁插入电脑 USB 接口后,用户只需对着话筒口述命令,即能马上验明用户身份,让合法用户顺利进入而拒绝非法用户的使用,从而免去了用户记忆一大串密码的烦恼。这样不怕密码泄露,还能非常可靠地防止因为声纹加密锁被盗而失密。

声纹加密锁提供多重安全保护,极其方便而可靠地保护你的个人隐私、信息安全、防止非法用户进入、使用和窃取电脑系统。

- 使用携带方便,即插即用。
- 高的精度,声纹识别达到使用水平。
- 无需记忆,声纹就是密码,人在密码在,免除记忆密码的烦恼,也无需担心被别人破解或者偷窃密码。

- 双重保障，声纹加密锁和说出的声纹同时正确才可以存取数据，即使硬盘丢失数据也不会失窃。
- 高安全性，可防止录音冒用。

3. 公安技侦/刑侦领域的声纹身份辨认系统

文本无关的声纹身份辨认系统，能通过电话侦听采集的语音进行自动的身份辨认，对于各种电话勒索、绑架、追逃、人身攻击等案件，帮助对嫌疑人进行查证或监控嫌疑人的电话等，提供了高性能价格比的应用方案，可为公安的技侦和刑侦部门节省大量的警力，并大大提高监听的效率和破案的成功率。

采用声纹识别中文本无关的说话人辨认技术，通过报警台呼叫中心系统采集到的报警语音进行自动的身份辨认，应用合法，技术可靠，识别率高，判别速度快，兼容性好，安装、使用和维护都简单易学，整体方案性能价格比高，能大大提高公安报警台的运作效率，节省报警台的人力和通信资源，也能提升公安第一线的警力合理调配，提高群众的满意度。

4. 反恐与国防安全中的声纹辨认系统

声纹辨认技术可以察觉电话交谈过程中是否有关键说话人出现，继而对交谈的内容进行跟踪（战场环境监听）；在通过电话发出军事指令时，可以对发出命令的人的身份进行确认（敌我指战员鉴别）。对于各种电话恐吓、各种恐怖分子的声音，声纹身份鉴别系统可以在一段录音中查找出恐怖分子嫌疑人。在美国调查"9·11"事件、阿富汗战争以及伊拉克战争中，就多次使用声纹身份鉴别系统。

声纹身份鉴别系统安装在战斗机上，可以准确识别出敌方飞行员身份，使飞行员作出正确的应对策略。在国外，尤其是美国，早已将声纹信息管理系统应用到军事、情报、国家安全等重要部门。

5. 声纹识别引擎

声纹识别引擎（d-Ear VPR）包括声纹辨认版本和声纹确认版本，可以是文本无关的，也可以是文本相关的，而且均支持开集的识别方式。其中文本无关的版本同时具有文本和语言的无关性，对语音长度的要求也非常低，通常训练只需要几十秒有效语音，而识别阶段只需几秒钟的有效语音即可。有很高的识别精度，也可以灵活地调整操作点参数，适应不同应用的需求。

声纹识别引擎具备以下技术特征：

（1）对声纹的识别与所说的文本和语言无关性

用户训练系统和系统对用户的声音进行鉴别和确认，可以是完全不同的文本，完全不同的语言。比如，用户在系统注册声音时，可以使用中文说一段文学章节，而识别时用户可以用英文谈论计算机的发展方向。

（2）对语音长度没有特殊要求

训练语音最长 8s，使用时的测试语音 2~4s，并可不断累积调整声纹模型精度；用户训练系统，让其记住其声纹，只需要几秒钟的声音；而在识别时，系统只要获得被测试人几秒钟的声音，就可以进行声纹识别。

（3）很高的精度

d-Ear VPR 技术的辨认和确认准确度都很高，说话人辨认的正确率不小于 99%；说话人确认的误识率和误拒率均低于 1%。

（4）识别速度快，能确保实时识别

声纹识别引擎具有 10 倍以上的实时率，可多路并发识别，即 10s 的语音片断，引擎 1s 内就可以处理完成。

（5）操作点调整方便

根据"准确率+不确定率+错误率=100%"，可按不同的应用需求调整操作点阈值，使最终准确率达到最高或使错误率降到最低。

（6）声纹模型存储空间小

每个人的声纹模型存储空间小于 5KB。

（7）高安全性，不怕录音冒用

如果别人用各类录音设备（比如录音机、MP3、录音电话、窃听器、高精度的专业录音系统等）事先录下你的声音，即使录音设备很先进、录音效果非常好，在把录音回放尝试进行声纹身份认证时，声音信号经过模拟到数字，再从数字到模拟的两次信号转换过程，声音的频谱就会有明显的衰减和失真，这种失真很容易被声纹加密锁的认证程序分辨出来。所以依靠录音去尝试登录，不能通过声纹认证，也就是说，通过录音不能冒用身份。

9.6 步态识别产品

步态识别是一种新兴的生物特征识别技术，旨在通过人们走路的姿态进行身份识别，与其他的生物识别技术相比，步态识别具有非接触远距离和不容易伪装的优点。步态是指人们行走时的方式，这是一种复杂的行为特征。罪犯或许会给自己化装，不让自己身上的哪怕一根毛发掉在作案现场，但有样东西他们是很难控制的，这就是走路的姿势。在智能视频监控领域，步态识别比面像识别更具优势。

第9章 其他生物识别产品

在实际应用时,具体步骤如下:首先由监控摄像机采集人的步态,通过检测与跟踪获得步态的视频序列,经过预处理分析提取该人的步态特征,即对图像序列中的步态运动进行运动检测、运动分割、特征提取等步态识别前期的关键处理。其次,再经过进一步处理,使其成为与已存储在数据库的步态的同样的模式。最后,将新采集的步态特征与步态数据库的步态特征进行比对识别,有匹配的即进行预/报警;无匹配的,监控摄像机则继续进行步态的采集。

因此,一个智能视频监控的自动步态识别系统,实际上主要由监控摄像机、一台计算机与一套好的步态视频序列的处理与识别的软件所组成。如图9-14所示,最关键的是步态识别的软件算法。所以,对智能视频监控系统的自动步态识别的研究,也主要是对步态识别的软件算法的研究。

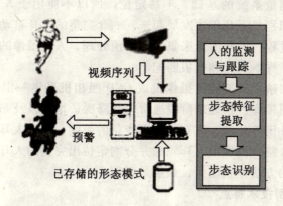

图 9-14 步态识别过程

9.7 人耳识别产品

1. 人耳识别技术简介

人耳识别技术是 20 世纪 90 年代末开始兴起的一种生物特征识别技术。人耳具有独特的生理特征和观测角度的优势,使人耳识别技术具有相当的理论研究价值和实际应用前景。从生理解剖学上,人的外耳分耳廓和外耳道。人耳识别的对象实际上是外耳裸露在外的耳廓,也就是人们习惯上所说的"耳朵"。

一套完整的人耳自动识别系统一般包括以下几个过程:人耳图像采集、图像的预处理、人耳图像的边缘检测与分割、特征提取、人耳图像的识别。

目前的人耳识别技术是在特定的人耳图像库上实现的，一般通过摄像机或数码相机采集一定数量的人耳图像，建立人耳图像库，动态的人耳图像检测与获取尚未实现。

人耳识别技术既可作为其他生物识别技术的有益补充，也可以单独应用于一些个体身份鉴别的场合。

2. 人耳生物识别系统

早在1946年美国犯罪学研究专家 Iannarelli A 就已经发表了他的人耳识别系统，该系统已经被美国法律执行机构采用，并应用了四十多年。Iannarelli 系统通过在一张放大的耳朵图像上放置一个有八根轮辐的透明罗盘，在耳朵周围确定12个测量点，然后将待测图像投影到特定标准画板的指定区域；最后在图像中提取测量段识别不同的人耳。这种方法是以耳廓解剖学特征作为测量系统的基础，不易定位。所以不能用于人耳自动识别系统。自动人耳识别最近几年才发展起来。一套完整的人耳自动识别系统一般包括以下几个过程：人耳图像采集、图像预处理、人耳图像的边缘检测与分割、特征提取、样本训练和模板匹配。

图像的采集阶段一般通过摄像机或 CCD 照相机采集一定数量的人耳图像，建立人耳图像库。预处理阶段通常包括降噪、增强以及归一化、去除噪声、进行光照补偿等处理，以克服光照变化的影响，突出人耳特征。然后进行边缘提取和分割，提取出人耳轮廓并分割定位出完整的人耳图像。至于特征提取，不同的方法差别很大，最后是匹配。

3. 人耳识别技术特点

（1）与人脸识别方法比较

耳识别方法不受面像表情、化妆品和胡须变化的影响，同时保留了面像识别图像采集方便的优点，与人脸相比，整个人耳的颜色更加一致，图像尺寸更小，数据处理量也更小。

（2）与指纹识别方法比较

耳图像的获取是一种被动方式，即通过非接触方式获取耳图像，不存在通过接触传染疾病的机会，因此，其信息获取方式具有容易被人接受的优点。

（3）与虹膜识别方法比较

首先，由于人脸和头发的存在，需要在耳识别过程中增加一个耳区域定位步骤，这并不影响耳特征的提取，而眼毛对虹膜的遮挡将直接影响虹膜特征的提取。头发对于耳的遮挡可以很容易地避免，而眼毛对于虹膜的遮挡是由生理结构决定的,也是难以避免的。其次,就目前的技术而言,虹膜采集需要测试者与采集装置之间的位置在机器发出的语言提示下进行不断的调整,同时要瞪大眼睛,使虹膜尽可能暴露,初试者通常要反复多次调整才能够达到要求,而耳采集方式与脸采集方式基本相同,测试者很容易达到拍摄图像的要求条件。最后,虹膜采集装置的成本要高于耳采集装置。

9.8 红外温谱图简介

人的身体各个部位都在向外散发热量,而这种散发热量的模式就是一种每人都不同的生物特征。通过红外设备可以获得反映身体各个部位的发热强度的图像,这种图像称为温谱图。拍摄温谱图的方法和拍摄普通照片的方法类似,因此,可以用人体的各个部位来进行鉴别,比如可对面像或手背静脉结构进行鉴别来区分不同的身份。

温谱图的数据采集方式决定了利用温谱图的方法可以用于隐蔽的身份鉴定。除了用来进行身份鉴别外,温谱图的另一个应用是吸毒检测,因为人体服用某种毒品后,其温谱图会显示特定的结构。

温谱图的方法具有可接受性,因为数据的获取是非接触式的,具有非侵犯性。但是,人体的温谱值受外界环境影响很大,对于每个人来说不是完全固定的。目前,已经有温谱图身份鉴别的产品,但是由于红外测温设备的昂贵价格,使得该技术不能得到广泛的应用。

9.9 键盘动态识别简介

键盘识别技术是一种特殊的生物识别技术,主要用于计算机安全防御。在被识别人初次登录时,键盘识别软件统计被识别人敲打键盘上每个键的时间长短以及手指在键盘上移动的速度,得出该人使用计算机的生物识别特征值。这些数据被加密储存于台式机或网络的中央数据库,当用户试图再次登录电脑时,软件把此时输入的生物识别数据与已储存的数据进行比较,以确认来人身份。

9.10 味纹识别简介

人的身体会散发出气味,每个人散发出的气味都是不同的。当一个人在一个地点停留,他散发的气味分子就留在其周围,离去后不会马上消失。丹麦警方把这称为"味纹",并开创了利用"味纹"侦破刑事案件的方法:侦破人员将在犯罪现场采集到的空气进行过滤、浓缩,然后将这带有罪犯"味纹"的空气转移到一块清洁无味的布上密封保存,供警犬或电子鼻嗅闻对证。审讯时先让警犬或电子鼻嗅闻带有"味纹"的布,然后逐个嗅闻犯罪嫌疑人。当警犬或电子鼻闻到相同的气味时,就会吠叫或发出警报。

9.11 DNA 识别简介

人体内的 DNA 在整个人类范围内具有唯一性(除了同卵双胞胎可能具有同样结构的 DNA 外)和永久性。因此,除了对同卵双胞胎个体的鉴别可能失去它应有的功能外,这种方法具有绝对的权威性和准确性。DNA 鉴别方法主要根据人体细胞中 DNA 分子的结构因人而异的特点进行身份鉴别。这种方法的准确性优于其他任何身份鉴别方法,同时有较好的防伪性。然而,DNA 的获取和鉴别方法(DNA 鉴别必须在一定的化学环境下进行)限制了 DNA 鉴别技术的实时性;另外,某些特殊疾病可能改变人体 DNA 的结构组成,系统无法正确地对这类人群进行鉴别。

美国科学家最近发明了一种新型系统,与在超市里收款时所用的条码系统类似,可以快速地识别出某一种物质所可能含有的上千种不同成分。科学家说,借助于这一系统,将能够开发出所谓的"DNA"条码如图 9-15 所示,对基因、病原体或毒品以及其他化学物品进行检测。

图 9-15 DNA 条码

来自 Cornell 大学的科学家介绍说，这一新技术被称为"纳米条码"，主要是利用紫外线对被检测物质在不同颜色光照条件下进行荧光分析，而后由电脑对其分析结果进行识别分类确认。"目前大多数其他对生物分子进行检测的方法都需要昂贵的设备，但我们的技术却建立在廉价易行的手持设备基础之上。"

据介绍，科学家巧妙地将三条短链 DNA 互相连接起来，合成一个"Y"形的结构。之后，再利用许多这样的"Y"形结构"编织"成一个具有如同树状分支的结构。"对于那些抗体或者分子而言，它们结合在这样的树状分支结构的末端，就成了检测所需要发现的目标 DNA 链。"

思 考 题

1. 请简述视网膜识别技术的优缺点。
2. 请用自己的语言描述视网膜识别技术的工作原理。
3. 举例说明掌形识别技术的主要应用领域或典型应用。